★ 军事地质信息丛书 ★

国家杰出青年科学基金（41925007）
国家自然科学基金联合基金（U1711266） 联合资助

地质环境高光谱遥感数据处理技术

DIZHI HUANJING GAOGUANGPU YAOGAN SHUJU CHULI JISHU

王力哲 冯如意 田 甜
李 军 陈 佳 韩 伟 编著

中国地质大学出版社
ZHONGGUO DIZHI DAXUE CHUBANSHE

图书在版编目(CIP)数据

地质环境高光谱遥感数据处理技术/王力哲等编著. —武汉:中国地质大学出版社,2023.10.
(军事地质信息丛书). —ISBN 978-7-5625-5495-0
Ⅰ. P627
中国国家版本馆CIP数据核字第2024Z8R058号

地质环境高光谱遥感数据处理技术	王力哲　冯如意　田　甜	编著
	李　军　陈　佳　韩　伟	

责任编辑:张　林	选题策划:张　林	责任校对:宋巧娥

出版发行:中国地质大学出版社(武汉市洪山区鲁磨路388号)　　　　邮编:430074
电　　话:(027)67883511　　传　　真:(027)67883580　　E-mail:cbb@cug.edu.cn
经　　销:全国新华书店　　　　　　　　　　　　　　　　　　　　http://cugp.cug.edu.cn

开本:787毫米×1092毫米　1/16	字数:307千字　印张:12
版次:2023年10月第1版	印次:2023年10月第1次印刷
印刷:武汉市籍缘印刷厂	
ISBN 978-7-5625-5495-0	定价:88.00元

如有印装质量问题请与印刷厂联系调换

"军事地质信息丛书"

编 委 会

主　编　王力哲　　秦绪文　　徐勇军

副主编　吴冲龙　　胡祥云　　牟　林

编　委（按姓氏拼音排序）

　　　　陈　波　　陈　刚　　陈伟涛　　陈占龙

　　　　戴光明　　丁雨淋　　董玉森　　杜　博

　　　　方志祥　　冯如意　　何珍文　　姜　三

　　　　李　晖　　李显巨　　刘　刚　　刘　鹏

　　　　欧阳桂崇　邱　强　　王茂才　　王明威

　　　　吴春明　　杨必胜　　张军强　　张志庭

　　　　朱　军　　左博新

"军事地质信息丛书"序

进入21世纪,高新技术的迅猛发展和广泛应用,推动了武器装备的发展和作战方式的演变。战场环境信息的采集、存储、挖掘和分析能力是打赢现代化战争的基本保障。近年来,随着全球军事大数据信息技术和应用的兴起,数据已经成为军事信息化的重要资源,以数据为核心的信息系统是赢得战争主动权的基础设施能力之一。随着世界各国军队信息化建设的进行,信息保障工作逐渐贯穿了现代战争的全业务流程,"信息赋能"也日益成为军队信息化的重大标志之一。

自古以来,军事地质信息在战争中的重要地位已经得到国内外的高度认同。从第一次世界大战开始,地质学家就在地表水和地下水的管控与利用、军事作战计划制订等方面发挥着非常重要的作用。到第二次世界大战时,随着各种探测手段的提高,军事地质信息的作用更加受到重视。德国、美国和日本相继建立了自己的军事地质信息保障部队。海湾战争期间,军事地质信息在打赢现代化战争中的作用更加显著。美军借助可见光和红外卫星遥感感知平台,获取大量有关敌情的地质态势信息,利用信息基础设施加以传输、存储和处理。

与军事地理信息一样,军事地质信息是战场环境、战争态势存在和动态变化的重要场景。随着新型传感器与高分辨率遥感技术和地球物理探测技术的飞速发展,针对典型军事地质信息,从不同探测维度开展军事地质信息探测、管理与分析研究,对提升战场环境地质态势感知能力、推动现代战争信息化发展具有非常重要的作用。目前,国内外尚没有一套专门研究军事地质信息的丛书。因此,为让国内从事军事科学研究和地球科学研究的本科生、研究生及相关工作者系统了解军事地质信息探测现状与能力,中国地质大学(武汉)从事军事地质信息领域研究的人员,在系统梳理军事地质信息需求的基础上,开展了军事地质信息探测与分析研究,并编著了"军事地质信息丛书"。

本套丛书涵盖了从可见光高空间分辨率遥感、雷达遥感、激光雷达遥感、无人机遥感到地球物理勘察技术等不同的探测手段及数据管理技术。本套丛书内容全面、条理清晰、针对性强、实例丰富,是国内第一套系统总结军事地质信息的专业丛书。本套丛书可作为开展地质信息、遥感信息工程、军事地质等研究的工程技术人员的参考书和指导书,也可作为地质信息、空间信息与数字技术、军事地质、遥感信息工程等专业本科生、研究生的教材和参考书。

军事地质信息是一门年轻的学科,其发展是无止境的。我们期待广大读者对本套丛书进行批评与指正,协力为我国军事信息现代化发展贡献一份力量。

王力哲 秦绪文 徐勇军
2019年7月1日于南望山麓

前 言

自 20 世纪 80 年代成像光谱技术提出之后，经历近 40 年的探索、发展与创新，高光谱遥感作为一门新兴技术已广泛应用于生产与生活。借助其超高的光谱分辨率，很多在传统遥感中不可探测的物质，在高光谱遥感影像中都能被探测识别。因此，作为一种快速、动态获取战场态势信息的重要技术手段，高光谱遥感对支撑军事化作战、提高军事信息化水平、夺取战场信息优势等具有重要作用。军事地质是军事战场环境的重要组成部分，是未来信息化战争的重要领域，研究军事地质环境高光谱遥感的基础理论与应用技术具有重要意义。近年来，随着高光谱成像遥感载荷技术的发展、人工智能时代的来临，系统完整介绍高光谱遥感的著作作为行业应用的基础，为一批又一批从事高光谱遥感领域工作的学者和研究人员提供了参考。然而在军事地质领域，至今未见一本教学参考用书系统地介绍军事地质环境高光谱遥感的研究进展与应用发展前沿。为此，我自告奋勇地尝试编著《地质环境高光谱遥感数据处理技术》一书，以满足现在相关专业的研究生课程学习和工程师进修的需要。

本书是在中国科学院研究生院教材《高光谱遥感——原理、技术与应用》、普通高等教育"十一五"国家级规划教材《高光谱遥感》、"地球观测与导航技术丛书"之《高光谱遥感影像处理》及《现代军事地质理论与应用》等多部著作及期刊文献基础上整编、充实形成的。除了系统地阐述军事地质环境高光谱遥感的数据源，夯实其数据处理与解译的理论方法，还十分注重站在军事地质环境的应用研究层面，介绍高光谱遥感技术在道路提取，电力线识别，废水、化学气体检测等军事地质环境研究分析中新的研究技术成果。在此由衷地感谢我的历届研究生，他们辛勤的努力和丰富的成果为本书的编写提供了大量珍贵的素材，也让我们共同参与并见证了我国军事地质环境高光谱遥感数据处理技术的发展进程。

本书分为 9 章：第 1~4 章侧重点是高光谱遥感在军事地质应用中涉及的基本理论和基本方法，分别介绍军事地质环境高光谱遥感的理论基础与研究背景、军事地质环境高光谱遥感数据源（卫星高光谱遥感数据、航空高光谱遥感数据、无人机高光谱遥感数据、地面高光谱测量数据）、高光谱遥感数据预处理（传感器定标、大气校正、几何校正）、高光谱遥感数据处理理论与方法（高光谱遥感数据降维、影像分类、混合像元分解、目标检测、异常检测、变化检测）；第 5~9 章侧重点是较特殊、较复杂的军事地质环境中高光谱遥感影像具体目标的提取、识别与分析技术，分别介绍道路提取、电力线识别与提取、废水检测、化学气体识别与检测及地质环境变化检测。

对本书中可能存在的疏漏和不足，敬请读者指正。

王力哲

2021 年 2 月 21 日

目 录

第1章 概 论 ………………………………………………………………… (1)
1.1 地质环境高光谱遥感的理论基础 ………………………………………… (3)
　1.1.1 地质环境研究对象及内容 …………………………………………… (4)
　1.1.2 高光谱遥感技术 ……………………………………………………… (6)
　1.1.3 地质环境高光谱遥感概述 …………………………………………… (8)
1.2 地质环境高光谱遥感技术的研究背景与意义 …………………………… (9)
　1.2.1 地质环境高光谱遥感技术研究的必要性 …………………………… (9)
　1.2.2 地质环境高光谱遥感技术的研究现状 ……………………………… (10)
　1.2.3 地质环境高光谱遥感技术的难点和挑战 …………………………… (13)
1.3 地质环境高光谱遥感的发展历程与发展趋势 …………………………… (14)
　1.3.1 高光谱遥感理论与方法的研究进展 ………………………………… (14)
　1.3.2 地质环境高光谱遥感的研究进展 …………………………………… (19)
　1.3.3 地质环境高光谱遥感的发展趋势 …………………………………… (20)
1.4 地质环境高光谱遥感的需求分析 ………………………………………… (20)
　1.4.1 地下空间的地面表征 ………………………………………………… (20)
　1.4.2 远程战区环境研究 …………………………………………………… (20)
　1.4.3 前沿阵地情报侦察 …………………………………………………… (21)
　1.4.4 实时系统开发 ………………………………………………………… (21)
　1.4.5 打击效果评估 ………………………………………………………… (21)
　主要参考文献 ………………………………………………………………… (22)

第2章 地质环境高光谱遥感数据源 ……………………………………… (26)
2.1 卫星高光谱遥感数据 ……………………………………………………… (26)
　2.1.1 ASTER ………………………………………………………………… (26)
　2.1.2 Hyperion ……………………………………………………………… (30)
　2.1.3 EnMAP ………………………………………………………………… (31)
　2.1.4 HJ-1卫星星座 ………………………………………………………… (34)
2.2 航空高光谱遥感数据 ……………………………………………………… (37)
　2.2.1 AVIRIS ………………………………………………………………… (37)
　2.2.2 APEX …………………………………………………………………… (42)
　2.2.3 AVIRIS-NG ……………………………………………………………… (43)
2.3 无人机高光谱遥感数据 …………………………………………………… (45)

2.3.1　无人固定翼平台高光谱遥感影像 ……………………………………… (45)
　　2.3.2　无人直升机平台高光谱遥感影像 ……………………………………… (47)
　　2.3.3　无人飞艇平台高光谱遥感影像 ………………………………………… (49)
2.4　地面高光谱测量数据 …………………………………………………………… (51)
　　2.4.1　地面非成像高光谱数据 ………………………………………………… (51)
　　2.4.2　地面成像高光谱数据 …………………………………………………… (54)
主要参考文献 …………………………………………………………………………… (56)

第3章　高光谱遥感数据预处理 …………………………………………………… (59)
3.1　传感器定标 ……………………………………………………………………… (60)
　　3.1.1　光谱定标 ………………………………………………………………… (60)
　　3.1.2　辐射定标 ………………………………………………………………… (61)
3.2　大气校正 ………………………………………………………………………… (62)
　　3.2.1　基于影像特征的相对校正模型 ………………………………………… (62)
　　3.2.2　基于地面线性回归的经验模型 ………………………………………… (62)
　　3.2.3　基于大气辐射传输的理论模型 ………………………………………… (63)
3.3　几何校正 ………………………………………………………………………… (64)
　　3.3.1　地面控制点选取 ………………………………………………………… (65)
　　3.3.2　像元坐标变换 …………………………………………………………… (65)
　　3.3.3　像元亮度重采样 ………………………………………………………… (66)
主要参考文献 …………………………………………………………………………… (68)

第4章　高光谱遥感数据处理理论与方法 ………………………………………… (71)
4.1　高光谱遥感数据降维 …………………………………………………………… (71)
　　4.1.1　光谱特征选择 …………………………………………………………… (71)
　　4.1.2　基于变换的特征提取 …………………………………………………… (72)
4.2　高光谱遥感影像分类 …………………………………………………………… (77)
　　4.2.1　像素级分类 ……………………………………………………………… (77)
　　4.2.2　对象级分类 ……………………………………………………………… (81)
4.3　高光谱遥感影像混合像元分解 ………………………………………………… (81)
　　4.3.1　混合像元线性分解 ……………………………………………………… (82)
　　4.3.2　混合像元稀疏分解 ……………………………………………………… (87)
　　4.3.3　基于深度学习理论的混合像元分解 …………………………………… (90)
4.4　高光谱遥感影像目标检测 ……………………………………………………… (93)
　　4.4.1　全像元目标检测 ………………………………………………………… (94)
　　4.4.2　亚像元目标检测 ………………………………………………………… (97)
4.5　高光谱遥感影像异常探测 ……………………………………………………… (98)
　　4.5.1　全局异常探测 …………………………………………………………… (98)
　　4.5.2　局域异常探测 …………………………………………………………… (100)

4.6 高光谱遥感影像变化检测 ··· (101)
    4.6.1 异常变化检测 ··· (102)
    4.6.2 二值变化检测 ··· (103)
    4.6.3 多类变化检测 ··· (104)
主要参考文献 ··· (106)

第5章 地质环境中高光谱遥感道路提取 ··· (115)

5.1 道路的影像特征 ·· (115)
    5.1.1 光谱特征 ·· (115)
    5.1.2 几何特征 ·· (116)
    5.1.3 拓扑特征 ·· (116)
    5.1.4 背景特征 ·· (116)
    5.1.5 纹理特征 ·· (116)
5.2 道路提取方法 ··· (116)
    5.2.1 基于像元的高光谱遥感道路提取 ·· (117)
    5.2.2 面向对象的高光谱遥感道路提取 ·· (118)
    5.2.3 基于深度学习的高光谱遥感道路提取 ··· (120)
5.3 道路提取典型案例 ·· (121)
主要参考文献 ··· (127)

第6章 地质环境中高光谱遥感电力线识别与提取 ····································· (131)

6.1 电力线的影像特征 ·· (131)
    6.1.1 光谱特征 ·· (131)
    6.1.2 几何特征 ·· (131)
    6.1.3 拓扑特征 ·· (132)
    6.1.4 背景特征 ·· (132)
6.2 电力线识别与提取方法 ··· (132)
    6.2.1 电力线像素的检测 ·· (132)
    6.2.2 基于特征检测的电力线提取 ·· (133)
    6.2.3 基于变换方法的电力线提取 ·· (134)
6.3 电力线识别与提取典型案例 ··· (135)
    6.3.1 GPS/POS 辅助全自动空中三角测量 ·· (135)
    6.3.2 植被遥感 ·· (136)
    6.3.3 基于高分辨率多光谱影像的树冠高层估算流程 ······························· (138)
    6.3.4 线路走廊树冠尺度DSM自动生成 ·· (139)
    6.3.5 特征点匹配 ·· (141)
    6.3.6 误差剔除 ·· (142)
    6.3.7 基于归一化植被指数的树冠区域提取 ··· (142)
    6.3.8 基于树冠尺寸的DSM树高估计 ·· (143)

  6.3.9 实验结果与分析 ·· (143)
 主要参考文献 ·· (147)

第7章 地质环境中高光谱遥感废水检测 ··· (150)
 7.1 废水的影像特征 ··· (150)
  7.1.1 光谱特征 ·· (150)
  7.1.2 纹理特征 ·· (151)
 7.2 废水检测方法 ··· (152)
  7.2.1 基于关键光谱特征的废水检测 ·· (152)
  7.2.2 基于线性回归模型的废水检测 ·· (154)
  7.2.3 基于混合像元分解模型的废水检测 ··· (154)
 7.3 废水检测典型案例 ·· (155)
 主要参考文献 ·· (158)

第8章 地质环境中红外高光谱遥感化学气体识别与检测 ························· (159)
 8.1 红外高光谱遥感概述 ··· (159)
  8.1.1 红外高光谱传感器发展现状 ··· (159)
  8.1.2 红外高光谱遥感影像研究现状 ·· (161)
 8.2 红外高光谱遥感化学气体识别与检测概述 ·· (162)
  8.2.1 化学气体识别与检测研究现状 ·· (162)
  8.2.2 化学气体红外高光谱数据特征 ·· (163)
  8.2.3 化学气体红外高光谱辐射传输模型 ··· (164)
  8.2.4 红外高光谱遥感化学气体识别与检测方法 ································· (166)
 8.3 化学气体识别与检测典型案例 ··· (166)
 主要参考文献 ·· (169)

第9章 地质环境中高光谱遥感变化检测 ··· (171)
 9.1 环境变化内涵 ··· (171)
  9.1.1 环境随战场形态的演变 ·· (171)
  9.1.2 环境随地质体的时空环境演变 ·· (173)
 9.2 地质环境变化检测方法 ··· (173)
  9.2.1 基于影像代数的变化检测 ·· (174)
  9.2.2 基于影像变换的变化检测 ·· (175)
  9.2.3 基于影像分类的变化检测 ·· (176)
 9.3 地质环境变化检测典型案例 ·· (177)
  9.3.1 毁伤打击效果评估 ··· (178)
  9.3.2 环境信息动态感知 ··· (178)
  9.3.3 特殊目标侦察 ··· (178)
  9.3.4 力量部署侦察 ··· (179)
 主要参考文献 ·· (179)

第1章 概 论

卫星遥感技术作为快速、动态获取战场态势信息的重要技术手段,在重大工程建设、各种危机管理及作战行动中发挥着重要作用,是支撑现代化作战、提高军事信息化水平、直接支持各军兵种作战单元以及快速夺取战场信息的重要保障。地质要素是战场环境的重要组成部分,是保障打赢未来信息化战争不可或缺的重要领域。因此,利用卫星遥感技术捕获和分析各种地质体的电磁辐射信息,研究地质结构等对作战行动的影响,降低军事行动的盲目性和风险性已成为可能(于德浩等,2017)。

目前,美国已经具备了组织调动100颗以上卫星和相关资源支持作战的能力,并获取了全球除南北极地区之外90%的地表和一定深度地下空间的地质结构、重力场及电磁场等数据,为其军事行动和国家战略提供了重要的地质基础支撑。阿富汗战争和伊拉克战争等现代高科技战争都体现了地质基础支撑的重要性。现在,美、英、俄、法等国均在军事地质理论研究、学科建设、军事部门编制和武器装备研发上取得了突破性进展,形成了比较完备的军事地质建设体系,并且逐渐向"深地""深海""深空""深时"方向拓展。相比之下,我国在军事地质理论研究、学科建设和军事高新技术应用等方面还存在一定差距。因此,在当前国际国内形势下,基于迅速发展的卫星遥感技术和军事科学,建设一门以军事应用为目的的新的分支学科——"地质环境高光谱遥感"已迫在眉睫。

高光谱遥感是在原有的多光谱成像遥感基础上发展起来的新型探测识别技术,从20世纪80年代末开始研究,目前已经发展成为一种成熟的侦察技术,并在民用和军用领域得到了广泛的应用。高光谱遥感的出现是遥感技术的一场革命,很多在多光谱遥感中不可探测的物质,在高光谱遥感中都能被识别。高光谱遥感成像通过更精细的分光方式,实现了将电磁波信号分解为更多微小、相邻的波段,对应波段上的能量被不同的传感器捕获,从而获取波段数目众多、光谱分辨率极高、图谱合一的高光谱遥感影像(张良培等,2014;张良培和张立福,2011;童庆禧等,2006)。高光谱遥感影像数据的每个像元具有连续的光谱曲线(图1.1),因此利用高光谱遥感影像反演陆地细节成为可能。高光谱遥感已经发展成为当前遥感领域的前沿技术。

自20世纪80年代初期,美国国家航空航天局(National Aeronautics and Space Administration,NASA)喷气推进实验室(Jet Propulsion Laboratory,JPL)成功研制出第一台机载成像光谱仪(airborne imaging spectrometer,AIS)(Vane et al.,2013),高光谱遥感在地质勘探、植被研究等方面初显了魅力之后,得到了快速发展(麻永平等,2012;王捷等,2012;季艳,2006;单月晖等,2006;Michael,2006;袁孝康,2004)。1987年,为了获取光谱和空间覆盖范围更广的数据,

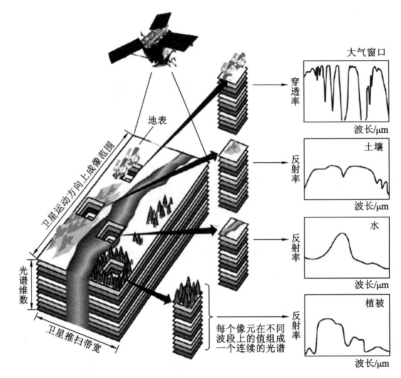

图 1.1 高光谱遥感影像光谱曲线示意图(Green et al.,1998)

NASA 喷气推进实验室开发了机载可见光/红外成像光谱仪(airborne visible/infrared imaging spectrometer,AVIRIS)(Vane,1987),安装在 ER-2 飞机上,成为第一台民用机载高光谱传感器。1989 年,加拿大推出了轻便机载光谱成像仪(compact airborne spectrographic imager,CASI)。1990 年,中国科学院上海技术物理研究所研制出我国第一台模块化机载成像光谱仪(modular airborne imaging spectrometer,MAIS)(Tong et al.,2014),由可见光/近红外、短波红外和热红外 3 个独立的光谱仪组成,光谱通道数达 71 个,光谱分辨率为 20~450 nm。1993 年,芬兰 Specim 公司制造了推扫式成像系统应用型机载成像光谱仪(airborne imaging spectrometer for applications,AISA)(Makisara et al.,1993),包括高光谱成像仪、全球定位系统/惯性导航系统(global positioning system/inertial navigation system,GPS/INS)传感器和个人电脑(personal computer,PC)数据获取单元,装载在飞机上,既能对地面目标成像又可以测量目标光谱特性。1998 年,澳大利亚集成光电公司研制生产了机载扫描成像光谱仪 HyMap(Cocks et al.,1998),并开始应用于商业勘探,在地质勘探领域,特别是地质填图方面得到了广泛应用(Hörig et al.,2001);同年,中国科学院上海技术物理研究所研制出了实用型模块化成像光谱仪(operational modular imaging spectrometer,OMIS),使用平面光栅结合线列探测器通过光机扫描,波谱覆盖可见光、近红外、中波红外和长波红外,可获取 128 个通道的光谱影像数据;随后,基于面阵电荷耦合器件(charge-coupled device,CCD)的推扫式超光谱成像仪(pushbroom hyperspectral imager,PHI)及基于 CCD 的宽视场推扫式超光谱成像仪(wide-angle pushbroom hyperspectral imager,WHI)也被中国科学院上海技术物理研究所研制出来。进入 21 世纪,在机载仪器成功研制并推广应用之后,世界各航天大国纷纷开展高光谱成像技术的空间应用研究,发展了 EO-1/Hyperion、紧密型高分辨率成像光谱仪(the compact high resolution imaging spectrometer,CHRIS)等典型的星载高光谱遥感传感器;我国在星载高光谱遥感仪器方面的研究也未落后,HJ-1-A、TG-1、GF-5、ZY-1-02D 等搭载着我国自行研发的高光谱成像仪的卫星相继成功发射。

随着现代战争战区战情的日益复杂化,各类新型光电武器及装备的不断发展,各种隐身技术的不断创新,迫切需要发展先进的侦察手段来对战区威胁进行准确的情报获取。高光谱遥感影像与单波段或者多波段影像相比,丰富的光谱信息可以大大增强军事侦察的能力。因此,高光谱遥感在军事地质方面具有广阔的应用前景。

1.1 地质环境高光谱遥感的理论基础

遥感技术最早产生于 20 世纪 60 年代,是在不直接接触的情况下,对目标物或者自然现象远距离感知的一门探测技术。具体是指在高空和外层空间的各种平台上,运用各种传感器获取反映地表特征的各种数据,通过传输、变换和处理,提取有用的信息,实现研究地物空间形状、位置、性质及其与环境的相互关系的一门现代应用技术科学(孙家抦,2003)。遥感之所以能够根据收集到的电磁波来判断地物目标和自然现象,是因为一切物体的种类、特征和环境条件不同,从而具有完全不同的电磁波的反射和发射辐射特征。因此,遥感技术主要是建立在物体反射或发射电磁波的原理之上。

高光谱遥感指具有高光谱分辨率的遥感科学和技术,其基础学科是测谱学,能在电磁波谱的紫外、可见光、近红外和短波红外区域,获取许多非常窄且光谱连续的影像数据。高光谱遥感成像光谱仪为每个像元提供数十个至数百个窄波段光谱信息,而连接这些光谱反射值点则可形成一条完整而连续的光谱曲线。高光谱遥感影像可将视域中观测到的各种地物以完整的光谱曲线记录下来,构成高光谱遥感影像除二维空间外的第三个维度——光谱维信息。记录的这个维度的光谱数据能够用于多学科的研究和应用,范围包含可见光到短波红外,光谱分辨率可高达纳米数量级。

高光谱遥感是一门新兴的技术,它是建立在航空航天、传感器、计算机等技术之上的。其中,电磁波理论是遥感最重要的物理基础,电磁波与地表物质的相互作用机理、电磁波在不同介质中的传输模型和对其进行接收、分析是凝聚各门学科和技术的核心。

在现代战争中,军事侦察、监视和遥感技术已经完全不可分割。对于世界上许多地区来说,几乎没有专门的数据库或者图件提供军事地质信息,但是有时需要在短时间内获取这些信息。龙凡等(2012)通过十余年来对军事地质学的深入研究,将现代军事学、地质学与遥感学相结合,探索性地提出了"军事地质遥感学"这一新分支学科概念,初步搭建了"军事地质遥感学"的技术体系,开创了"军事地质遥感学"的先河,将地质学和遥感学原理、工程地质、水文地质和环境地质知识及遥感技术应用于军事领域,研究军事、地质和遥感的关系。

本书将基于高光谱遥感地物空间信息、辐射信息、光谱信息的图谱合一特点,开展地质环境高光谱遥感理论、方法及应用研究,为现代战场环境建设提供地表-地下一体化的地质环境信息。

1.1.1 地质环境研究对象及内容

"凡地有绝涧、天井、天牢、天罗、天陷、天隙,必亟去之,勿近也。"(《孙子兵法·行军篇》)这里的"绝涧""天井""天牢""天罗""天陷""天隙"代表了不同的地形地貌类型,同时也反映了这类地形的地质特点。同样,清代顾祖禹在《读史方舆纪要》中,以较大的篇幅描述了地质地理环境对军事活动的影响。这说明古人很早就已将地质学知识应用于军事领域。

在冷兵器、热兵器时代,由于是人、畜近距离作战,影响作战行动的主要是天文(气候、气象等)、地理(地形、地貌、水温、天然建筑材料等)两类,也就是古代军事学家推崇的"上知天文、下知地理",每一类中各要素对作战行动的影响基本一致,故分为军事天文和军事地理,这里地理和地质没有分开。在这个时期,没有专门的研究和使用人员,理论主要靠经验教训总结形成,主要为地质信息的认知和经验的表述。

在机械化和核战时代,飞机天空作战、深海潜艇作战、远洋航母舰船群作战、远距离导弹作战、地面坦克作战等使用的武器样式不同,对地理、地形、地貌、水文、工程地质、海洋依赖程度不同,导致这些领域相继从原来的军事地理(地质)中分离出来,成为独立的军事学科。这个时期,战场环境主要是天空、地表、浅地下、远洋及中浅海,军事地质主要以浅部军事工程构筑作为军队屯集机动的保障。因此,军事地质和军事工程地质含义基本相近,属于广义的军事地质。同时,也出现了专门的军事地质研究和使用人员,即工程兵,形成了较完善的理论体系,专业进行了细化。我国的军事地质形成于20世纪30年代,以陈继承和朱熙人1937年合著的《军事地质学》为标志,发展至今仍然是以工程地质和水文地质研究为重点,已经不适应现代战争的应用需求。

在现代战争中,应用卫星技术进行洲际距离的精确打击已成为现实,导航测绘学、地理信息学逐渐从军事地形学中分离出来,形成新的学科。现代战争"三深"(深地、深海、深空)、"三快"(机动快、转换快、打击快)、"五高"(高科技、高消耗、高危害、高精准、高感知)的特点与作战样式对地质提出了新的需求。原军事地质的研究内容已经不能满足现代战争的需要。主要表现在两个方面。①驻屯集结和机动方面。陆域除研究工程地基等点上地质问题外,还涉及地基抗击打性、地下水等的地质灾害危害等研究。海域除研究海水、气候等问题外,还涉及深海海底、海岛礁地质、海底地质灾害等研究。②作战方面。研究深地工程顶部的立体地质结构对钻地弹精确打击的影响,以及相应的武器弹药选配;深海海底地质结构、地质作用对军事行动的影响;依据打击防御目标所处的地质结构特征进行优选排序;地质灾害武器利用和规避;战争对地质环境的危害、破坏评估等。因此,现代军事地质是现代战争与地质学相结合的产物,主要是为工程兵、战场环境构建和其他与地质有关的军事行动提供理论、技术支撑和基础资料,具体包括军事地质理论和军事地质调查技术两个方面。

1. 军事地质理论

军事地质学是军事学和地质学的交叉学科,属于应用学科范畴。其主要是以军事学理论、国防建设理论和基础地质学理论为基础,研究地壳岩石圈及地球表面覆盖物的物质成分、内部构造、物理化学性质和表面特征，以及地球发展历史中的各种地质作用与战场活动的关系，获得相关资料的技术方法。军事地质学的研究对象包括岩石体、堆积体、地下水、地质作用（地质灾害），具体的研究内容及方向包括：战场环境中岩石体、堆积体、地下水体、矿产资源地质类型和结构单元划分及填绘，战争对地球环境（地球化学）影响的评估，形成基础军事地质资料和相应数据库，为军事工程、军事工程地质、军事物理等提供基础资料；地质体类型对军事机动通行、伪装侦测、战争环境影响的评估；地质结构单元对建筑在其上的军事工程的构筑建设、打击抢修、武器弹药选配的影响评估，深地工程之上的地质结构单元对深地精确打击防护、武器弹药选配、伪装侦测的影响评估，提出相应措施；军事地质学理论研究及相应的调查技术装备设计研发。

军事地质理论主要研究地质体的要素与军事行动的关系，为获取军事地质信息、构筑信息化战场环境提供理论支持，主要涉及8个方面的应用研究。

（1）与军事行动密切相关的地质要素，如岩石体的抗打击性、承载力，堆积体的开挖性、通行性能，地下水体的流量、流速、水质、埋深等，确定地质体类型（结构单元）的划分依据及标准。

（2）灾害体的成因类型及规模对军事行动的危害性、危险性、安全性等级划分标准，以及相应对策。

（3）战争对地球环境（地球化学）的等级评价体系，以及相应应对方案。

（4）不同地质体类型对军事机动通行、伪装的影响和利用。

（5）不同地质体类型的力学性质与建筑在其上的军事工程的稳固性、抗打击性及打击效果。

（6）地下工事之上的地质体结构单元与精确打击武器弹药的选配。

（7）不同矿产资源及其规模、开发利用程度与军事的关系。

（8）深地、深海、深空工程战场环境的地质要素构建保障。

军事地质与军事工程地质、军事水文密切相关，但又有所不同。军事工程地质主要是利用军事地质资料的岩石体和堆积体类型、地质作用和地下水对军事工程、阵地工程、伪装工程、障碍工程、地雷布设的构建区域，对道路、桥梁、隧道等军事机动保障的关键地段的工程地质条件适宜性、安全性进行分析评估，与军事工程和工程地质密切相关，属于点上的地质工作。军事地质是在一定区域内，依据地质体的物理化学性质及其地质作用对军事行动影响的不同类型，进行的地质体（含地下水）类型、结构单元划分与填绘，与基础地质学和经济、环境地质学密切相关，属于面上的研究。军事地质研究的对象是岩石体和堆积体，而军事工程地质的研究对象是岩体、土体，与工程地质术语语义一致。岩石体不包括岩体的风化壳，堆积体包括风化壳、土体和自然或人工引起破碎的岩体、土体的堆积体；大气水、海水和陆域地表水在地球科学上属于水文学和海洋学研究范畴，在军事上属于军事水文学、军事海洋学研究范畴；地下水在地球科学上属于地质学的水文地质学研究范畴，在军事上属于军事地质学研究范畴。

2. 军事地质调查技术

军事地质调查技术主要研究军事地质调查平时、战时获取军事地质资料的技术方法和相应的规范体系，研发相应的技术装备；在特定区域开展军事地质调查，形成基础军事地质资料，为军事行动和信息化战争系统提供面上的基础地质资料。

军事地质调查技术主要指军事地质资料的收集、整理与处理，具体包括三方面的工作。①相关军事地质调查区域基础地质资料的收集。包括在拟开展军事地质调查区域收集各种比例尺的地质矿产、水文地质、工程地质、第四纪地质、地貌、灾害地质、生态地质资料；然后根据防御或打击重点程度不同，确定军事地质调查比例尺，并根据需求进行专项军事地质成果及图件的整理、制作与处理。②调查区内军事和潜在军事目标的分类分级。开展调查区内军事和潜在军事目标的分类分级收集，编制军事和潜在军事目标分类分级图。③军事和潜在军事目标与民用地质资料的融合。将测区内的军事和潜在军事目标与民用地质资料改化的成果进行融合，形成相应的军事地质资料，为打击、防御及战场环境建设提供基础资料。

国内和非国界区域军事地质调查主要是实地调查、地质资料改化和遥感调查。国外其他地质调查，主要采用科研合作获取的地质资料，进行改化和遥感调查。

军事地质图按照服务对象分为3类：①军事要素图，主要供军事地质调查人员阅读与分析；②军事地质地形图，主要服务于基层作战人员；③军事专题图，专供基层指挥人员指挥使用。

1.1.2　高光谱遥感技术

遥感成像技术的发展一直伴随着两方面的进步：一是通过减少遥感传感器的瞬时视场角来提高遥感影像的空间分辨率；二是通过增加波段数量和减小每个波段的带宽来提高遥感影像的光谱分辨率。高光谱遥感正是实现了遥感影像光谱分辨率的突破性提高，在微电子技术、探测技术等领域发展的基础上，光谱学与成像技术交叉融合形成了成像光谱学和成像光谱技术。高光谱遥感技术在获得目标空间信息的同时，为每个像元提供数十个至数百个窄波段光谱信息，即利用高光谱遥感传感器获取的数据包括二维空间信息和一维光谱信息，所有的信息可以视为一个三维数据立方体。

1. 高光谱遥感技术中涉及的基本概念

在高光谱遥感技术领域，有以下几个常见的术语。为方便本书后续的介绍，本小节将先对以下几个术语的基本概念进行简单的说明。

1）光谱分辨率

光谱分辨率是指探测器在波长方向上的记录宽度，又称波段宽度。如图1.2所示，纵坐标表示探测器的光谱响应，是横坐标所代表的波长的函数。光谱分辨率被严格定义为仪器达到光谱响应最大值的50%的波段宽度。

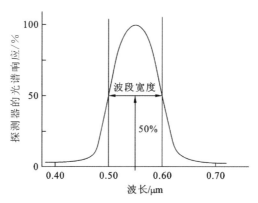

图 1.2 光谱分辨率示意图(童庆禧等,2006)

2)空间分辨率

对于成像光谱仪,其空间分辨率是由仪器的角分辨力,即仪器的瞬时视场角决定的。遥感传感器的瞬时视场角是指某一个瞬间遥感系统的探测单元对应的瞬时视角。瞬时视场角以毫弧度计算,其对应的地面大小被称为地面分辨单元。

3)仪器的视场角

仪器的视场角是指仪器扫描镜在空中扫过的角度,它和遥感平台高度共同决定了地面扫描幅宽。

4)信噪比

信噪比(signal-to-noise ratio,SNR)是遥感传感器采集到的信号和噪声之比,是遥感传感器的一个极其重要的性能参数。信噪比的高低直接影响了影像的分类和影像目标的识别等处理效果。信噪比和影像的空间分辨率、光谱分辨率是相互制约的。空间分辨率和光谱分辨率的提高都会降低信噪比。在实际应用中,这3个指标的选择都是在一定的目标要求下综合考虑各方面因素之后进行取舍的。

2. 高光谱遥感成像特点

与传统的多光谱遥感传感器相比,高光谱遥感传感器能够得到上百波段的连续影像,且每个影像像元都可以提取一条光谱曲线(Goetz and Rowan,1981)。高光谱遥感技术将传统的二维成像遥感技术和光谱技术有机地结合在一起,在用成像系统获得被测物体空间信息的同时,通过光谱仪系统把被测物体的辐射分解成不同波长的谱辐射,能在一个光谱区间内获得每个像元几十个甚至几百个连续的窄波段信息。不同于地面光谱辐射计,高光谱遥感传感器获得的不是"点"光谱测量,而是在连续空间上进行的光谱测量;与传统的多光谱遥感相比,其波段不是离散的而是连续的,即从其每个像元中均可提取一条平滑而完整的光谱曲线,有效解决了传统科学领域"成像无光谱"和"光谱不成像"的问题(童庆禧,1995)。因此,高光谱遥感的突出特点可以总结为以下几点。

1)高光谱分辨率

通常的多光谱遥感传感器和高分辨率可见光传感器只有几个波段,其光谱分辨率一般大于 100 nm。高光谱遥感传感器可获得整个可见光、近红外、短波红外、热红外波段的多而窄的连续光谱,波段数多至几十个甚至上百个,光谱分辨率可以达到纳米级,一般为 5~10 nm,特殊物体可达 0.3~0.5 nm。如我国的"高分五号"(GF-5)高光谱卫星,载有六大载荷,可对温室气体、微量和痕量污染气体进行观测,其光谱分辨率可达 0.3~0.5 nm,光谱分辨率在可见光/近红外波段为 5 nm、短波红外为 10 nm。

由于高光谱成像仪的光谱采样间隔小、光谱分辨率高,数十个、数百个光谱影像就可以获得影像中每个像元的精细光谱。地物波谱研究表明,地表物质在 0.4~2.5 μm 光谱区间内均有可以作为识别标志的光谱吸收带,其带宽为 20~40 nm。高光谱遥感传感器的高光谱分辨率可以捕捉到这一信息,反映地物光谱的细微特征。

2)图谱合一

高光谱遥感传感器可以采集地表地物的几何、辐射和光谱三重信息,集相机、辐射计和光谱仪于一体,形成影像数据立方体。这些信息表现了地物空间分布的影像特征,同时也可能以其中某一像元或像元组为目标获得其辐射强度及光谱特征。影像、辐射和光谱这 3 个遥感中最重要的特征的结合就称为"高光谱成像",特别是光谱信息,通过目标的光谱特征曲线,可以实现目标的"指纹"识别。

3)光谱波段多,在某一光谱段范围内连续成像

传统的全色和多光谱遥感传感器在光谱波段上是非常有限的,在可见光和反射红外区,其光谱分辨率通常在 100 nm 量级。而高光谱遥感传感器的光谱波段多,一般都是几十个甚至上百个,有的甚至高达上千个,而且这些光谱波段一般在成像范围内都是连续成像。因此,高光谱遥感传感器可以获得地物在一定范围内连续的、精细的光谱曲线。不同的遥感传感器对不同地物的反射光谱和吸收光谱会得到不同的光谱曲线,而正是基于不同地物间千差万别的光谱特征和形态,利用高光谱遥感数据可以实现对地物的精细探测与识别。

1.1.3 地质环境高光谱遥感概述

地质环境高光谱遥感是将地质学、遥感学原理、工程地质、水文地质和环境地质知识及高光谱遥感技术应用于军事领域的一门边缘技术,也是研究军事、地质和高光谱遥感关系的技术,其理论基础是建立在物理学电磁辐射与地质体相互作用的机理上。

作为一门地质学、遥感学和军事科学交叉结合的应用技术,其基本内涵是运用地质学和遥感学理论、方法与技术解决各种军事和国防建设问题。军事地质环境高光谱遥感属于军民两用技术,对民用技术加以改进即可解决军事地质工程方面的应用。因此,军民两用的地质学和高光谱遥感理论、方法与技术是军事地质环境高光谱遥感的主要部分。但是,军事地质环境高光谱重在军事应用,其研究的重点是解决军事应用问题的军事遥感地质学的理论、方法与技术。

一般来说,并不是所有的地质体或地质现象都对军事活动有影响。本书拟开展的研究对象是与军事活动密切相关的地球表层、浅层地质体及地质现象,虽然与传统遥感地质的研究

对象相似,但却有明显的不同,即具有鲜明的军事特性。

本书开展的军事地质环境高光谱遥感的研究主要包括军事地质环境高光谱遥感的数据源、高光谱遥感数据的预处理、高光谱遥感数据的解译理论与方法、军事地质环境中高光谱遥感道路提取、电力线识别与提取、废水检测、化学气体识别与检测及地质环境变化检测等内容,以解决军事工程保障、作战行动和战场建设中的地质问题。

过去的战场建设缺乏对地质条件的充分论证和科学判断,难以实现从"概略"到"具体"、从"表面"到"内部"、从"定性"到"定量"的转变,以致造成很多工事因汛期内部积水无法使用,有些工事因冬季冻裂遭到损毁,有些工事因构筑在黏土和流沙层而坍塌变形,严重影响了部队的战备、执勤和处置突发事件的能力。

因此,军事地质环境高光谱遥感的研究将基于遥感的宏观、真实、快速、准确等技术优势,利用高光谱遥感的"图谱合一"的"指纹级"识别能力,对战场环境展开横向及纵深向研究,从定性走向定量,使精确打击走向致命打击,让指战员有了"准星"和"标尺",更具备前瞻性和创造性。在首长机关层次,可为战略分析研究、部队战备训练及军队执行反恐维稳、地质灾害评估与救援等多样化军事行动决策快速和及时地提供信息支撑;在一线作战部队层面,可为作战阵地选择、野战给水保障、军事工程选址构筑、后勤保障基地建设、武器装备运行、地(水)下目标侦察与打击效果预判等提供直接和准确的多尺度数据信息,从而为作战能力的体系融合与联动发挥积极效应,是战场建设的"度量衡"和"实验室"。

随着科学技术的发展,军事与地质的关系愈来愈密切。为适应国防现代化建设的需要,尽快缩短我军与外军在军事地质领域的差距,军事地质环境高光谱遥感的研究与应用是大势所趋。

1.2 地质环境高光谱遥感技术的研究背景与意义

地质环境高光谱遥感的研究目的和意义在于充分发挥高光谱遥感的技术优势,为进一步拓展地质应用领域,发展和完善认知军事地质环境的理论和方法,为建立健全战场环境要素、提升国防军事保障能力和作战决策指挥能力提供强有力的技术支持。

1.2.1 地质环境高光谱遥感技术研究的必要性

从20世纪70年代末至80年代初,美国提出高光谱遥感概念并研制成像光谱仪以来,世界上一些发达国家,如美国、加拿大、澳大利亚和欧盟一些国家,在研究和开发高光谱遥感技术和方法方面开展了大量的工作,已经形成涵盖不同光谱波段和具有不同空间分辨率的不同平台的高光谱技术体系。由于高光谱成像技术具有"图谱合一"的特点,既能成像又能测谱,能够获取地物的光谱"指纹"信息,在地物精确分类和识别等应用方面有巨大的优势。地质应用是高光谱遥感应用最早、最成功的领域之一。20世纪80年代以来,高光谱遥感被广泛地应用于地质、矿物资源及相关环境的调查中。最近30年来的研究表明,高光谱遥感可为地质应用的发展做出重大贡献,尤其是在矿物识别与填图、岩性填图、矿产资源勘探、矿业环境监测、矿山生态恢复和评价等方面。而在军事地质环境中,利用卫星遥感技术调查与研究实施战斗中的地质实体及地质现象,利用高光谱遥感宏观、真实、快速、精准等技术优势,可清晰认知战场环境。

20世纪70年代以来,随着新的航天遥感平台的不断升空,新型传感器的不断研制,航天遥感技术的发展,遥感技术的应用领域逐渐从军事应用发展到以地球环境和资源的监测与研究为目标的尖端技术。而在现代战争中,军事侦察、军事监视与制导已完全离不开遥感技术。

高光谱遥感传感器区别于传统多光谱遥感传感器的关键在于窄波段成像,在可见光/近红外区域光谱分辨率达到纳米级。基于不同的应用目的,选择适当的波段,可以获取研究对象详细而精确的光谱信息。

在军事战场详细侦察方面,高光谱遥感传感器能够在连续的工作波段上同时对目标进行探测,可以直接反映被测物体的光谱特征,能够分辨出目标表面成分和状态,可以得到空间探测信息与地面实际目标之间存在的精确对应关系。以色列的科学家利用CASI在特拉维夫-雅法市进行了研究,从CASI影像中选择典型的地物作为端元光谱,对河流、沙土、植被等地物都取得了很好的识别效果;美国海军设计的高光谱成像仪,可以在$0.4 \sim 2.5~\mu m$光谱范围内提供210个波段的光谱数据,可获得近海环境目标的动态特性,包括海水的透明度、海洋深度、海流、海底特征、水下危险物、油泄漏等成像数据,为海军近海作战提供参考。

在军事伪装目标识别方面,高光谱遥感能够依靠背景与伪装目标不同的光谱特性,发现军事装备。通过光谱特征曲线可反演出目标的组成成分,从而揭露与背景环境不同的目标及其伪装。绿色伪装材料检测的一个重要手段就是利用植物的红边效应。在$680 \sim 720~nm$光谱范围内,植被的反射率升高。通过检测其位置和斜率特征就可以识别植被的种类和状态。现有绿色伪装材料在光谱曲线大体上可以与植被相吻合,因此,在多光谱侦察条件下能够满足伪装要求而无法有效辨别,但是在高光谱细微的光谱分辨能力下经过伪装的目标便无法遁形。目前,以植被的红边作为基本识别特征鉴别绿色伪装的准确度已经达到了99%以上。

高光谱遥感成像在军事地质环境及应用中具有明显的优势,已经被广泛推广并逐步取代多光谱遥感,其技术研究具有重要的价值和意义。

1.2.2 地质环境高光谱遥感技术的研究现状

目前,我国地质环境高光谱遥感技术处于发展期,研究模式正在从以自由研究为驱动的模式逐步向以需求为牵引的模式转变。研究焦点更侧重于基础研究、技术标准编制和军事应用拓展等方面,其服务对象也拓展到陆军、海军、空军和火箭军等不同军兵种。

1. 地质环境高光谱遥感数据获取体系

目前,地面高光谱成像光谱仪主要有澳大利亚的便携式红外矿物分析仪(portable infrared mineral analyzer,PIMA)、美国ASD公司的便携式近红外光谱仪、美国GER研制的64通道的航空扫描光谱仪、傅立叶变换红外光谱仪(Fourier transform infrared spectroscopy,FT-IR)等。同时,国内外也已开发出多种机载和星载成像光谱仪。国外具有代表性的机载成像光谱仪有美国的机载可见光/红外成像光谱仪、澳大利亚的机载扫描成像光谱仪 HyMap、加拿大的 CASI 系列等;国内有中国科学院开发的 OMIS 系列、使用面阵 CCD 的 PHI、干涉成像光谱仪等。其中 HyMap 机载成像光谱仪已在世界各地开展了商业运营,星载成像光谱仪包括美国的 Hyperion、德国发射的 EnMAP 和日本的 Hyper-X。在外星探测中,有火星探测热红外光谱仪,中国和印度的探月计划中也有高光谱观测体系,从而为高光谱在各个领域的应用奠定了坚实的基础。

1)机载探测装备

鉴于无人机在军事侦察中的优势,美军在完成一系列的高光谱成像测试之后,制订了相应的无人机载高光谱成像技术路线图,重点发展无人机载静态影像传感器系统,用以替代前期发展的全色成像传感器和多光谱成像传感器技术。其中,共享侦察吊仓(shared reconnaissance pod,SHARP)是美国海军 2001 年开展的战术侦察发展计划,采用多功能侦察舱,适应 F/A-18E/F 等多种飞机平台使用,舱内包括可见光、红外、高光谱、合成孔径雷达(synthetic aperture radar,SAR)等多种侦察传感器。2007 年美军与贝宜陆上和武器系统公司(简称 BAE 系统公司)签订了 230 万美元的合同,给仓内的 SPIRITT 光学侦察系统提供了高光谱成像设备,用于基于光谱特征进行自动探测、分类并确认伪装和隐藏的目标。

2004 年美国海军研究实验室(Naval Research Laboratory,NRL)和美国空军研究实验室(The Air Force Research Laboratory,AFRL)联合研制的机载实时提示超光谱增强侦察(airborne real-time cueing hyperspectral enhanced reconnaissance,ARCHER)系统装配在 GA-8 飞机上,用于搜索和救援任务。高光谱成像系统视场角为 37.9°,共计 52 个谱段,主要覆盖可见光/近红外波段。

2006 年,美国军方从 BAE 系统公司采购了 5 套高光谱成像载荷,装备在军用 RQ-7 隐形无人机上,用于巴尔干半岛冲突中的智能、监控、侦察(intelligence,surveillance,reconnaissance,ISR)任务,对伪装识别和寻找隐藏的装备等具有很好的功能体现。2006 年 WB-57F 飞机装载了加拿大 Itres 公司的可见光/近红外高光谱成像光谱仪 CASI-1500,在阿富汗进行为期两年的军事和民用探测任务。

NASA 在 2009 年 9 月研制出机载可见光/近红外的便携式遥感成像光谱仪(portable remote imaging spectrometer,PRISM),前置物镜采用两反结构,分光系统采用 Dyson 结构,薄带宽度分别为 20 nm 和 40 nm,2012 年投入使用。PRISM 集两台独立的成像光谱仪于一体,一台光谱范围从可见光到近红外(350~1050 nm),另一台为双波段(1240 nm,1610 nm)短波红外成像光谱仪。系统具有高信噪比、高均匀性、低偏振灵敏度特点。它可以对近岸海域进行高空间分辨率和高时间分辨率的光谱测量,以弥补低轨卫星测量的不足。

2012 年美国空军将雷神公司的 AN/DSQ-68 ACES HY 机载战术红外高光谱载荷,装配在 MQ-1"捕食者"上,用于探测地面化学物质和地表变化。2012 年以色列的埃尔比特(Elbit)系统公司的 Hermes450 和 Hermes900 无人机上,装配了智能化高光谱成像侦察系统,可自动解译遥感影像数据,并基于目标的材质特性进行探测、跟踪。

2)星载探测装备

在星载探测装备中,具有里程碑意义的当数 2000 年 NASA 发射的星载军民两用高光谱成像光谱仪 Hyperion,波长为 0.4~2.5 μm,光谱分辨率为 10 nm,空间分辨率为 30 m。

2009 年发射的 TacSat-3 星上的先进响应战术有效军事成像光谱仪(advanced responsive tactically-effective military imaging spectral,ARTEMIS),成像波长为 0.4~2.5 μm,光谱分辨率高达 5 nm,用于发现伪装目标和威胁,如隐藏的爆炸装置、洞口、坑道等。通过分析探测物光谱,与存储的数据库比较可以发现潜在的匹配目标。具有实时处理高光谱遥感数据的能力,可实现提取出目标信息、发送到战场等一系列操作,满足战场一线指挥官对信息的要求,也可以将数据传输到地面进行详细的分析。

2009 年 9 月 NRL 将星载近海超光谱成像仪(hyperspectral imager for the coastal ocean,HICO)发射进入国际空间站,用于海下重要的水文资料采集、滨海可展开性研究、沿海浅海军事目标识别、伪装识别等,可给出海图上未标出作战区域的安全出口和入口,评估浅海水质、海底构造、海上大气能见度,以及探测水下障碍物等。HICO 的瞬时视场小,光谱分辨率高,可以实现海水物质的精细分析与测量。

2. 地质环境高光谱遥感探测技术

为了对抗未来战争中先进侦察技术和精确打击武器的威胁,各类武器装备的防御功能已从单一谱段向多功能、多频谱隐身技术发展,目标与背景之间能够在一定波长范围内接近"同色同谱",使得传统的探测手段难以有效识别。高光谱遥感成像具有获取地物光谱细微差别的能力,通过对光谱特性的定量分析,可实现对真假目标、目标和伪装物、覆盖物与周围正常环境之间的光谱特征微弱变化的检测并确定目标位置,已成为侦察及打击效果评价的一种新型重要手段。王建成和朱猛(2019)对国内外高光谱侦察技术在伪装目标探测、地雷及爆炸物探测、近海探测等应用研究及相关试验进展进行了比较全面的总结。

3. 地质环境高光谱遥感地质环境信息反演

地质环境对军事活动具有重要的影响。根据实际作战经验及文献资料记载(张雄华,1989),建筑工事不能建在不能排水的地方,否则会造成士兵生活和作战用的工事寒冷、潮湿和不卫生,容易引起疾病。如第一次世界大战中,美国远征军中的许多战壕的位置选定和建造都有错误,引起流行性感冒和其他疾病的大量传播,从而降低了军队的战斗力。因此,对于战斗中攻击和退却的双方来说,详细了解工事建筑地域的地质环境至关重要。对于攻击的一方,假如能够从作战图上知道对方所筑工事的岩性和力学强度,就能够准确地使用火力摧毁它;反之,作为退却的一方,不仅应该知道战场周围的地形、地物条件,而且还要知道地质条件,才能准确地为退却部队决定退却路线、确定何处设立防线、构筑防御工事。如果退到一个石灰岩山丘上,短期内难以构筑防御工事,则有被包围歼灭的危险,而退到一个由页岩、泥岩组成的山丘上则完全不同。此外,战场、战斗路线的选择也和地貌及第四纪地质知识有密切的联系。沼泽地、沙漠、喀斯特地区的特殊地形、地质条件在很大程度上影响了部队的机动力和战斗力。喀斯特地区溶洞多,如果加上森林密布,很适合军事小分队打游击。在对越自卫反击战中,我军就多次受到越军小分队在这类地区的小型骚扰。在两次世界大战中也有许多这方面的教训。例如,第一次世界大战的凡尔登战役中,德法双方都在战术和地质环境侦察上出现错误。德军在向凡尔登要塞挺进时,为了渡过迂回曲折、河道深切的马斯河,花了很长的时间。在曲流山嘴处,许多德军受阻,而法军则切断山嘴的颈部,使德军处于三面环水的绝境。德军只得用炮兵组成一道火力网,阻止法军出击。

此外,复杂地质环境下的矿物填图也是高光谱遥感技术应用较为成功的领域之一,但如何利用所识别并填绘的矿物进行地质环境分析是高光谱遥感地质应用更进一步的关键问题之一,其在军事领域的重要性不言而喻。热红外成像仪的使用将矿物识别扩大到一些架状和岛状的硅酸盐。这样通过矿物的共生组合就能有效地对研究区的地质环境进行深入客观的分析和探讨。在矿物识别和矿物精细识别的基础之上,根据矿物共生组合规律和矿物自身的地质意义指示作用,直观地反演各种地质因素之间的内在联系,可提高高光谱遥感在军事地质应用中分析和解决地质问题的效能(李志忠等,2009)。

1.2.3 地质环境高光谱遥感技术的难点和挑战

地质应用是高光谱遥感应用最早、最成功的领域之一。20世纪80年代以来,高光谱遥感被广泛地应用于地质、矿产资源及相关的环境调查和应用中,并成为一种不可替代的技术手段。而高光谱遥感技术的发展也对军事地质学的应用与研究具有巨大的推动作用,同时也存在诸多的问题与挑战。李志忠等(2009)对高光谱遥感的难点与挑战进行了总结,主要包括数据源严重匮乏、缺乏针对性强的数据处理方法、无成型的专用软件平台和人员培训力度不够。结合军事地质环境高光谱遥感的应用需求,高光谱遥感在伪装隐身技术方面还存在一定的挑战。

目前先进的目标伪装技术,如美国BEA系统公司研制的"变色龙"多光谱自适应主动式伪装系统,是一种基于一系列反射层,可通过不同的电压来控制的多光谱伪装系统;如美国装甲工程公司研制的一种三维战术摄像系统,根据场景的高光谱遥感影像数据,由几块安装在车辆装甲上面的坚硬的三维面板快速创建一种使其适应于周围环境的伪装图案。伪装隐身技术的最新发展,对侦察技术提出了更高的要求。

20世纪末及21世纪初十余年军用高光谱遥感技术的研究发展及应用表明,高光谱遥感在侦察领域具有巨大的应用价值及潜力,由此对高光谱遥感载荷性能的期望也越来越高。为对抗隐身技术最新发展的"同谱同色",需要进一步提高光谱分辨率、信噪比等物理器件性能,满足对伪装军用目标搜索、侦察的需要。同时,由于当前高光谱遥感解译能力相对滞后,大量有价值的侦察影像没有及时得到解译,从而极易错失打击"时敏目标"的最佳战机。因此,自适应光谱成像探测技术将是未来重点研究方向。通过对光谱波段数、波长、光谱分辨率等进行实时调整,实现高光谱成像实时数据处理,从复杂多变的背景中快速准确地检测判定目标,提高系统的实时性和环境适应性,是未来伪装隐身技术的重要挑战。

此外,军事上对有害气体、地雷、藏兵洞穴、地下工事等军事目标探测也具有重要的需求,这将进一步推动热红外高光谱成像技术的发展。因此,针对军事地质复杂的环境,未来的侦察将包括高光谱、可见光、红外、SAR等多传感器融合探测技术,可使用机载、舰载、车载等多用途侦察载荷。

1.3 地质环境高光谱遥感的发展历程与发展趋势

军事地质学由来已久,是地质学与军事学的交叉学科(刘晓煌等,2018)。军事地质学是以军事和国防建设及地质理论为基础,研究岩石圈中一定范围内的物质成分、内部构造、物化性质、地质作用、地貌形态对战场环境及作战活动影响的一门学科(刘晓煌等,2017)。军事地质学主要研究地质环境对军事行动的影响,即研究并利用地质环境发展、演变规律,为国防建设、作战计划制订及行动准备与实施所需的地质保障提供科学依据。

随着卫星与雷达遥感、地理信息系统、大数据、云计算等技术的发展,军事地质学的研究领域不断拓展。陈伟涛等(2017)定义现代军事地质学是"以地球系统科学理论为指导,采用地质学、态势感知、大数据、高性能计算、模拟仿真、可视化技术等的工作方法,为信息化时代战场环境建设提供科技和数据支撑的一门高度交叉的学科"。

遥感地质学是基于各种地质体的电磁波谱特征和遥感影像纹理特征,分析研究地球表面及地表一定深度下的各种地质信息的一门学科。李远华等(2012)总结了不同军事活动所需的遥感地质方法,如军事侦察所需的遥感技术包括军事目标、土地覆盖、地形地貌、基础地理信息、工程地质岩组、岩体、地质灾害、矿产和资源等。此外,他们还总结了当前军事地质遥感学的主要研究内容:远征战区环境研究、战场环境选址、军事工程选址、作战路线规划、特殊地区给水保障和对外方前沿阵地侦测。

军事地质环境高光谱遥感利用高光谱遥感影像独特的高光谱分辨率及其提供的丰富的地球表面信息,通过定量方法,而不仅仅局限于宽波段遥感所采用的统计方法,实现分析、识别、鉴定特殊地物光谱,获取有效信息。

1.3.1 高光谱遥感理论与方法的研究进展

1. 高光谱遥感影像预处理

高光谱遥感影像的预处理主要包括传感器定标、大气校正、几何校正等操作。

在高光谱遥感影像定量化研究中,常常需要将高光谱遥感传感器接收到的电磁波能量信号直接与地物光谱仪接收到的电磁波能量信号及地物的物理特性联系起来加以分析研究,这就需要对遥感传感器进行定标操作。

对遥感传感器本身进行定标是标定其接收到的电磁波信号与其量化的数字信号之间的数量关系。但是,遥感传感器获取的遥感影像必须经过大气层,而大气层对地物的反射和发射信号具有吸收作用。因此,从高光谱遥感影像反演地物的反射光谱必须消除大气对遥感影像的影响,这就是大气校正过程。

无论是航空还是航天获取的高光谱遥感影像,都会因为遥感传感器自身硬件以及成像环境条件造成影像不同程度的几何变形。为了使遥感影像上记录的地物的辐射量和地面真实目标一一对应起来,必须对遥感影像进行精确的几何校正。

2. 高光谱遥感影像解译理论与方法

1)高光谱遥感影像混合像元分解

随着高光谱遥感传感器的发展,高光谱遥感影像被大量获取。由于传感器空间分辨率有限及自然界地物分布复杂多样,尤其是地物本身尺寸较小,像元很少由均一地表覆盖类型组成,高光谱遥感影像中普遍存在混合像元(Small,2003;Foody and Cox,1994)。混合像元问题是传统像元级分类和面积量测难以达到应用要求的主要原因(童庆禧等,2006)。光谱分解是解决混合像元问题的有效方法(Miao and Qi,2007;Nascimento and Bioucas-Dias,2005;Plaza et al.,2004;Keshava and Mustard,2002;Bastin,1997;Stocker and Schaum,1997;Tompkins et al.,1997;Craig,1994;Sabol et al.,1992),即通过建立光谱分解模型,将混合像元分解为不同的"基本组成成分",即地物"端元"的确定,并求出各端元所占的"组成丰度",即丰度反演(Iordache,2011;吴波,2006;Swayze et al.,1992)。

高光谱遥感影像混合像元分解通过假设混合像元光谱可以表示为像元内典型地物光谱及其所占比例的函数(李华丽,2012;Plaza et al.,2011;黄远程,2010;陈伟,2009;贾森,2007),建立像元的混合模型,并对混合像元进行有效解译。传统的混合像元分解方法需要首先获取端元光谱,如纯像元指数(pure pixel index,PPI)、N-FINDR、顶点成分分析(vertex component analysis,VCA)等端元提取算法,然后基于获取的端元光谱进行丰度反演,如全限制性最小二乘算法、正交子空间投影算法等。但是,这种"先端元后丰度"的分解方法使得解混的精度很大程度上依赖端元提取的精度(Keshava and Mustard,2002),且极易造成误差累积;同时,大量端元提取算法都仅用一条光谱曲线来表征一类地物类型,没有考虑地形起伏、光谱变化、地物自身变化等因素的影响而导致端元光谱的变化,即所谓的"端元可变"问题(Song,2005);此外,某些情况下地物光谱混合情况严重,可能导致无法从高光谱遥感影像上找到部分或者全部地物的典型光谱,于是以独立成分分析和非负矩阵分解为代表的盲源分解算法被引入解混领域。但是,这类盲源分解算法存在分解幅度不稳定等问题(王楠,2014;杨竹青等,2002)。因此,较好的处理方法是避开端元确定,借助标准的端元光谱库进行混合像元分解。以端元可选光谱分解(Rogge et al.,2006)、贝叶斯光谱混合分解(Dobigeon et al.,2009)及多端元光谱混合分解(Dennison and Roberts,2003)等方法为代表的混合分解方法可在一定程度上避免端元的选择,解决端元光谱可变的问题。然而,基于标准地物光谱库的解混是典型的欠定问题,即光谱库端元个数远远大于高光谱影像波段数,从而导致传统的线性分解模型欠定求解。因此,传统的混合像元分解算法均需对标准地物光谱库中的端元光谱进行选择或估计后,转换到传统的解混框架下求解完成,并未充分考虑和利用标准光谱库中全部的先验光谱信息。

近年来,为了克服传统混合像元分解方法中"先端元后丰度"造成的误差累积、端元可变、光谱分解幅度不稳定及利用标准地物光谱库进行混合像元分解面临的欠定求解等问题,有学者提出了以"稀疏表达"理论(Elad,2010)为基础,发展基于稀疏表达理论的高光谱遥感影像混合像元分解模型方法,对传统解混模型中的问题进行有效的解决,从而提高高光谱遥感影像混合像元分解方法的精度。

2)高光谱遥感影像精细分类

分类是高光谱遥感影像处理和应用的一项重要内容,其最终目标是给高光谱遥感影像中的每个像元赋予唯一的类别标识。然而,高光谱遥感影像的高维特性、波段间高度相关性、光谱混合等使得高光谱遥感影像分类面临巨大挑战(Shahshahani and Landgrebe,1994)。一方面,信号的高维特性、不稳定性、信息冗余和地表覆盖的同物异谱及异物同谱,导致高光谱遥感数据结构呈高度非线性,一些基于统计模式识别的分类模型难以直接对高光谱数据进行分类识别;另一方面,在影像监督分类领域,先验样本有限且质量不均一,分类模型的参数无法估计或估计不准确。在这种情况下,对高光谱遥感影像的准确分类需要建立复杂的数学表达模型才可近似反映高光谱遥感影像数据内在本质,然而模型的求解过程往往需要复杂烦琐的前处理或者后处理机制。

当前,国内外学者一方面充分利用机器学习、计算机视觉和模式识别领域的最新发展和先进算法进行高光谱遥感影像的精细分类研究,另一方面充分挖掘高光谱遥感影像数据隐含的丰富信息和特征,发展了一系列的精细分类算法:Melgani 和 Bruzzone(2004)提出的核变换技术,可以较好地解决复杂非线性数据结构的问题;Jia 等(2013)提出的特征挖掘技术,能够在高光谱遥感影像中寻找出有效特征集,对原始数据进行特征提取操作,从而在一定程度上缓解"维数灾难"现象;Crawford 等(2013)提出了半监督学习和主动学习方法用于高光谱遥感影像的分类,以解决高光谱遥感影像处理的不适定问题;Fauvel 等(2013)提出了综合光谱与空间特征的分类算法,可以很好地解决高光谱遥感影像分类中的空间同质性与异质性问题。随着信号处理中稀疏表达理论的兴起与成熟,基于稀疏表达理论的高光谱遥感影像精细分类算法被提出来,将高维信号表示成少数字典原子及其系数的组合,在抑制高光谱遥感影像噪声的同时发掘数据本源并对其进行有效表征,传递字典原子的类别信息,并依据最小重构误差实现精准的分类任务;Du 等(2012)提出了多分类器集成算法可以有效解决单一分类器泛化性能差、选择分类器主观性强等问题。因此,在高光谱遥感影像精细分类领域,多分类器集成的精细分类算法一直占有一席之地。

3)高光谱遥感影像目标探测

高光谱遥感影像目标探测是高光谱遥感技术研究中的一个重要领域(张良培,2014),主要是依据感兴趣目标的反射光谱与其他地物的差异,对目标进行特定的区分和提取(Manolakis,2003)。相对于多光谱,高光谱遥感本身所具有的丰富的光谱信息成为光谱目标探测的重要信息支持,使得出现在影像中更精细、更微小的目标能够被探测,这也是高光谱目标探测近年发展迅速的原因之一(Chang,2013)。

高光谱遥感影像目标探测算法可以分为两类:异常探测和光谱匹配(Manolakis et al.,2014)。其中,异常探测不需要任何先验知识,仅仅需要找出影像中与大多数像元光谱分布规律不一致的"离群点"的探测问题,并不具有针对性,如假设背景像元可以用其空间临近像元线性表示而异常像元则不能(Li and Du,2015)。光谱匹配从广义上来讲,是指利用了目标或者背景的先验光谱知识,在影像中寻找高层次"匹配"关系的像元方法。这些先验知识可以从实验室测得,也可以从影像中提取,这类算法具有一定的针对性,能够提取特定目标而排除一些信号较强的虚警目标。例如采用非线性压制算法对不同层次的约束能量最小化探测器的每一个输出光谱进行转换(Zou and Shi,2016),并把转换结果看作下一轮探测时该光谱的系数,进而精确探测出已知光谱信息的目标而排除其他干扰信息。

近年来,随着高光谱遥感影像空间分辨率的提升,考虑高光谱遥感影像的空间信息,越来越多的学者开始了空谱联合高光谱遥感影像目标探测研究。由于基于概率统计的高光谱目标探测在估计背景信息时都直接或者间接地采用了影像的二阶统计量,并且这类算法的推导往往要基于某个特定分布假设,于是有学者利用影像的空间信息对影像背景像元进行提取之后,让背景更好地满足算法所基于的分布假设,以提高目标探测的精度,如 Messinger 等(2006)、刘凯等(2013)都采用了这样的解决方法。Liu 和 Chang(2004)提出了一个基于嵌套空间窗口的目标探测方法,利用一系列嵌套的窗口来提取在光谱信息和空间信息上都不相同的"目标",由于不需要先验知识,这里的"目标"确定为影像中的异常。Li 等(2014)提出了一种基于空间不连通支持的稀疏表示探测方法,在常规的稀疏表示方法基础上基于"具有相同或相近光谱向量的像元往往分布在影像上空间不连通的区域"的假设支持,改进了常规的稀疏表示方法用于探测时考虑整幅影像的空间相关性和光谱相似性的特点。在传统方法的研究中,形态学算子被引入高光谱异常探测算法,这种算法避免了原有全局统计中无法去除目标像元影响的问题,并能预先排除一部分非感兴趣目标,有效提高了目标探测精度。

3. 高光谱遥感影像应用

1)高光谱遥感道路提取

道路是线状地物,在高光谱遥感影像中属于小样本数据,自动化识别更加困难。因而,针对不同类型、不同材质的道路,所提取的精度和自动化程度不高。对于高光谱遥感影像来说,道路提取所需要的特征不仅仅是道路特征,还有其他特征,如水系特征、房屋特征、地貌特征等。这些特征的提取与道路特征的提取有许多相似性和相关性,如线状道路特征与沟渠具有相似性,与其周边地物和地貌也是互为联系,这就更加增大了道路识别的难度。有研究人员利用动态规划法"代价"函数,通过增加道路边缘特征约束条件,将道路识别问题转化为一个最优化问题,通过提取道路中心线实现道路提取,效果不错,不过需要较大的存储量,不适合高光谱遥感影像处理。也有学者利用分割策略首先对遥感影像进行影像分割,如首先利用分水岭算法,提取脊线;然后利用道路的灰度、长条状特征对脊线所包围的区域进行合并,形成候选道路段;最后将道路连接,从而形成连通的道路网。

2)高光谱遥感电力线识别与提取

电力线是国家电网的重要组成部分,是国家重要的基础设施。电力线具有线路距离长、覆盖范围大、安全可靠性要求高等特点。因此,电力线的识别与提取,对于电力线的巡查、维护及特殊军事侦察等具有重要用途。从 20 世纪 50 年代开始,美国、加拿大及西欧等国家和地区开始采用直升机巡线,随后,苏联/俄罗斯、日本、瑞典等国家也开始了直升机巡线作业。而我国运用遥感技术进行电力线巡检多是针对 220 kV 以上基于铁塔的高压线,这些高压线大多远离城镇和交通干线,高高悬架于森林植被之上,巡检工作艰苦而危险。而 10～110 kV 的电力线由于架空高度较低,在密林中"穿梭",电力线的安全更容易受到周围树木的影响。目前,进行电力线识别与提取的方法主要包括局部线段基元提取和中层视觉感知聚集两个步骤。首先利用形态学滤波、边缘检测等操作滤除非光滑线段,进而得到光滑线段作为构成电力线的基元。作为第一步的粗提取过程,通常采用的是过提取手段保证较低的漏检率,然后,利用电力线的形态学特征从这些过提取的线段基元中识别并提取出电力线。

3) 高光谱遥感废水检测

废水具有不同于清水的光谱特征,这些光谱特征体现在对特定波长的吸收或反射,而且不同水体的光谱特征能够为遥感传感器捕获并在遥感影像中体现出来,通过对水体影像的识别与分析,可以获得水体中水质参数或者水体的污染状况。目前,利用高光谱遥感影像数据进行废水检测的主要方法包括基于关键光谱特征的废水检测方法、基于线性回归模型的废水检测方法及基于混合像元分解模型的废水检测方法。通过对水体中氮、磷、叶绿素等典型成分光谱特征的分析,达到遥感水体水质情况检测的目的。

4) 高光谱遥感化学气体识别与检测

气体在空气中是扩散流动的,没有固定的形状和体积,随着风的传播迅速扩散,而且大部分气体是无色或者很难用肉眼辨识出来的,因此,气体的识别与检测具有极大的困难。根据气体检测的机理不同,通常选择不同的气体检测传感器,如电化学类传感器、电学类传感器、气象色谱传感器、光学类传感器等仪器进行识别与检测。高分辨率的红外高光谱遥感影像可以识别气体的化学成分,这主要是因为不同的化学气体对红外光的吸收光谱不同,导致了最后在传感器上的成像不同。不同化学气体的红外吸收光谱构成了化学气体的红外数据特征,并且每种气体分子吸收的红外光波长遵守朗伯-比尔定律。根据不同化学气体的特殊光谱曲线特征,利用高光谱特征影像可以进行精确的化学气体识别与检测。

5) 高光谱遥感变化检测

高光谱遥感变化检测是遥感分析与应用领域的重要环节,通过利用不同时期、同一覆盖区域的遥感影像,分析和确定地表变化特征的过程。从本质上看,是由地物信息变化而引起的不同时相遥感影像像元光谱响应的变化。自高光谱遥感技术诞生以来,利用高光谱遥感影像进行变化检测研究已经成为学者们关注的热点问题之一。传统多光谱遥感影像可以利用地物影像空间进行变化检测研究,但是对于高光谱遥感影像来讲,还存在独特的光谱空间,能够提取更加精细和丰富的变化信息。目前高光谱遥感变化检测的方法主要包括基于线性变化的方法、异常变化检测的方法、分类后比较法、基于新型降维的方法及基于混合像元分解的方法。就高光谱遥感影像数据而言,其独特的光谱特性可以帮助学者们更好地区分不同地物,提高变化检测的精度,但是由于目前一些硬件技术的限制及理论的缺乏等,基于多时相高光谱遥感变化检测技术存在一些难点和不足,需要不断地优化、改进和研究。

1.3.2 地质环境高光谱遥感的研究进展

近年来,卫星遥感技术快速发展,地物精细的空间特征在遥感影像上一览无余。同时,遥感技术的发展,也使得遥感影像解译从定性分析其影像色调、纹理特征,发展到定量研究阶段。遥感技术广泛应用于国土整治、资源调查、自然灾害防治及环境监测与治理等方面。在欧美等发达国家和地区,遥感技术已广泛应用于军事领域。相比之下,国内该方面研究虽然起步较晚,但发展迅速,在捍卫国家领土主权和国防安全方面发挥着越来越显著的作用。

遥感技术全方位、宽频谱、多尺度、全天时及全天候等特点使战场更为"透明",使军事设施与军事行动的隐藏更为困难,侦察与反侦察、揭露与伪装的博弈也更加激烈。遥感技术的迅猛发展对军事工程而言既是挑战,也是机遇:一方面,遥感技术对军事工程的"生存"构成了严重的威胁,对传统军事工程伪装技术提出了新挑战;另一方面,遥感技术也为伪装技术的发展和创新提供新的视野与检验方法,使军事工程伪装更具科学性和时效性(沈泓等,2017)。

在军事环境地质方面,高光谱遥感技术的研究发展为国防工程伪装带来了巨大挑战,具体如沈泓等(2017)在《中国地质调查》上的综述。伪装就是隐真和示假,也可称为"仿真"(沈泓等,2017)。隐真是通过对背景的仿真以遮蔽主体目标物。国防工程中常采用伪装网与复合材料等进行仿真遮蔽来实现;而示假是通过对真目标的仿真,用假目标迷惑观察者,比如采用仿真材料来模拟真目标等。"仿"易于实现,一般只需外形相似;"真"是要求性质上相似。随着遥感技术的高速发展,尤其是高光谱成像技术的发展,要在颜色、自然特性及红外与雷达特征等方面都接近"真",难度则很大。

军事地质工程往往建在人烟稀少的地区,且规模较大,在工程施工中的大面积劈坡、土石渣排放、口部施工及场坪、道路施工等自然地形地貌改变较大,暴露特征明显。在此情况下,运用高空间分辨率遥感侦察,极易发现伪装目标,因此,其隐真与示假会有极大困难,同时也对伪装工程人员隐藏真实意图和实施有效伪装提出了全新挑战。另外,传统的伪装遮障器材,如伪装网等,在进行目标遮障时,通常难以真切地模拟自然地形起伏,立体空间感较差,从高空间分辨率遥感影像上很容易被鉴别。

国防工程在建设与使用阶段,一般采用伪装和伪装仿形材料进行工程的隐真与示假。但目前采用的伪装器材均由人工合成,其组成成分很难做到与自然地区完全一致,因而其光谱特征与自然地物也存在较大差别。而根据这一差别,高光谱遥感就可能发现伪装目标。由于以往多光谱成像局限于为数不多的波段范围,所采用的伪装网等伪装器材也往往只针对这些波段进行研制,在当时的技术条件下,可以起到较好的效果。而随着高光谱遥感技术的发展,对目标进行数百个波段上的侦察已成为可能。现有伪装器材就难免在某个波段上被侦察出来。此外,军事地质工程除了选址偏僻、规模大及目标固定,建设工期也较长,工程建设中长期有大量机械、车辆及人员活动,暴露特征非常明显,这也为实时侦察提供了线索。同时,由于工程口部施工对自然地形地貌的改变十分明显,加之常规伪装器材在可见光、红外和雷达等方面随着时间的变化很难做到与自然变化规律完全一致,在全天时、全天候遥感侦察下,目标极易暴露,提高了疑似判别的可能性及准确度。

1.3.3 地质环境高光谱遥感的发展趋势

基于我国当前军事地质环境高光谱遥感的研究基础,参考于德浩等(2017)在《中国地质调查》上发表的《现代军事遥感地质学发展及其展望》,未来国防军事领域的地质环境高光谱遥感发展趋势大致有以下几个方面。

(1)大数据和云计算等高新技术支持下的军事地质环境高光谱遥感技术。
(2)空间拓展的军事地质环境高光谱遥感技术。
(3)由国内局部保障工作转向全球全域全维保障工作的军事地质环境高光谱遥感技术。

1.4 地质环境高光谱遥感的需求分析

1.4.1 地下空间的地面表征

电力中枢、通信枢纽、能源中心、指挥机构等事关国家和军队命脉的重要设施越来越多地被置于地下,进一步提高了地下空间在人类生活中的比重,使地下空间成为国与国之间利益博弈的新平台。相比于地上空间,地下为军事目标提供了天然屏障,它不但可以遮蔽可见光,还能阻挡雷达波探测。复杂的岩层可有效屏蔽地下目标的各种暴露特征,使常规侦察手段难以捕捉和识别其发出的信号,从而大大降低被发现的概率。战场空间的变化源于人类社会的发展,并与社会技术形态的转变同步,从平面扩展到立体,从有形拓展到无形。近几场局部战争实践表明,敌对双方全程依托地下展开军事行动,开展无时不在的"地下斗争",已发展成为继海、陆、空、天、电、网之后的新作战空间,势必对战场发展和作战样式产生深刻影响。

然而,高光谱遥感传感器较高的光谱分辨率,可以对地表情况,特别是能将地下空间的入口处情况检测识别出来。因为地下空间经过开挖处理之后,土壤结构、水分等均会发生变化,正是这种细微的土质变化,作为地下空间的地面表征,可以实现军用地下空间的探测与识别。

1.4.2 远程战区环境研究

军用高光谱技术在远程战区环境研究领域具有巨大的应用价值及潜力。为对抗隐身技术最新发展的"同谱同色",需要进一步提高高光谱遥感传感器的光谱分辨率、信噪比等硬件特性。军事上对有害气体、地雷、藏兵洞穴、地下工事等军事目标探测的需要,对战区环境的综合把控,将进一步推动热红外高光谱成像技术的发展。同时,针对复杂的战区环境侦察任务,未来的侦察将使用包括高光谱、可见光、红外、SAR等多传感器融合探测技术,可用于机载、舰载、车载等多用途侦察载荷。具体如图1.3所示。

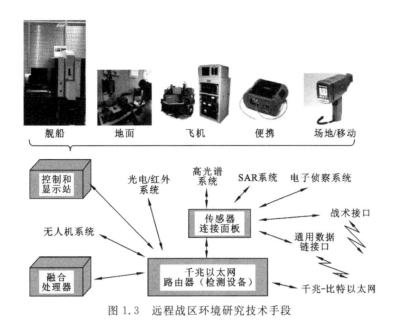

图 1.3　远程战区环境研究技术手段

1.4.3　前沿阵地情报侦察

前沿阵地情报侦察具体包括目标识别、地雷探测、搜索营救等。高光谱遥感传感器可以获取战场环境中不同地物精细的光谱信息,从而可以精确分辨不同地物的成分与状态。利用高光谱"图谱合一"的性质,可将地物的空间分布信息与地面具体目标地物或者成分进行精确对应,在军事关键目标识别、地雷分布及型号判别、不同武装人员营救等方面可提供重要信息。此外,通过利用地物精细的光谱信息对地物成分进行分析判别,还可以有效识别军事伪装,实现战场环境及目标的精确、真实判断。军用高光谱系统准确的地形分类能力能为军事行动提供有力支持。

1.4.4　实时系统开发

高光谱实时系统应用有很广泛的需求,比如高光谱数据实时压缩系统能够嵌入无人机等航空平台,执行军事战术任务。高光谱技术也能在智能导弹跟踪与对抗的实时系统中发挥作用,Opto-Knowledge 公司的空中跟踪与对抗实时识别研究,由可见光/近红外和中波红外光谱成像仪搜索信号,将传感器数字化的信号传送到计算机取景器,经过高光谱实时处理中特殊的数学变换,完成目标与干扰的识别。

1.4.5　打击效果评估

打击效果评估是军事决策的重要依据。高光谱具有很强的侦察能力,将其用于打击效果评估,尤其是对地下建筑的破坏评估,是很有的技术。

主要参考文献

陈伟,2009.高光谱影像混合像元分解技术研究[D].郑州:解放军信息工程大学.
陈伟涛,王力哲,董玉森,等,2017.军事地质遥感理论与方法[M].武汉:中国地质大学出版社.
甘甫平,王润生,2007.高光谱遥感技术在地质领域中的应用[J].国土资源遥感(4):57-60,127-128.
黄远程,2010.高光谱遥感影像混合像元分解的若干关键技术研究[D].武汉:武汉大学.
季艳,2006.国外临近空间飞行器技术发展概述[J].国际航空(9):84-85.
贾森,2007.非监督的高光谱图像解混技术研究[D].杭州:浙江大学.
李华丽,2012.高光谱遥感影像自动混合像元分解研究[D].武汉:武汉大学.
李远华,姜琦刚,周智勇,等,2012.陆域遥感军事地质图基本要素及其表达方法[J].世界地质,31(3):614-620.
李志忠,杨日红,党福星,等,2009.高光谱遥感卫星技术及其地质应用[J].地质通报,28(2-3):270-277.
刘凯,张立福,杨杭,等,2013.面向对象分析的非结构化背景目标高光谱探测方法研究[J].光谱学与光谱分析,33(6):1653-1657.
刘晓煌,孙兴丽,毛景文,等,2017.军事地质及其在现代战争中的作用[J].地质通报,36(9):1656-1664.
刘晓煌,张露,孙兴丽,等,2018.现代军事地质理论与应用[M].北京:科学出版社.
龙凡,于德浩,刘成玮,2012.浅谈军事地质学[J].工程兵勘察设计(5):10-13.
麻永平,张炜,刘东旭,2012.高光谱侦察技术特点及其对地面军事目标威胁分析[J].上海航天,29(1):37-40,59.
单月晖,彭莉,孙振华,2006.美军情报监视侦察系统发展研究[J].国防大学学报(外军研究)(5):91-92.
沈泓,曹国侯,宁强,等,2017.浅析遥感技术给国防工程伪装带来的挑战与机遇[J].中国地质调查,4(3):70-73.
孙家抦,2013.遥感原理与应用[M].3版.武汉:武汉大学出版社.
童庆禧,张兵,郑兰芬,2006.高光谱遥感:原理、技术与应用[M].北京:高等教育出版社.
王捷,周伟,姚力波,2012.国外成像侦察技术现状及发展趋势[J].海军航空工程学院学报,27(2):199-204.
王楠,2014.高光谱遥感影像的盲分解研究[D].武汉:武汉大学.
王建成,朱猛,2019.高光谱侦察技术的发展[J].航天电子对抗,35(3):37-45.
吴波,2006.混合像元自动分解及其扩展模型研究[D].武汉:武汉大学.
杨竹青,李勇,胡德文,2002.独立成分分析方法综述[J].自动化学报,28(5):762-772.
于德浩,龙凡,杨清雷,等,2017.现代军事遥感地质学发展及其展望[J].中国地质调查,4(3):74-82.
袁孝康,2004.空间微波成像雷达的发展现状与未来[J].空间电子技术,1(1):1-6,14.
张良培,2014.高光谱目标探测的进展与前沿问题[J].武汉大学学报(信息科学版),39(12):1387-1394,1400.
张良培,张立福,2011.高光谱遥感[M].北京:测绘出版社.
张良培,杜博,张乐飞,2014.高光谱遥感影像处理[M].北京:科学出版社.
张雄华,1989.漫话军事地质学[J].地球(6):15-16.
BASTIN L,1997. Comparison of fuzzy C-means classification, linear mixture modelling and MLC probabilities as tools for unmixing coarse pixels[J]. International Journal of Remote Sensing,18(17):3629-3648.

CHANG C I,2013. Hyperspectral data processing:Algorithm design and analysis[M]. Hoboken:Wiley.

COCKS T,JENSSEN R,STEWART A,et al. ,1998. The HyMap^{TM} airborne hyperspectral sensor:The system,calibrarion and performance[C]//First EARSeL Workshop on Imaging Spectroscopy, Zurich:EARSeL:37-42.

CRAIG M D,1994. Minimum-volume transforms for remotely sensed data[J]. IEEE Transactions on Geoscience and Remote Sensing,32(3):542-552.

CRAWFORD M M,TUIA D,YANG H L,2013. Active learning:Any value for classification of remotely sensed data? [J]. Proceedings of the IEEE,101(3):593-608.

DENNISON P E,ROBERTS D A,2003. Endmember selection for multiple endmember spectral mixture analysis using endmember average RMSE[J]. Remote Sensing of Environment,87(2-3):123-135.

DOBIGEON N,MOUSSAOUI S,COULON M,et al. ,2009. Joint Bayesian endmember extraction and linear unmixing for hyperspectral imagery[J]. IEEE Transactions on Signal Processing,57(11):4355-4368.

DU P J, XIA J S, ZHANG W, et al. , 2012. Multiple classifier system for remote sensing image classification:A review[J]. Sensors,12(4):4764-4792.

ELAD M,2010. Sparse and redundant representations:From theory to applications in signal and image processing[M]. New York:Springer.

FAUVEL M, TARABALKA Y, BENEDIKTSSON J A, et al. , 2013. Advances in spectral-spatial classification of hyperspectral images[J]. Proceedings of the IEEE,101(3):652-675.

FOODY G M,COX D P,1994. Sub-pixel land cover composition estimation using a linear mixture model and fuzzy membership functions[J]. International Journal of Remote Sensing,15(3):619-631.

GOETZ A F H,ROWAN L C,1981. Geologic remote sensing[J]. Science,211(4484):781-791.

GREEN R O,EASTWOOD M L,SARTURE C M,et al. ,1998. Imaging spectroscopy and the airborne visible/infrared imaging spectrometer(AVIRIS)[J]. Remote Sensing of Environment,65(3):227-248.

HÖRIG B, KÜHN F, OSCHÜTZ F, et al. , 2001. HyMap hyperspectral remote sensing to detect hydrocarbons[J]. International Journal of Remote Sensing,22(8):1413-1422.

IORDACHE M D,BIOUCAS-DIAS J M,PLAZA A,2011. Sparse unmixing of hyperspectral unmixing [J]. IEEE Transactions on Geoscience and Remote Sensing,49(6):2014-2039.

JIA X P,KUO B C,CRAWFORD M M,2013. Feature mining for hyperspectral image classification[J]. Proceedings of the IEEE,101(3):676-697.

KESHAVA N,MUSTARD J F,2002. Spectral unmixing[J]. IEEE Signal Processing Magazine,19(1):44-57.

LI X H,ZHAO C H,WANG Y L,2014. Sparse representation within disconnected spatial support for target detection in hyperspectral imagery[C]//Proceedings of the 12th International Conference on Signal Processing(ICSP) Hangzhou,China. New York:IEEE:802-806.

LI W,DU Q,2015. Collaborative representation for hyperspectral anomaly detection[J]. IEEE Transactions on Geoscience and Remote Sensing,53(3):1463-1474.

LINDE Y,BUZO A,GRAY A,1980. An algorithm for vector quantizer design[J]. IEEE Transactions on Communications,28(1):84-95.

LIU W M, CHANG C I, 2004. A nested spatial window-based approach to target detection for hyperspectral imagery[C]//2004 IEEE International Geoscience and Remote Sensing Symposium,Anchorage,

AK. New York:IEEE:1.

MAKISARA K,MEINANDER M,RANTASUO M,et al. ,1993. Airborne imaging spectrometer for applications(AISA)[C]//Proceedings of IGARSS'93-IEEE International Geoscience and Remote Sensing Symposium,Tokyo. New York:IEEE:479-481.

MANOLAKIS D,2003. Detection algorithms for hyperspectral imaging applications: A signal processing perspective[C]//IEEE Workshop on Advances in Techniques for Analysis of Remotely Sensed Data Greenbelt,M D. New York:IEEE:378-384.

MANOLAKIS D,TRUSLOW E,PIEPER M,et al. ,2014. Detection algorithms in hyperspectral imaging systems:An overview of practical algorithms[J]. IEEE Signal Processing Magazine,31(1):24-33.

MELGANI F,BRUZZONE L,2004. Classification of hyperspectral remote sensing images with support vector machines[J]. IEEE Transactions on Geoscience and Remote Sensing,42(8):1778-1790.

MESSINGER D,WEST J,SCHOTT J,2006. Improving background multivariate normality and target detection performance using spatial and spectral segmentation[C]//2006 IEEE International Symposium on Geoscience and Remote Sensing,Denver,Co,USA. New York:IEEE:1.

MIAO L D, QI H R, 2007. Endmember extraction from highly mixed data using minimum volume constrained nonnegative matrix factorization[J]. IEEE Transactions on Geoscience and Remote Sensing,45(3):765-777.

MICHAEL S,2006. Fixed-wing unmanned aircraft are air force's best near-space option. Defence Daily,229(30):1.

NASCIMENTO J M P,BIOUCAS-DIAS J M,2005. Vertex component analysis:A fast algorithm to unmix hyperspectral data[J]. IEEE Transactions on Geoscience and Remote Sensing,43(4):898-910.

PLAZA J,MARTÍNEZ P,PÉREZ R,et al. ,2004. Nonlinear neural network mixture models for fractional abundance estimation in AVIRIS hyperspectral images[C]//Proceedings of the NASA Jet Propulsion Laboratory AVIRIS Airborne Earth Science Workshop,Pasadena,California. NASA.

PLAZA A,DU Q,BIOUCAS-DIAS J M,et al. ,2011. Foreword to the special issue on spectral unmixing of remotely sensed data[J]. IEEE Transactions on Geoscience and Remote Sensing,49(11):4103-4110.

ROGGE D M,RIVARD B,ZHANG J K,et al. ,2006. Iterative spectral unmixing for optimizing per-pixel endmember sets[J]. IEEE Transactions on Geoscience and Remote Sensing,44(12):3725-3736.

SABOL JR D E,ADAMS J B,SMITH M O,1992. Quantitative subpixel spectral detection of targets in multispectral images[J]. Journal of Geophysical Research:Planets,97(E2):2659-2672.

SCHAUM A, 2004. Joint subspace detection of hyperspectral targets[C]//2004 IEEE Aerospace Conference Proceedings,Big Sky,M T,USA. New York:IEEE:1818-1824.

SHAHSHAHANI B M,LANDGREBE D A,1994. The effect of unlabeled samples in reducing the small sample size problem and mitigating the Hughes phenomenon[J]. IEEE Transactions on Geoscience and Remote Sensing,32(5):1087-2095.

SMALL C, 2003. High spatial resolution spectral mixture analysis of urban reflectance[J]. Remote Sensing of Environment,88(1-2):170-186.

SONG C H,2005. Spectral mixture analysis for subpixel vegetation fractions in the urban environment:How to incorporate endmember variability? [J]. Remote Sensing of Environment,95(2):248-263.

STOCKER A D,SCHAUM A P,1997. Application of stochastic mixing models to hyperspectral detection problems[J]. Proceedings of SPIE-The International Society for Optical Engineering,3071:47-60.

SWAYZE G, CLARK R N, KRUSE F, et al., 1992. Ground-truthing AVIRIS mineral mapping at Cuprite, Nevada[C]//Summaries of the Third Annual JPL Airborne Geosciences Workshop, Pasadena, California. Pasadena, California: JPL:47-49.

TOMPKINS S, MUSTARD J F, PIETERS C M, et al., 1997. Optimization of endmembers for spectral mixture analysis[J]. Remote Sensing of Environment,59(3):472-489.

TONG Q X, XUE Y Q, ZHANG L F, 2014. Progress in hyperspectral remote sensing science and technology in China over the past three decades[J]. IEEE Journal of Selected Topics in Applied Earth Observations and Remote Sensing,7(1):70-91.

VANE G, 1987. First results from the airborne visible/infrared imaging spectrometer(AVIRIS)[J]. Proceedings of SPIE-Imaging spectroscopy Ⅱ:89-97.

VANE G, GOETZ A F H, WELLMAN J B, 1984. Airborne imaging spectrometer: A new tool for remote sensing[J]. IEEE Transactions on Geoscience and Remote Sensing, GE-22(6):546-549.

ZOU Z X, SHI Z W, 2016. Hierarchical suppression method for hyperspectral target detection[J]. IEEE Transactions on Geoscience and Remote Sensing,54(1):330-342.

第2章 地质环境高光谱遥感数据源

2.1 卫星高光谱遥感数据

2.1.1 ASTER

高级星载热发射反照辐射计(advanced spaceborne thermal emission and reflection radiometer,ASTER)是美国国家航空航天局与日本经济产业省(Ministry of Economy,Trade and Industry,METI)合作的,并由两国的科学界、工业界积极参与的项目,属于地球观测系统(earth observing system,EOS)计划的一部分(Bamler,1999)。它是 Terra 卫星上的一种高级光学传感器,可以为多个相关的地球环境资源研究领域提供科学、实用的卫星数据。

Terra 卫星于1999年12月18日从范登堡空军基地发射升空,与太阳同步,从北向南每天上午(am)飞经赤道上空,降交点时刻为10:30am,所以 Terra 卫星也被称为上午星(AM-1)。其主要任务是获取整个地表的高分辨率黑白立体照片,重访周期是4~16d,轨道高度是705 km,为太阳同步近极地轨道,轨道倾角是98.2°±0.15°,在赤道上相邻轨道之间的距离为172 km,每98.88 min 绕地球1周。其上一共搭载5个传感器,分别为高级星载热发射反照辐射计(ASTER)、云与地球辐射能系统(clouds and the earth's radiant energy system,CERES)、中分辨率成像光谱仪(moderate resolution imaging spectrometer,MODIS)、对流层污染测量仪(measurement of pollution in the troposphere,MOPITT)和多角度成像光谱辐射计(multi-angle imaging spectroradiometer,MISR)。

ASTER 传感器于2000年2月开始采集科学数据,是世界上第一部高分辨率解析地表影像的传感器(Abrams,2000),包括14个波段,波长为0.52~11.65 μm,几乎涵盖了遥感技术中可利用的光谱通道,幅宽60 km×60 km,同时具有高的空间分辨率、波谱分辨率和辐射分辨率。ASTER 传感器由3个子系统组成,分别是可见光/近红外(visible and near infrared radiation,VNIR)、短波红外(short wave-length infrared radiation,SWIR)和热红外(thermal infrared radiation,TIR)。

可见光/近红外(VNIR)光学子系统有3个光谱通道,光谱波长为0.52~0.86 μm。第3波段是由一个向下镜头3N及向后镜头3B同时获取影像,其中3B波段是卫星飞过去了几十秒后对先前垂直成像区域的重新成像,使系统具有同轨立体观测的能力,可以生成数字高程模型(digital elevation model,DEM),立体成像后视角最大可达27.6°,这是 ASTER 数据的一个重要特点,为立体观察提供足够的便利条件。该子系统所覆盖的波段在识别水体清晰程度、植被环境监测等领域有较大的使用价值,应用于地质领域则可以清晰地获取富含地表、土壤、岩石、地层、地貌、构造等地质信息的影像。

短波红外(SWIR)光学子系统有 6 个光谱通道,光谱波长为 1.60～2.43 μm。在地球科学领域,短波红外这个波谱范围可以用于识别黏土矿物及碳酸盐矿物的波谱特征,并根据波谱特征区分鉴别地球表面的岩石和矿物信息,在遥感地质解译方面起到了极为重要的作用。

热红外(TIR)光学子系统是全球首个星载多波段热红外传感器,其覆盖热红外区域,波段波长为 8.125～11.65 μm,有 5 个光学通道,能够识别地物,并且可以用于提取地表温度和地表发射率。热红外遥感在矿产勘察、岩浆活动、大气环境监测、陆地植被监测、海平面温度监测等众多领域扮演着较为重要的角色。

ASTER 遥感数据各波段参数如表 2.1 所示。

表 2.1 ASTER 遥感数据各波段参数表

子系统	波段序列	波长/μm	中心波长/μm	量化级/bit	空间分辨率/m	绝对辐射精度/%	噪声等效增量/%
可见光/近红外	1	0.52～0.60	0.56	8	15	≤±4.0	NEΔρ≤0.5
	2	0.63～0.69	0.66	8	15		
	3N	0.78～0.86	0.82	8	15		
	3B	0.78～0.86	0.82	8	15		
短波红外	4	1.600～1.700	1.650	8	30	≤±4.0	NEΔρ≤0.5
	5	2.145～2.185	2.165	8	30		NEΔρ≤1.3
	6	2.185～2.225	2.205	8	30		NEΔρ≤1.3
	7	2.235～2.285	2.260	8	30		NEΔρ≤1.3
	8	2.295～2.365	2.330	8	30		NEΔρ≤1.0
	9	2.360～2.430	2.395	8	30		NEΔρ≤1.3
热红外	10	8.125～8.475	8.300	12	90	≤3.0(200～240 K)	NEΔρ≤0.3 K
	11	8.475～8.825	8.650	12	90	≤2.0(240～270 K)	
	12	8.925～9.275	9.100	12	90	≤1.0(270～340 K)	
	13	10.25～10.95	10.600	12	90	≤2.0(340～370 K)	
	14	10.95～11.65	11.300	12	90		

除表 2.1 的各波段的设置之外,3 个谱段还有如表 2.2 所示的参数。

表 2.2　ASTER 传感器 3 个谱段的参数表

参数		可见光/近红外	短波红外	热红外
侧视角(垂直轨道方向)/(°)		±24	±8.55	±8.55
瞬时视场/μrad	天底方向	21.3	42.6	127.8
	后视方向	18.6		
探测器/(像元/波段)		5000(任意时刻实际使用为4100)	2048	10
扫描周期/ms		2.2	4.398	2.2
调制传递函数 (modulation transfer function, MTF)	横轨方向	>0.25	>0.25	>0.25
	沿轨方向	>0.25	>0.2	>0.2

ASTER 数据相对于陆地资源卫星 TM 和 ETM 而言，在近红外波段范围空间分辨率更高，拥有 3 个通道，短波红外波段区域有 6 个波段，能够对一些蚀变矿物组合进行有效的识别，热红外波段区域设计有 5 个波段，增强了 ASTER 数据对岩性进行识别的能力，因此在矿产资源勘查中 ASTER 数据能够对 Landsat-8 遥感数据进行很好的补充和增强(邓辉，2014)。并且在所有的波段中，ASTER 光谱分辨率都高于同空间分辨率的其他遥感卫星数据(Galvão et al.，2005)。

ASTER 所获得的数据具有如下特征。

(1)可以获取可见光到热红外谱段的地表影像数据。

(2)光学传感器各波段拥有较高的几何分辨率和辐射分辨率。

(3)在单条轨上可以获取近红外立体影像数据。

(4)在 SWIR 和 TIR 谱段，传感器上有侧视功能，可以达到±8.55°(垂直轨道方向)的侧视角，而在 VNIR 谱段，侧视角则为±24°(垂直轨道方向)。

(5)在 SWIR 和 TIR 谱段，传感器上安装有一个可靠性很高的设计寿命为 50 000 h 的冷却器。

(6)每条轨道平均每 8 min 采集 1 次数据，每天大约传回地面 780 景观测数据。

ASTER 数据价格低，还有部分数据可免费获取，多用于野外调查阶段遥感地质解译及蚀变信息提取，其影像效果见图 2.1。

ASTER 数据产品除未经处理的原始数据 Level 0 以外，其他的数据都经过了不同程度的处理。其中使用最多的是 Level 1 产品。Level 1 类数据产品包括 3 种：Level 1A(L1A)、Level 1B(L1B)和 Level 1T(L1T)。

L1A 数据是经过重构的未经处理的仪器数据，保持了原有分辨率。L1A 数据产品文件中包含了数据字典、类属头文件、云量覆盖表、辅助数据及 3 个子系统的数据，子系统数据中包括各子系统的专门头文件、各个波段的影像数据、辐射计校正表、几何校正表和补充数据。

ASTER 卫星 L1B 数据是在 L1A 的基础上，使用 L1A 自带的参数完成辐射计反演和几何重采样后生成的。所以在子系统文件中少了辐射计校正表和几何校正表两项内容。在生

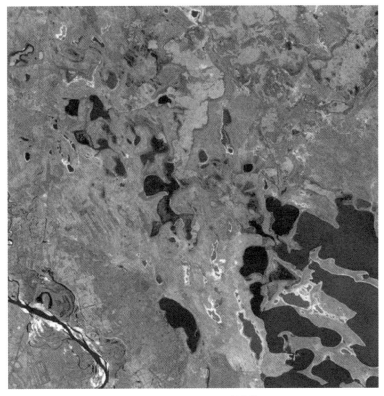

图 2.1 ASTER 遥感影像

产时用户可以根据需要选择采样方法,在默认情况下采用通用横轴墨卡托(universal transverse Marcator,UTM)投影、立方卷积(cubic convolution,CC)重采样方法。ASTER 每天能获得并处理 650 景左右 L1A 数据,L1B 数据的最大产量为 300 景左右。更高级别的数据产品还有 16 种之多,是在 L1 数据产品的基础上进行处理后生成的,这些处理包括了更细致全面的辐射校正等。

L1T 是辐射校正数据使用地面控制点和数字高程模型数据进行精确校正后的数据产品。

ASTER 数据的研究领域十分广泛:陆地方面可用于关注和监测活火山的活动规律,监测海岸线的侵蚀和下沉状况,监测热带雨林地区的植被等;海水及陆上水域方面,可用于绘制、建立大西洋西部海域珊瑚和暗礁的数据库,分析沿海地带的海平面温度变化,研究极地雪川、冰河及云量等。

ASTER 数据的应用领域也十分广泛,包括蔬菜、谷物、树木及牧场的分类,农作物估产,森林培育,土壤质量调查,森林及平原火灾的调查,野生动物生活环境的调查,土地使用和地形图的制作,土地使用状况分类,城市发展动态跟踪,地区发展方案监测,交通和运输路线调查,近海和近河地区的洪水监测,地质特征分类,岩石和土壤的界定,火山分布状况调查,水资源调查,海岸线侵蚀调查,石油泄漏监测及其他污染的调查,大气环境监测,水污染监测,土壤污染分布调查,能源及其他一些化学工厂分布状况调查等方面。

2.1.2 Hyperion

地球观测卫星-1(Earth Observing-1,EO-1)是美国国家航空航天局(NASA)新千年计划(new millennium program,NMP)的第一颗对地观测卫星,也是为替代 Landsat-7 研制的新型地球探测卫星,目的是对卫星本体和新型遥感器技术进行验证,其任务主要是通过空间飞行和在轨运行来验证与下一代对地卫星成像相关的高级技术,并为 21 世纪地球观测卫星的设计和制造提供技术借鉴(吴培中,2001)。该卫星于 2000 年 11 月 21 日发射升空,轨道高度 705 km,周期 98 min,与太阳同步,轨道倾角 98.2°,通过赤道时的当地时间与 Landsat-7 仅相差 1 min,故两者可对同一地面目标在几乎相同的时刻进行观测并对所获取的遥感数据进行对比(吴培中,2001),每 16 d 对全球覆盖 1 次。美国国家航空航天局(NASA)与美国地质调查局(United States Geological Survey,USGS)合作发射的 EO-1 卫星搭载了高级陆地成像仪(advanced land imager,ALI)、大气校正仪(atmospheric corrector,AC)和高光谱成像光谱仪 Hyperion。

Hyperion 是美国研制的世界上第一台星载高光谱成像光谱仪,同时也是目前唯一在轨并且能够公开获得数据的星载高光谱成像光谱仪,能够提供高质量的地球观测数据(Beck,2003)。Hyperion 遥感数据一共有 242 个波段(其中可见光 35 个波段,近红外 35 个波段,短波红外 172 个波段),光谱波长为 400~2500 nm,光谱分辨率达到 10 nm,地面分辨率为 30 m,影像幅宽 7.7 km,总视场(field of view,FOV)为 0.63°,瞬时视场(instantaneous field of view,IFOV)为 43 μrad。Hyperion 传感器以推扫方式获取可见光/近红外(356~1058 nm)和短波红外(852~2577 nm)光谱数据,在可见光/近红外波段区域获取 1~70 个通道数据,短波红外区域获取 71~242 个通道数据。传感器参数见表 2.3。

表 2.3 Hyperion 传感器参数

参数	说明	参数	说明
地图投影	UTM(以影像中心点经纬度定义 UTM 区)	时间分辨率/d	200
坐标系	WGS84	空间分辨率/m	30
波谱范围/μm	0.4~2.5	数据格式	HDF&Tiff
可见波段/个	35	总视场/(°)	0.63
近红外/个	35	瞬时视场/μrad	43
短波红外/个	172	扫描宽度/km	7.5

Hyperion 数据产品分为 Level 0(L0)和 Level 1(L1)两个级别,L0 级是原始数据,仅用来生产 L1 产品。用户所使用的是 L1 产品,为 HDF 格式,波段存储格式为 BIL,该产品又分为 L1A、L1B、L1R 和 L1Gst 四种。L1A 和 L1B 产品是早期由美国 TRW 公司处理而成,L1R 和 L1Gst 产品是后期由美国地质调查局处理生成。前两种产品与后两种产品的最大不同在于

前两者没有纠正 VNIR 与 SWIR 之间的空间错位问题,而后两者则已经过斑点去除、回波纠正、背景去除、辐射定标、坏像元修复及影像质量检查等处理,用户无须再进行匹配。此外,L1Gst 数据还经过了几何校正、投影配准和地形校正。

在 Hyperion 波段选择上,1~7、58~76、225~242 为未经辐射定标的波段,首先被剔除;56~57 分别与 77~78 波段重叠,而 77~78 波段含有的噪声较大,均被剔除;121~127、167~178 和 224 共 20 个波段由于受水汽的影响较大,且这些波段极少含有地面信息,也被剔除;120、128~132、179~182 共 10 个波段由于大气透射率很低,被逐个剔除;最后剔除的 133、165~166、185~187、222~223 共 8 个波段是在逐波段检查影像时,发现其值为空或极少;剩下 158 个波段:8~57、79~119、134~164、183~184、188~221。

Hyperion 的性能相比 EOSTerra 卫星上的 MODIS(36 个波段)有较大改进,可用于地物波谱测量和成像、地物精确识别、植被检测、地质找矿、海洋水色要素测量及大气水汽、气溶胶、云参数测量等。

EO-1 的燃料截至 2011 年 2 月已大部分被耗尽,没有足够的燃料执行轨道维护和倾斜机动等任务,导致其轨道在缓慢地降低,2016 年 10 月终止飞行任务。

2.1.3 EnMAP

自 20 世纪 80 年代以来,人们已经证明了高光谱遥感技术在地球遥感方面的潜力。然而,高光谱遥感的大部分发展和应用在很大程度上依赖于机载光谱仪,因为星载高光谱遥感数据的数量和质量仍然相对较低,不足以满足高光谱遥感广泛的潜在应用领域。环境测绘和分析计划(environmental mapping and analysis program,EnMAP)德国成像光谱任务旨在填补地球观测的星载成像光谱学的这一空白(Guanter et al.,2015;Qian,2015;Kaufmann et al.,2008;Stuffler et al.,2007)。该项目可以提供被监视目标的具体特征信息,揭示其表面特性,这些特征包括地表物体的种类,例如岩石、土壤、植被、内陆水域或者沿海水域。EnMAP 在 2006 年初获得了德国航空航天局(Deutsches Zentrum für Luft-und Raumfahrt,DLR 为其德文简称)的批准,目前已建设完成(Bohn et al.,2020)。

EnMAP 依靠基于棱镜的双光谱仪来覆盖 420~2450 nm 的光谱范围,光谱采样距离为 5~12 nm,可见光/近红外(VNIR)光谱仪的光谱范围为 420~1000 nm,光谱采样距离为 5.5~7.5 nm,而短波红外(SWIR)光谱仪的光谱范围为 900~2450 nm,光谱采样距离为 8.5~11.5 nm。在可见光/近红外光谱中参考信噪比为 180∶1,在短波红外光谱上为 400∶1,辐射分辨率为 14 bit。所需的辐射定标精度为 5%,VNIR 光谱定标不确定度为 0.5 nm,SWIR 光谱定标不确定度为 1 nm。EnMAP 影像将覆盖 30 km 宽的跨轨道方向的区域,地面采样距离为 30 m。所选轨道为太阳同步轨道,降交点地方时为 11:00a.m.,在赤道的重访周期为 4 d。预计任务期限为 5 a。所选任务和仪器参数见表 2.4 和表 2.5。

表 2.4 EnMAP 任务需求

参数	说明
光谱范围/nm	420~2450
地面采样距离/m	30
幅宽/km	30
幅长/(km/轨道)	最高 1000
覆盖范围	以接近天底的模式全球(观测天顶角≤5°)
轨道	与太阳同步,降交点地方时 11:00 a.m.
每日覆盖/km	5000
重访周期/d	4(跨轨道 30°)
指向精度/m	海平面 500(100)

表 2.5 EnMAP 仪器参数

参数	说明
成像原理	推扫棱镜
光谱范围/nm	VNIR:420~1000/SWIR:900~2450
平均光谱采样距离/nm	VNIR:6.5/SWIR:10
光谱过采样	1.2
参考辐射度处的信噪比	495 nm 时>400:1;200 nm 时>180:1
光谱校准精度/nm	VNIR:0.5/SWIR:1
光谱稳定性/nm	0.5
辐射校正精度/%	<5
辐射测量稳定性/%	<2.5
辐射分辨率/bit	14,VNIR 双增益
偏振灵敏度/%	<5
光谱(效应)/%	每像素<20

  EnMAP 有望成为星载高光谱领域中与其他类似的和互补的任务共存的一个关键系统,虽然没有不同任务之间的协调以优化数据获取,但是高光谱遥感用户将会得到多样性的数据源。此外,由于 Sentinel-2(Drusch et al.,2012)和 Landsat-8(Roy et al.,2014)多光谱系统与 EnMAP 具有相似的光谱覆盖、空间采样和土地应用关注点,所以利用 Sentinel-2 和 Landsat-8 的广泛空间覆盖和短回访时间,以及 EnMAP 对 VNIR 和 SWIR 区域的连续光谱采样,这两项多光谱任务有望成为 EnMAP 在开发协同应用方面的理想合作伙伴。
  EnMAP 地面段的建立和运行由位于 DLR 的地球观测中心(The Earth Observation

Center,EOC)和德国空间行动中心(The German Space Operations Center,GSOC)负责(Storch et al.,2013)。原始数据在结合精确的轨道和姿态测量,以及特定于传感器的光谱、辐射和几何校准表后,得到 L0 产品,然后在此基础上得到 L1B、L1C、L2A。L0 产品是带辅助信息的时间标记仪器原始数据,L1B 是辐射测量校正后的光谱和几何特征的辐射值,L1C 是将 L1B 正射校正后的产品,用户可以选择投影和重采样,L2A 是对 L1C 进行大气校正后的产品,同时还利用算法将其陆地和水域分割。在开放数据政策下,将向科学用户提供来自不同预处理水平的数据产品。

EnMAP 科学计划中的一系列核心研究主题,如农业、林业、水、生态系统科学、土壤和地质及城市环境,目前正通过一系列 EnMAP 特定的研究项目加以解决。

除了对 EnMAP 计划的筹备,DLR 还进行了其他几个准备工作。

1. EnMAP 端到端仿真软件 EeteS

未来地球成像系统的设计、基本仪器参数的优化及数据预处理算法的开发和评估,都需要对整个影像生成和处理链进行准确的端到端仿真。为此,开发了 EnMAP 端到端仿真软件 EeteS(Segl et al.,2012;Segl et al.,2010;Guanter et al.,2009)。顺序处理链从 EnMAP 影像模拟器开始,由 4 个独立部分组成,即大气、空间、光谱和辐射模块。这个前向模拟器与一个后向模拟分支耦合由标定模块(非线性、暗电流和绝对辐射标定)和一系列预处理模块(辐射标定、共配准、大气校正和正射校正)组成,形成完整的端到端仿真工具。该模块允许灵活定制各种仿真输入参数。EeteS 能够模拟类似 EnMAP 的数据产品,并将它作为一个测试平台,在 EnMAP 卫星发射之前,为未来分析、优化 EnMAP 数据开发和验证新的算法。用 EeteS 生成的样例数据集如图 2.2 所示。EeteS 按需向科学用户提供,以模拟在其他站点的信号成像收集过程。

图 2.2 由模拟的 EnMAP 场景生成的场景对应于不同的数据应用示例图
超立方体代表了来自纳米比亚地质遗址的复合材料(左上)、夏威夷群岛西北部的法国护卫舰浅滩(右上)和德国慕尼黑地区附近的两次信号模拟收集结果(下)

2. EnMAP 用户产品验证策略

作为校正计划的补充和支持,德国地球科学研究中心(Das Helmholz-Zentrum Potsdam-Deutsches GeoForschungsZentrum,GFZ)正在开发 EnMAP 用户产品替代的验证策略。这一策略的总体目标是验证仪器获得的数据与地球表面测量数据之间的联系,并提供独立的方法来评估产品质量参数。在选定地点,精确的地面和大气参数及校准良好的地面测量将用于估计 EnMAP 数据的代表性误差数字。此外,该策略还将处理基于影像的数据质量检查、光谱校正分析和几何校正的评估。

3. EnMAP-Box

考虑成像光谱数据的特殊要求,Van der Linden 等(2015)开发了一个软件工具箱(EnMAP-Box)作为 EnMAP 任务准备的一部分。EnMAP-Box 的两个主要目标:①扩展 EnMAP 数据用户社区,使其超越机载成像光谱数据的用户社区;②提供对最新的高光谱数据处理方法的免费访问。为了实现这些目标,EnMAP-Box 作为一个开放源码程序提供代码,具有一个全面的应用程序编程接口,允许轻松集成和记录成像光谱数据的算法开发。其具体用途包括支持向量分类和回归、随机森林分类和回归的用户友好实现,以及一些预处理(大气校正、空间重采样等)和 EnMAP 数据分析的应用。有关更多细节,请参见 Van der Linden 等(2015)。

2.1.4 HJ-1 卫星星座

环境一号卫星星座(全称:环境与灾害监测预报小卫星星座,简称"环境一号",代号 HJ-1)是我国第一个专门用于环境与灾害监测预报的小卫星星座,也是我国第一个多星、多载荷民用对地观测系统。环境应用系统是环境一号卫星星座两大应用系统之一,是一个全新的针对多星、多载荷进行天地一体化环境监测的业务运行系统。环境应用系统工程项目建设内容多,涉及面广,专业技术性强,数据链路长,实施时间紧,实施难度大。卫星组由两颗光学卫星(HJ-1A 卫星和 HJ-1B 卫星)、一颗雷达卫星(HJ-1C 卫星)组成。其中,HJ-1A 卫星和 HJ-1B 卫星是中国"环境与灾害监测预报小卫星星座"的光学卫星,采取"一箭双星"的形式,"环境一号"A/B 星的卫星数据不仅能为环境与减灾业务运行系统提供重要保障,还将成为很多部门日常业务的重要数据源。基于环境卫星数据建立的环境与减灾应用系统,对推动遥感卫星业务服务具有重要的示范作用。

"环境一号"卫星于 2003 年经国务院批准立项建设。HJ-1A 卫星和 HJ-1B 卫星于 2008 年 9 月在太原卫星发射中心"一箭双星"成功发射,现运行正常。HJ-1C 卫星于 2012 年 11 月在太原卫星发射中心发射。"环境一号"卫星运行轨道如图 2.3 所示。

HJ-1A 卫星光学有效载荷为 2 台宽覆盖多光谱可见光 CCD 相机和 1 台超光谱成像仪(HSI),HJ-1B 卫星光学有效载荷为 2 台宽覆盖多光谱可见光扫描仪和 1 台红外扫描仪(infrared scanner,IRS)(王桥等,2010;王中挺等,2009)。其中 HJ-1A 还承担亚太多边合作任务,搭载泰国研制的 Ka 通信试验转发器。HJ-1A 卫星和 HJ-1B 卫星在同一轨道面内组网飞

第 2 章 地质环境高光谱遥感数据源

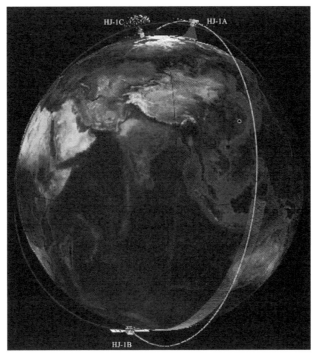

图 2.3 "环境一号"卫星运行轨道示意图

行,可形成对国土两天的快速重访能力。HJ-1A 卫星和 HJ-1B 卫星采用近中午(约为 10:30 am)太阳同步轨道,轨道高度为 649.093 km,相位呈 180°分布,相互间过境时间间隔为 50 min 左右。HJ-1 A/B 卫星轨道参数如表 2.6 所示。

表 2.6 HJ-1 A/B 卫星轨道参数

参数	说明
轨道类型	近中午太阳同步轨道
轨道高度/km	649.093
半长轴/km	7 020.097
轨道倾角/(°)	97.948 6
轨道周期/min	97.560 5
每天运行圈数	14+23/31
重访周期/d	CCD:2,高光谱成像仪或红外扫描仪:4
回归(重复)周期/d	31
回归(重复)总圈数	457
降交点地方时	10:30am±30 min
轨道速度/(km·s^{-1})	7.535
星下点速度/(km·s^{-1})	6.838

CCD 相机 96 h 对全球覆盖 1 次(HJ-1A 卫星与 HJ-1B 卫星组网后为 48 h),以星下点为中心对称放置,平分视场,并行观测,联合完成对地面蓝光、绿光、红光和近红外 4 个波段的成像。空间分辨率为 30 m,单台 CCD 相机的幅宽为 360 km,两台幅宽为 700 km,其光谱范围为 0.43~0.9 μm,分为 4 个波段。CCD 相机宽幅、中高分辨率的特点,适用于区域的大范围中尺度覆盖监测;4 个波段的光谱设置基本延续了美国 Landsat、法国 SPOT 及中巴地球资源卫星(China-Brazil Earth Resources Satellite,CBERS)等系列卫星数据的光谱范围,能够满足绝大多数业务化遥感应用对光谱信息的需求,但由于使用的是可见光/近红外波段,CCD 相机无法在夜间和有云雾雪等天气条件下工作。

高光谱成像仪通过±30°侧摆实现了对全球重复观测,重访周期为 96 h,其空间分辨率为 100 m,幅宽为 50 km,具有 110~128 个工作谱段,光谱范围为 0.45~0.95 μm,平均光谱分辨率为 4.32 nm,具有星上定标功能。该传感器与目前应用广泛的 EOS MODIS、EO-1 Hyperion 等相比,虽光谱范围窄,但光谱分辨率有所提高,对物体识别和信息提取能力强,适用于开展多种专题研究,如大气成分探测、水环境监测及植被生长状况监测等。但受光谱范围限制,只能进行白天无云情况下的超光谱成像。

红外相机 96 h 对全球覆盖 1 次,光谱范围为 0.75~12.5 μm,分为 4 个波段,幅宽 720 km,空间分辨率在近红外波段为 150 m,10.5~12.5 μm 处为 300 m。在波段设置上,HJ-1B 上的红外扫描仪与 Landsat、NOAA 及 FY 等系列卫星所搭载传感器的部分通道类似,利于进行森林火灾、地震、辐射及热岛等的高温异常点监测,并且波段 3 和波段 4 具备夜间观测能力。

HJ-1A/B 卫星各载荷的主要参数如表 2.7 所示。

表 2.7 HJ-1 A/B 卫星各载荷的主要参数

平台	有效载荷	波段号	光谱范围/μm	空间分辨率/m	幅宽/km	侧摆能力/(°)	重访周期/d	数据传输速率/(MB·s^{-1})
HJ-1A	CCD 相机	1	0.43~0.52	30	360(单台),700(两台)	—	4	120
		2	0.52~0.60	30				
		3	0.63~0.69	30				
		4	0.76~0.90	30				
	高光谱成像仪	—	0.45~0.95 (110~128 个谱段)	100	50	±30	4	
HJ-1B	CCD 相机	1	0.43~0.52	30	360(单台),700(两台)	—	4	60
		2	0.52~0.60	30				
		3	0.63~0.69	30				
		4	0.76~0.90	30				
	红外多光谱扫描仪	5	0.75~1.10	150 (近红外)	720	—	4	
		6	1.55~1.75					
		7	3.50~3.90					
		8	10.5~12.5	300				

HJ-1 光学卫星各传感器波段设置及其主要应用领域如表 2.8 所示。

表 2.8 HJ-1 光学卫星各传感器波段设置及其主要应用领域

传感器	通道	波长范围/μm	主要应用领域	
CCD 相机	蓝	0.43~0.52	水体	
	绿	0.52~0.60	植被	
	红	0.63~0.69	叶绿素、水中悬浮泥沙、陆地	
	近红外	0.76~0.90	植物识别、水陆边界、土壤湿度	
红外多光谱扫描仪	近红外	0.75~1.10	水陆边界定位、植被及农业估产、土地利用调查等	
	短波红外	1.55~1.75	作物长势、土壤分类、区分雪和云	
	中红外	3.30~3.90	高温热辐射差异、夜间成像	
	热红外	10.5~12.5	高温热辐射差异、夜间成像	
高光谱成像仪	可见光	0.459~0.762 (B1~B88)	自然资源调查	物体识别和信息提取能力强
	近红外	0.762~0.956 (B89~B115)	植被、大气	

HJ-1A 卫星和 HJ-1B 卫星采取"一箭双星"的形式,由"长征二号丙"运载火箭发射入轨。卫星入轨工作后,可获取高时间分辨率、中等空间分辨率的对地观测数据,对我国大部分地区可实现每天 1 次重复观测,将大大缓解我国对地观测数据紧缺局面,提高我国环境生态变化、自然灾害发生和发展过程监测的能力。

HJ-1C 卫星是我国首颗民用雷达卫星,也是我国首颗 S 波段 SAR 卫星,质量 890 kg,轨道为 500 km 高度、降交点地方时 6:00 a.m. 的太阳同步轨道,将与已经发射的 HJ-1A/B 形成第一阶段的卫星星座,发射后出现技术故障,通过调整使用模式和降低轨道后继续使用。HJ-1C 使用 6 m×2.8 m 的可折叠式网状抛物面天线,天线将在卫星入轨后展开。S 波段 SAR 具有条带和扫描两种工作模式,成像带宽度分别为 40 km 和 100 km(He et al.,2014)。HJ-1C 的 SAR 单视模式空间分辨率为 5 m,距离向四视时分辨率为 20 m,提供的 SAR 影像以多视模式为主。

2.2 航空高光谱遥感数据

2.2.1 AVIRIS

机载可见光/红外成像光谱仪(AVIRIS)是由美国 JPL 开发的第一台用于民用领域的机载高光谱传感器,采用线列探测器和摆扫的方式。AVIRIS 已在 4 个飞机平台上飞行:NASA 的 ER-2 喷气式飞机、Twin Otter International 的涡轮螺旋桨飞机、Scaled Composites 的 Proteus 和 NASA 的 WB-57 飞机。ER-2 的飞行速度大约为 730 km/h,位于海拔约 20 km

处。Twin Otter 飞机以 130 km/h 的速度在距地面 4 km 的高度飞行。AVIRIS 已飞过美国、加拿大和欧洲。

AVIRIS 包含 224 个不同的检测器，每个检测器的波长敏感范围（也称为光谱带宽）大约为 10 nm，使其能够覆盖 380～2500 nm。当将每个检测器的数据绘制在图表上时，它会产生完整的 VIS-NIR-SWIR 光谱。将得到的光谱与已知物质的光谱进行比较，可以揭示有关仪器正在观察的区域组成的信息。

AVIRIS 使用扫描镜来回扫描（"摆扫式"），每次扫描为 224 个检测器产生 677 个像素。AVIRIS 数据的像素大小和条幅宽度取决于收集数据的高度。当由 ER-2 采集（离地面 20 km）时，仪器产生的每个像素都覆盖地面直径约 20 m 的区域（像素之间有些重叠），从而产生约 11 km 宽的地面。当由 Twin Otter（离地面 4 km）收集时，每个地面像素为 4 m（正方形），条幅约为 2 km 宽。每 512 行数据集称为"场景"，对应于地面上约 10 km 的区域。

1. 传感器系统说明

(1) 扫描仪类型：天底观察，摆扫。

(2) 影像宽度：11 km（高海拔），1.9 km（低海拔）。

(3) 影像长度：10～100 km。

(4) 空间响应：1.0 mrad，对应于地面上 20 m×20 m（高海拔）或 4 m×4 m（低海拔）的"像素"。

(5) 光谱响应：可见光/近红外（400～2500 nm），具有 224 个连续通道，约 10 nm 宽。

(6) 空间分辨率：20 m。

(7) 量化级：12 bit。

(8) 数据容量：每次飞行的数据容量为 10 GB，相当于大约 850 km 的地面轨道数据。

2. 机载平台的描述

1) ER-2

(1) 额定地面速度：734 km/h。

(2) 标称海拔：20 km。

(3) 最大范围：2200 km。

(4) 最长飞行时间：6.5 h。

(5) 标准部署地点：加利福尼亚州德莱顿飞行研究中心、弗吉尼亚沃洛普斯岛。

(6) 其他部署地点：得克萨斯州、佛罗里达州、堪萨斯州、阿拉斯加州、夏威夷州。

2) Twin Otter

(1) 标称空速：80～160 knots（1 knots＝1.852 km/h）。

(2) 海拔范围：1.8～5 km。

(3) 最大范围：2400 km。

(4) 最长飞行时间：5 h。

(5) 灵活的部署站点。

AVIRIS 的数据产品有两种：L1B 和 L2。对 L1B 数据产品进行了正射校正和放射线校正，这意味着将其转换为辐射单位，而不是无单位的 AVIRIS 数字。L2 数据产品是经过大气校正的表面反射率数据产品。可参考 AVIRIS 主页中数据。

3. 常用数据集

1) Indian Pine 农场高光谱数据集

Indian Pine 农场高光谱数据集(92AV3C)是 1992 年 6 月由 AVIRIS 传感器在印第安纳州西北部农业区使用红外成像光谱仪采集的，来源于美国的普渡大学。该数据集由 145 像素 × 145 像素组成，空间分辨率为 17 m。原始数据包括 224 个波段，覆盖 400～2500 nm。去除 1400～1900 nm 附近的 24 条水汽吸收和噪声波段，最后实验采用 200 条波段。该数据集主要用于农业研究，其中 Corn、Soybean 和 Crop 三大类地物中包含不同量上季度作物残留物，部分还是裸地，因此这几种地物光谱曲线相近，类间光谱重叠大，谱间相似度小，使得此高光谱数据分类难度较大。表 2.9 中给出了 16 种典型地物的 10 366 个样本。图 2.4 为 Indian Pines 高光谱遥感影像的地面参考数据。类别名称后缀"notill""mintill""clean"分别表示该作物类别生长的地面有大量、中等程度及几乎完全没有上季度作物的残留物。在数据拍摄的时候，"玉米"和"大豆"刚刚种植没多久，且只占约 5% 的地表面积。

表 2.9 Indian Pines 典型地物样本

序号	中文对照名称	英文名称	样本个数/个
C1	苜蓿	Alfalfa	54
C2	玉米-免耕	Corn-notill	1 434
C3	玉米-少耕	Corn-mintill	834
C4	玉米	Corn	234
C5	草地/牧场	Grass/pasture	497
C6	草地/树林	Grass/trees	747
C7	割过的草地/牧场	Grass/pasture-mowed	26
C8	干草-成行	Hay-windrowed	489
C9	燕麦	Oats	20
C10	大豆-免耕	Soybean-notill	968
C11	大豆-少耕	Soybean-mintill	2 468
C12	大豆-净耕	Soybean-clean	614
C13	小麦	Wheat	212
C14	森林	Woods	1 294
C15	建筑-草地-树木-道路	Buildings-grass-trees-drives	380
C16	石头-钢铁-塔楼	Stone-steel-towers	95
总计			10 366

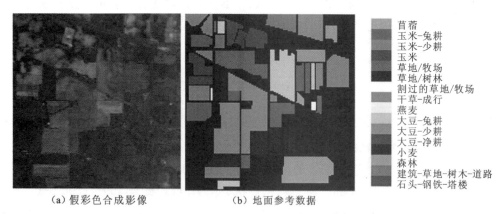

(a) 假彩色合成影像　　　　(b) 地面参考数据

图 2.4　Indian Pines 高光谱遥感影像的地面参考数据

2) AVIRIS 飞机数据集

AVIRIS 飞机数据集通过 AVIRIS 对美国圣迭戈(San Diego)的地面环境进行采集。AVIRIS 数据集的空间尺寸为 100 像素×100 像素,包含 224 个波段。考虑吸水区域、低信噪比和坏波段,这些波段(1～6、33～35、97、107～113、153～166 和 221～224)被去除,只保留剩余的 189 个波段。AVIRIS 飞机数据集的伪彩色图和地面实况(ground truth)如图 2.5 所示,影像中的 3 架飞机被认为是异常目标。

(a) 伪彩色图　　　　　　　(b) 地面实况

图 2.5　AVIRIS 飞机数据集

3) AVIRIS KSC 高光谱数据

AVIRISKSC 高光谱数据来源于肯尼迪太空中心(Kennedy Space Center,KSC)遥感研究组,1996 年拍摄于佛罗里达州 KSC 附近的两个不同的地域,如图 2.6 所示。观测区域覆盖 512 行、614 列,包括 176 个波段,空间分辨率为 18 m,光谱范围为 400～2500 nm。图 2.6 中 KSC 包含 13 类地物。

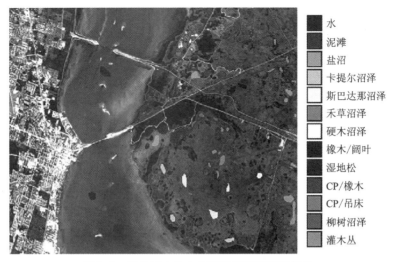

图 2.6 肯尼迪太空中心高光谱数据详细信息

4)AVIRIS Salinas 高光谱数据

AVIRIS Salinas 高光谱数据收集于加利福尼亚州萨利纳斯山谷。区域覆盖 512 行、217 列,空间分辨率为 3.7 m,包含 224 个波段,地物类别包含 16 类。移除 20 个低信噪比的波段后,余下的 204 个波段用于实验。图 2.7 为 AVIRIS Salinas 高光谱数据详细信息。

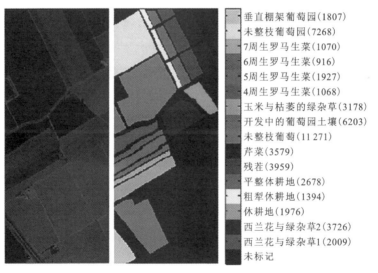

图 2.7 AVIRIS Salinas 高光谱数据详细信息

AVIRIS 传感器从几何相干光谱辐射测量中收集可用于表征地球表面和大气的数据,基于分子吸收和粒子散射特征来识别、测量和监视地球表面和大气的成分。该数据可用于海洋学、环境科学、积雪水文学、地质学、火山学、土壤和土地管理、大气和气溶胶、农业和森林学等领域的研究。正在开发的应用程序包括评估和监测环境危害,例如有毒废物、溢油和土地/空气/水污染。通过对大气影响进行适当的校准和校正,可以将测量值转换为地面反射率数据,然后将其用于表面特征的定量表征。

2.2.2 APEX

机载棱镜实验(airborne prism experiment,APEX)高光谱任务模拟器是一种机载色散成像光谱仪,是由欧洲航天局(European Space Agency,ESA)开发并制造的,由瑞士-比利时财团共同资助,可用作未来星载高光谱成像仪的模拟器及校准和验证设备。

APEX 高光谱任务模拟器是欧洲遥感界的先进科学仪器,可在 380~2500 nm 的光谱范围内,以 2.5 m 的空间地面分辨率记录大约 300 个波段的高光谱数据。该仪器被定义为在太阳反射波长范围内运行的色散推扫成像光谱仪。APEX 高光谱任务模拟器的主要功能之一是提供 VNIR 和 SWIR 影像的空间同步。APEX 高光谱任务模拟器的参数如表 2.10 所示。

对 APEX 数据进行 0~1 级处理之后,可以得到经过良好校准的、按比例缩放到 16 bit 格式的传感器辐射数据。在此阶段,根据各自的均匀性级别分为 3 个类别。

表 2.10 APEX 高光谱任务模拟器参数

参数	可见光/近红外(VNIR)	短波红外(SWIR)
光谱范围/nm	380~970	940~2500
波段数/个	最多 334(默认=114)(通过自定义分箱模式可重新编程设置 VNIR 光谱行的数量)	199
频谱采样间隔/nm	0.5~8	5~10
光谱分辨率(半高全宽)/nm	0.6~6.3	6.2~11
空间分辨率/m	2~5	
总视场/(°)	28	
瞬时视场/(°)	0.028(480 μrad)	
空间采样间隔(跨轨)	1.75 m@3 500 m AGL(高于地面)	
动态范围	CCD,14 位编码	CMOS,13 位编码
像素大小/μm	22.5×22.5	30×30
笑脸(smile)/像素	0.35	
皱眉(frown)/像素	0.35	
互校正(co-registration)/像素	0.6	
资料容量/GB	SSD 上 500	
数据传输	频谱帧:通过光链路 30 Mbit/s 内务处理数据:通过 SR 20 kbit/s	

注:CMOS 是 complementary metal oxide semiconductor(互补金属氧化物半导体)的缩写。

1. 不均匀的数据(L1A)

不均匀的数据(L1A)包含最初测量的经辐射校正的数据,没有任何笑脸(smile)、皱眉(frown)和互校正(co-registration)。除了不良像素替换,没有对数据执行内插。该数据对高分辨率应用(如 VNIR 光谱范围内的大气感应)非常有用。

2. 部分均匀的数据(L1B)

APEX 系统定义了与每个检测器内的光学像差有关的小偏差(即小于 0.2 像素)。仅在校正"smile"和"frown"时,可能会生成一组均匀数据。这样的数据集非常适合仅使用一个探测器的光谱范围的应用,例如 SWIR 中的地质应用或 VNIR 中的岩性应用。

3. 完全均匀的数据(L1C)

检测器之间的共配准(即同步)有望比一个像素偏移更好。因此,通过将 SWIR 检测器输出插值到(均匀化的)VNIR 检测器的空间响应上,创建完全统一的数据集是可行的。在检测器之间定义了一个光谱截止极限,以便在插值后在两个检测器之间产生一个连续的光谱。预期该水平是 APEX 校准链的正常且最需要的输出。

L1 产品附带几何信息,即索引,它定义了每个像素的正交位置,该位置是根据数字高程模型生成的。在 L1A 中,索引将指向像素的参考中心;在 L1B 中,两个检测器分别需要两个索引。L1 产品与几何信息的组合产生 3 种 L2A 辐射产品。

开放式科学数据集(open science data set,OSD):APEX OSD 是在 2011 年 6 月的一次 APEX 飞行活动中获得的。APEX 安装在由飞行运营和 DLR 运营的多尼尔(DO-228)研究飞机上。在晴天,数据是从瑞士巴登附近海拔 4600 m 的飞行高度的飞机上获取的,拍摄角度是 56°。该数据空间分辨率为 1.8 m。OSD 在专用的 APEX PAF(处理和存档设施)中从原始数据(RAW)到 1 级进行处理。1 级处理包括辐射校正、几何校正和光谱校正。数据的真彩色影像和假彩色影像分别如图 2.8(a)和(b)所示。

2.2.3 AVIRIS-NG

自 1989 年以来,NASA 机载可见/红外成像光谱仪(AVIRIS)一直在运行,尽管其一直具有独特而重要的科学贡献,但仍需要一种新的传感器来分担 AVIRIS 的工作量并最终取代 AVIRIS,这是不可避免的。自 2009 年夏末以来,JPL 通过《美国复苏与再投资法案》的资助,正在开发一种名为"下一代机载可见/红外成像光谱仪"(the airborne visible-infrared imaging spectrometer-next generation,AVIRIS-NG)的新型 NASA 地球科学机载传感器。AVIRIS-NG 的开发旨在提供对太阳反射光谱范围内高信噪比成像光谱学测量的持续访问。AVIRIS-NG 有望取代自 1986 年以来一直在飞行的 AVIRIS-Classic 仪器。与其前身相似,AVIRIS-NG 的设计可与多种飞机平台兼容,例如 NASA 的 ER-2 喷气式飞机、Twin Otter 涡轮螺旋桨飞机和 B200"空中之王"King Air 飞机。

(a) APEX数据真彩色影像(真彩色波段组合为[39,16,6])　　(b) 假彩色影像(假彩色波段组合为[93,39,16])

图 2.8　APEX 数据的真彩色影像和假彩色影像

AVIRIS-NG 通过 5 nm 采样测量 380～2510 nm 的波长范围。光谱是通过具有 600 个跨轨元素并在 Twin Otter 平台上进行 0.3～4.0 m 空间采样的影像进行测量的。在不久的将来,将提供一个高海拔平台(NASA 的 ER-2)。AVIRIS-NG 具有高于 95% 的跨轨光谱均匀度和 ≥95% 的光谱 IFOV 均匀度。AVIRIS-NG 的仪器参数如表 2.11 所示。

表 2.11　AVIRIS-NG 仪器参数

参数	说明
扫描仪类型	天底观察,推扫式
影像宽度/km	11(高海拔),1.9(低海拔)
典型影像长度/km	10～100
采样距离/m	0.3～20
光谱响应	可见到近红外(380～2510 nm),具有 481 个连续通道,约 5 nm 宽
波长/nm	380～2510
光谱分辨率(最小半高全宽)/nm	5±0.5
总视场/(°)	36±2,带有 600 个可分辨元素
瞬时视场/mrad	(1.0～1.5)±0.1
空间采样(在分解元素上观察到的最大值)/mrad	1.0±0.1
光谱失真(smile)/%	均匀度＞97
光谱失真(梯形失真)/%	均匀度＞97

续表 2.11

参数	说明
FPA	480(光谱方向)×640(横向)
影格速率/fps	10~100
校准	机上校准
辐射分辨率/bit	14
数据传输速率/(MB/s)	吞吐量高达 74
数据容量	磁盘交换前最高 1.0 TB 的原始数据
环境工作温度/℃	−40~50
最大海拔/km	18
技能冷却时间/h	<48
运作时间/d	14

数据产品有两种类型：L1B 和 L2。L1B 是以光谱辐射度及观测几何和照明参数为单位重新采样的校准数据。L2 是正射校正和大气校正的反射率数据(32 位浮点数从 0 到 1)，以及检索到的液态水和冰的柱状水蒸气及光吸收路径。

此外，AVIRIS-NG 还提供一种名为 JPL-CH$_4$-detection-2017-V1.0 的数据集，包含了在甲烷(CH_4)的热点区域中获取的成像光谱仪数据，用于开发和测试从成像光谱仪数据中检测 CH_4 的算法。AVIRIS-NG 仪器具有检测和测量甲烷点源的能力，对温室气体研究和自然资源勘探均十分重要，并且机载云筛选算法适用于空间成像光谱仪任务。

AVIRIS-NG 传感器从几何相干光谱辐射测量中收集可用于表征地球表面和大气的数据。正在开发的应用程序包括评估和监测环境危害，例如有毒废物、溢油和土地/空气/水污染。通过对大气影响进行适当的校准和校正，可以将测量值转换为地面反射率数据，然后将其用于表面特征的定量表征。

2.3 无人机高光谱遥感数据

2.3.1 无人固定翼平台高光谱遥感影像

无人机是一种具有可控、能携带多种任务设备、执行多种任务并能重复使用的无人驾驶航空器，需要通过预先编程的飞行计划远程或自主操作，在 20 世纪初开始普遍应用。无人机配置的两种主要类型是固定翼(飞机)和旋转翼(直升机)。它是常规平台的可行替代方案，可以以较低的成本、更高的操作灵活性和更大的通用性来获取高分辨率的遥感数据。无人机传感器能够缩小地面观测数据与机载或卫星数据之间的差距，并提供小规模高分辨率高光谱影像(Watts et al.，2012)。飞行控制系统设计的改进已将这些平台转变为能够获得高质量影像和地球物理/生物测量结果的研究级工具(Hugenholtz et al.，2012)。与其他遥感平台相比，无人机有着无可比拟的诸多优点。

(1)适应性好。无人机受天气、起飞环境等条件限制较少,作业方式灵活方便。基本上不受云层覆盖情况的影响。

(2)成本低廉。随着民用无人机技术的发展,无人机的价格越来越便宜,与卫星和载人机相比,无人机平台使用成本可以忽略。且不需要大量的时间,快速、简单、有针对性。

(3)高时间分辨率。卫星平台受轨道限制,无法实现实时对地观测;载人机受天气、空域管制等因素限制,也不适合实时对地观测。而无人机可以低空甚至超低空飞行,受空域管制较少,可以实现高时间分辨率对地观测。

(4)航线自由。在低空开放的条件下,轻小型无人机可以自由设定航线,实现对人员很难涉足的危险区域进行低空低速观测,获取高分辨率的影像数据。

由于无人机数据简单、快速、可靠的采集和实时解译的特点,已广泛应用于农业和环境监测(Aasen et al.,2015;Honkavaara et al.,2012;Laliberte et al.,2011;Lelong et al.,2008),提高了精准农业的准确性和能力。

固定翼型无人机,指机翼角度固定不变、由发动机或螺旋桨提供动力、机翼产生升力的无人驾驶航空器。常规固定翼型无人机需要借助跑道等手段辅助起降,现在固定翼型无人机已发展至可以摆脱起降场地束缚实现垂直起降(刘真畅等,2019)。通常固定翼型无人机具备较强的续航能力和高速巡航特点,适合对较大范围进行连续监测及长途飞行,但它们的缺点是有效载荷能力有限。有效载荷越大,翼展就越大。

下面介绍两种基于固定翼型无人机平台的高光谱成像研究。

(1)美国爱达荷州国家实验室(Idaho National Laboratory)的 Hruska 等(2012)进行了基于固定翼型无人机的高光谱成像实验。实验中,他们选取了 PIKA II 高光谱成像仪及 P-CAQ 作为采集设备。遥感成像实验的仪器及飞行参数见表 2.12,实验结果见图 2.9。从结果中可以看出,由于采用位置姿态测量系统精度较低,遥感影像即便经过几何校正仍无法得到满意的效果。

表 2.12 基于固定翼型无人机高光谱成像实验的仪器及飞行参数

参数		数值
体积	PIKA II/mm^3	102×165×70
	P-CAQ/mm^3	102×165×82
质量	PIKA II/kg	1.043
	P-CAQ/kg	1.16
光谱范围/nm		400~900
光谱分辨率/nm		2.1
瞬时视场/mrad		0.65
总视场/(°)		12
飞行高度/m		344
飞行速度/(m·s^{-1})		28

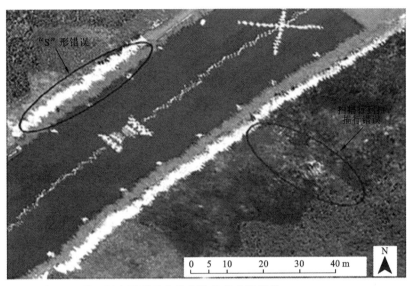

图 2.9 基于固定翼型无人机获取的高光谱影像(Hruska et al.,2012)

(2)美国 Headwall 公司在 2011 年研制了适用于轻小型无人机的高光谱成像系统 Micro-Hyperspec VNIR(Lucieer et al.,2014),该成像仪质量仅为 0.97 kg。使用该高光谱成像仪,成功获取了基于固定翼型无人机的低空遥感高光谱数据。飞行实验的相关参数如表 2.13 所示,获取的影像如图 2.10 所示。Zarco-Tejada 等(2012)给出了部分实验结果,从实验结果可以看出,经过几何校正,目标的几何信息基本得到恢复,获得了较高质量的成像数据。

表 2.13 飞行实验的相关参数

参数	数值
光谱范围/nm	400~1000
光谱分辨率/nm	3.2
瞬时视场/mrad	0.93
总视场/(°)	50
曝光时间/ms	18
帧速率/fps	50
飞行高度/m	575
飞行速度/(m·s^{-1})	20.8

2.3.2 无人直升机平台高光谱遥感影像

与固定翼无人机相比,无人直升机可垂直起降、空中悬停,在获取影像时更稳定。无人直升机可以朝任意方向飞行,其起飞着陆场地小,不必配备像固定翼无人机那样复杂、大体积的发射回收系统,可以携带更大的有效载荷,并且可以低空低速飞行,获取更高分辨率的高光谱

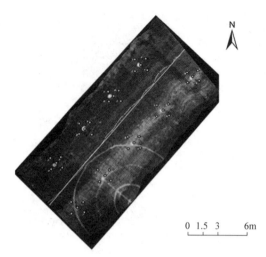

图 2.10　基于固定翼型无人机获取的高光谱影像(Lucieer et al.,2014)

数据,但是飞行距离和飞行时间有限。

无人直升机有许多不同的配置,一种流行的、稳定的设计是四旋翼直升机,这是一种多旋翼直升机,由 4 个旋翼提升并推动。四轴飞行器使用两组相同的固定螺距螺旋桨:两个顺时针旋转,两个逆时针旋转。通过改变一个或多个转子盘的转速来实现对运动的控制,从而改变其转矩负载和推力/升力特性。四旋翼直升机使用电子控制系统和电子传感器来稳定飞机。与单旋翼直升机相比,它们具有多个优势:四旋翼设计使四旋翼直升机的设计相对简单,但机动性和可靠性却很高;它们不需要机械连接来改变转子叶片旋转时的桨距角,这简化了飞行器的设计和维护;4 个旋翼的使用使每个旋翼的直径都比同等的直升机旋翼更小,从而最大限度地减少了发生碰撞时的损坏。

对具有更高机动性和悬停能力的飞机的需求导致了四旋翼直升机在环境监测和制图中的使用增加。无人直升机现在广泛用于湿地测绘、洪灾评估、海岸动力学研究、城市规划等。

下面介绍两种基于无人直升机的高光谱成像研究。

Jakob 等(2017)利用装有 Rikola 高光谱成像仪的 Aibotix Aibot X6V2 六轴飞行器进行地质研究。Aibot 的最大续航时间为 15 min,最大有效载荷为 2 kg。该传感器提供的快照影像覆盖的可见光/近红外光谱范围为 504~900 nm。在自主模式下,一次飞行可以获得高达 50 个大于 10 nm 光谱分辨率和 1 nm 光谱采样,影像最大尺寸为 1024 像素×1011 像素。飞行影像的空间分辨率为 1011 像素×648 像素,可以获得最大的光谱波段数。原始数据以自主模式存储在一个压缩 Flash 卡上,随后使用制造商提供的 Rikola 高光谱成像仪软件转换为 Radiance 格式。

芬兰国家技术研究中心的 Saari 等 2011 年在 Evo 森林等地也进行了基于无人直升机的高光谱成像实验。仪器及飞行实验的相关参数见表 2.14。Saari 等(2011)给出部分实验结果,如图 2.11 所示。此次实验中他们选用了凝视型高光谱成像仪。分光方式采用的是法布里-珀罗(Fabry-Pérot)滤光片,通过调节滤光片间距,实现获取目标的光谱信息。所以同一目标的不同波长的数据无法在同一时间获得,第 1 波段与第 41 波段成像时间相差 1.4 s,需要经过复杂的后处理才可以获取目标光谱数据。

表 2.14 芬兰国家技术研究中心飞行实验的参数

参数	数值
光谱范围/nm	500~900
光谱分辨率/nm	9.5
数据立方体成像时间/s	1.5
瞬时视场/mrad	1
总视场/(°)	36
飞行高度/m	150
飞行速度/(m·s^{-1})	3

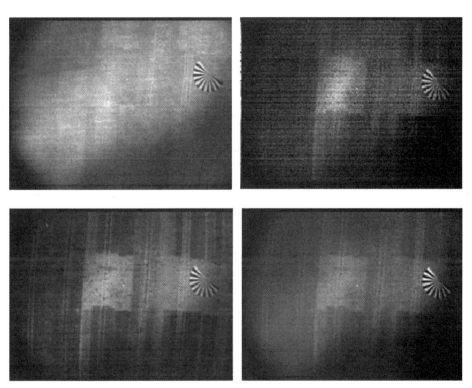

图 2.11 芬兰国家技术研究中心飞行实验获取的部分实验数据

2.3.3 无人飞艇平台高光谱遥感影像

目前低空遥感平台主要是无人固定翼飞机或无人直升机,应用无人飞艇搭载高光谱成像光谱仪进行低空遥感探测,尚在起步阶段。无人飞艇(unmanned aerial vehicle airship)就是低速飞行、长寿命的飞机,可在城市低空、低速飞行,具有安全性高、机动灵活、经济等优势,可提供长期观察某个区域所需的监视平台。无人飞艇平台是出色的仪器平台,稳定且无振动。与飞机不同,飞艇不需要燃料飞行,而是充满了比空气轻的氦气,因此可以使飞艇通过浮力在空气中飘浮。如表2.15所示,无人飞艇相比无人固定翼飞机和无人直升机具有突出的优势(Ries and Marzolff,2003)。

表2.15 不同飞行器作为环境监测研究时的性能比较(任文艺等,2016)

项目要求	固定翼型无人机	无人直升机	无人飞艇
成本	2	1	3
运行时间	2	1	3
悬停能力	1	3	3
载能力	2	1	3
机动性	2	3	1
噪声、扰动	1	1	3
垂直起飞、降落	1	3	3
油耗	2	1	3
振动	2	1	3

注:3为高,2为中,1为低或无。

无人飞艇低空高光谱遥感系统,由无人飞艇、自动舵系统和地面控制系统构成,如图2.12所示。自动舵系统由GPS接收器、计算机和陀螺仪组成,任务设备由三轴平台和高光谱成像光谱仪组成。GPS接收器用于定位,陀螺仪用于导航,高光谱成像光谱仪用于成像。

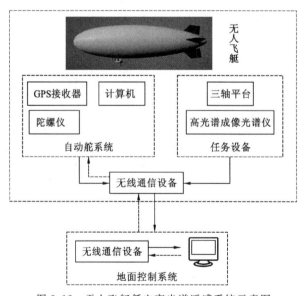

图2.12 无人飞艇低空高光谱遥感系统示意图

任文艺等(2016)得到的低空高光谱遥感数据是通过Hyperspec™ VNIRI高光谱相机和

Hyperspec™Extended VNIR 高光谱相机获取。Hyperspec™VNIRI 高光谱相机光谱范围为 420~1000 nm,325 个波段,探测器为电子倍增 CCD(electron multiplying CCD,EMCCD),像元数为 1004×1002,像元尺寸为 8 μm;Hyperspec™Extended VNIR 高光谱相机光谱范围为 600~1600 nm,166 个波段,探测器为 VIS-InGaAs,像元数为 320×256,像元尺寸为 30 μm。二者均为色散型高光谱成像光谱仪。将 Hyperspec™VNIRI 高光谱相机搭载在无人飞艇上,对重庆市涪陵区永胜林场冒合寨管护区的部分松树林区进行了遥感监测,获得了原始高光谱数据;反演得到了地面目标的归一化植被指数(normalized difference vegetation index,NDVI)影像,并依据 NDVI 进行了初步的分类,得到了良好的结果。

杨沛琦等(2013)利用成像高光谱传感器和无人飞艇构建了一套适用于低空叶绿素荧光探测的系统。选择 AisaEAGLET 成像高光谱传感器,光谱范围为 400~1000 nm,谱分辨率为 3.3 nm,平均光谱采样间隔小于 1 nm。位置姿态测量系统 RT3100 定位精度能达到 0.5 m,姿态测量精度为 0.1°。

2.4 地面高光谱测量数据

2.4.1 地面非成像高光谱数据

非成像聚能器设计的最终要求是在单位面积上获得最大强度的光,所以非成像聚能器实质上是一个光学"漏斗",它要求大面积的入射光被反射后能通过一块小得多的面积而达到聚能的目的。

下面主要介绍几种非成像光谱仪。

1. SVC HR-1024 便携式地物光谱仪

SVC HR-1024 便携式地物光谱仪光谱范围为 350~2500 nm,光谱分辨率为 3.5 nm@350~1000 nm、9.5 nm@1000~1850 nm 和 6.5 nm@1850~2500 nm,采样间隔为 1.5 nm@350~1000 nm、3.6 nm@1000~1850 nm 和 2.5 nm@1850~2500 nm,数据间隔为 1 nm。

2. SVC HR-1024i 便携式地物光谱仪

SVC HR-1024i 是 SVC 公司于 2013 年在 SVC HR-1024 基础上研发而成的高性能便携式地物光谱仪,具有轻便、光谱分辨率高、低噪声等优点,内置了全球定位系统模块及高清 CCD 摄像头,不仅可以获得高光谱数据,还可以实时记录目标影像信息,便于对光谱数据的后期整理。光谱仪的波段范围为 350~2500 nm,其中 350~1000 nm 光谱采样间隔为 1.5 nm,光谱分辨率为 3.5 nm;1000~1890 nm 光谱采样间隔为 3.8 nm,光谱分辨率为 9.5 nm;1890~2500 nm 光谱采样间隔为 2.5 nm,光谱分辨率为 6.5 nm。

秦占飞(2016)用该光谱仪对水稻冠层和叶片光谱进行了测定。冠层光谱测定选择在天气晴朗、无风或风速很小时进行,时间为 10:00~14:00(太阳高度角大于 45°)。测量时光谱仪视场角25°,传感器探头垂直向下。在幼苗期和分蘖期为了减少稻田水对光谱的影响,采用光谱仪可选配件光线探头进行测定,光线探头距水稻冠层垂直高度约为 0.15 m,其他生育期光谱仪距水稻冠层垂直高度约为 0.80 m。每次采集目标光谱前后都进行参考板校正,每个样本点以 10 个光谱为一采样光谱,每次记录 5 个采样光谱,取平均值作为该样本点的光谱测量值。

叶片光谱测定在室内进行,采用 SVC 的可选配件辐照积分球测定,仪器内置光源,测定时避开叶脉,每个叶片选择上、中、下位置测定 3 次,每点以 5 个光谱为一采样光谱,每次记录 3 个采样光谱,取平均值作为该叶片的光谱测量值。

3. ASD FieldSpec FR2500 便携式地物光谱仪

ASD FieldSpec FR2500 便携式地物光谱仪的主要参数如下。

(1)光谱范围:350~2500 nm。

(2)采样间隔:1.4 nm@350~1000 nm 和 2 nm@1000~2500 nm。

(3)光谱分辨率:3 nm@350~1000 nm,10 nm@1000~2500 nm。

(4)波长精度:1 nm。

(5)杂散光:350~1000 nm 优于 0.02%,1000~2500 nm 优于 0.1%。

(6)测定速度:固定扫描时间为 0.1 s,光谱平均最多可达 31 800 次。

(7)输出波段数:2150(重采样间隔 1 nm)。

(8)测定记录方式:3 分段探测,自动优化设定增益和积分时间,自动消除暗电流。

(9)记录参数:灰度(RAW)值、相对反射率(REF)或辐射值(RAD)可选。

(10)观测通道:单通道,光纤传输,非同步参考板测定。

(11)等效辐射噪声:①UV/VNIR 为 1.4×10^{-9} W/($cm^2 \cdot nm \cdot sr$)@700 nm;②NIR 为 2.4×10^{-9} W/($cm^2 \cdot nm \cdot sr$)@1400 nm;③NIR 为 8×10^{-9} W/($cm^2 \cdot nm \cdot sr$)@2100 nm。

(12)镜头配置:8°前视场角镜头和3°前视场角镜头各一个。

(13)漫反射标准参照板(与 ASD-FR 配套使用):参照板型号为 28121-50-40。

(14)方向-半球反射率:以中国计量科学研究院的传递标准为基准,在已知标准条件下,通过比对测量求得该反射标准参照板的方向半球反射率数据。在 400~1000 nm 以 10 nm 间隔给出的反射率数据范围为 46.5~51.0;在 1000~2500 nm 以 25 nm 间隔给出的反射率数据范围为 36.8~47.5。

(15)反射比因子:指定方向上的反射通量与该方向上理想朗伯体反射通量之比。在 400~1000 nm 以 10 nm 间隔,在 5°~75°给出的反射比因子数据范围为 40.5~51.8;在 1000~2500 nm 以 25 nm 间隔,在 5°~75°给出的反射比因子数据范围为 31.3~48.3。

4. ASD FieldSpec4 便携式地物光谱仪

ASD FieldSpec4 便携式地物光谱仪兼顾高光谱分辨率与低噪声,同时拥有更高的光谱分辨率和更优秀的准确度。根据用户不同的应用需求,ASD FieldSpec4 有 4 种不同的型号。

第2章 地质环境高光谱遥感数据源

1) FieldSpec 4 HR NG

在短波近红外波段拥有6 nm 的光谱分辨率,为了满足下一代高光谱成像系统(如 AVIRIS-NG、HySpex ODIN-1024)的严格要求而设计,更高分辨率的高光谱仪器可以协助用户提高遥感分类应用的精度,识别更多之前无法从高光谱影像中获取的点像元信息。

2) FieldSpec 4 Hi-Res

在红外波段拥有8 nm 的光谱分辨率,更适合地质应用和其他需要定义的窄光谱特性的研究领域,特别是在长波辐射研究方面,如大气学、地质学、矿物分析等。

3) FieldSpec 4 Std-Res

在红外波段拥有10 nm 的光谱分辨率,应用广泛,包括遥感影像判读、农作物和土壤研究、辐射亮度与辐照度校准等。

4) FieldSpec 4 Wide-Res

光谱分辨率是30 nm,是测量宽带波长特性材料的更佳工具。应用包括植物生理学、农业和林业、光能测量、光量子、光源研究、多光谱地面验证。

不同型号的光谱仪性能指标如表2.16所示。

表2.16 ASD FieldSpec 的4种型号性能指标

参数		FieldSpec 4			
		HR NG	Hi-Res	Std-Res	Wide-Res
波长范围/nm		350~2500			
光谱分辨率/nm		3@700	3@700	3@700	3@700
		6@1400	8@1400	10@1400	30@1400
		6@2100	8@2100	10@2100	30@2100
等效辐射噪声/ $W \cdot (cm^2 \cdot nm \cdot sr)^{-1}$	VNIR	1.0×10^{-9}@700 nm	1.0×10^{-9}@700 nm		1.0×10^{-9}@700 nm
	SWIR1	8.0×10^{-9}@1400 nm	1.4×10^{-9}@1400 nm		1.2×10^{-9}@1400 nm
	SWIR2	8.0×10^{-9}@2100 nm	2.2×10^{-9}@2100 nm		1.9×10^{-9}@2100 nm
样品间隔/nm		1.4@350~1000,1.1@1001~2500			
杂散光/%		VNIR:0.02,SWIR 1&2:0.01			
波长重复性/nm		0.1			
波长精度/nm		0.5			
最大辐射		VNIR 2倍太阳光,SWIR 10倍太阳光			
辐射校准精度		<3.5%@400 nm,<3%@700 nm,<3%@2200 nm			
数据输出波段		2151			
检测器阵列波段		512@350~1000 nm,520×2@1001~1800 nm,520×2@1801~2500 nm			

5. ASD Field Spec HandHeld 便携式非成像光谱仪

利用 ASD Field Spec HandHeld 便携式非成像光谱仪进行小麦冠层光谱采集工作,其波长范围为 325~1075 nm,其中具备应用于植被研究的可见光波段和近红外波段。该设备的采样间隔为 1.4 nm(指接连采集的两个光谱数据之间的波长差。光谱采样间隔的大小与采集的光谱数据质量息息相关,采样间隔大会节省存储空间,但研究区数据可能会部分丢失;采样间隔小则研究区数据完整,但会占用设备大量存储空间)。光谱分辨率达到了 3.0 nm(即为波段宽度)。其技术参数如表 2.17 所示。

表 2.17 ASD Field Spec HandHeld 便携式非成像光谱仪技术参数

参数	说明
总视场/(°)	25
光谱范围/nm	350~1050
采样间隔/nm	1.4
光谱分辨率/nm	3.0
采集速度/ms	17
波长精度/nm	±1
波长重复性/nm	±0.3

ASD Field Spec HandHeld 便携式非成像光谱仪是由该设备采用传感器探头摄取目标光线,通过 A/D(模/数)转换卡变成数字信号,存入计算机数据存储设备。对样点进行采集之前,必须在该设备对应的 ViewSpecPro 光谱数据分析软件中,利用 Spectrum Save 选项,并设置光谱信息的配置信息(存储文件夹、光谱信息采样间隔和光谱采样次数)。最后需要把光谱仪的传感器探头垂直指向地面放置的参考板,并对设备进行优化、参考板校正、采集暗电流等。对设备的优化是为了依据采集光谱时的外界光照状况来改变传感器的光谱响应敏感度,为应对光谱采集过程中外界光照的不稳定对光谱采集数据精确性的影响,需要每隔 10~15 min 对光谱仪进行优化处理。而光谱仪在工作中会产生一定的暗电流,在光谱数据采集时,采集到的测量数据会受到该电流的影响,所以光谱仪需要每隔 5 min 消除一次暗电流,通过对设备采集暗电流的处理,则能够消除采集到光谱数据中的暗电流。参考板校正对目标区域光谱反射率的精确采集至关重要,光谱仪采集到的是地物灰度值,依据地物灰度值、参考白板的灰度值和光谱反射率得出地物反射率。

2.4.2 地面成像高光谱数据

地面成像光谱仪在国外起步较早,并取得了诸多应用成果,其中有以线阵探测器为基础的光机扫描型,有以面阵探测器为基础的固态推扫型,也有以面阵探测器加光机的并扫型。目前国外一些公司和研究机构专门从事这种设备的研制,如芬兰的 Spectral Imaging 公司、美国的 Resonon 公司和 Surface Optics Corporation 公司等。在国内有中国科学院遥感应用研究所和中国科学院上海技术物理研究所联合研制的地面成像光谱辐射测量系统（field imaging spectrometer system，FISS）及中国科学院上海技术物理研究所研制的搭载在嫦娥三号上的月面高光谱成像仪。国内外地面遥感高光谱成像仪的相关参数指标如表 2.18 所示。

表 2.18　国内外地面遥感高光谱成像仪的相关参数指标

项目	VNIR-160	SOC700 VP	FISS	嫦娥三号载荷
国家或公司	HySpex	SOC	中国	中国
光谱范围/nm	400～1000	400～1000	379～870	450～950 900～2400
光谱波段数	160	120/240	344	—
光谱分辨率/nm	3.7	2.4	5	2～6 3～11
成像方式	推扫	推扫	推扫	凝视
瞬时视场/(°)	0.021	0.015	0.057	—
总视场/(°)	17	10	20	8.4/3.58

1. 地面成像光谱辐射测量系统

FISS 将 379～870 nm 的光谱细分为 344 个波段，光谱分辨率为 4～7 nm，光谱采样间隔约为 1.4 nm，60% 以上的波段信噪比大于 500（齐建双等，2014）。FISS 在获取目标高光谱数据的同时能获取目标的高空间分辨率影像，空间分辨率最高可优于 2 mm。

2. SOC710VP 高光谱红外成像光谱仪

美国 SOC 公司生产的 SOC710VP 高光谱红外成像光谱仪，可以在室外和室内获得光谱影像，内置 12bit 动态范围的阵列成像 CCD，通过精确的出厂标定使所获得的数据精度非常高。采用内置扫描设计，可任意方向或垂直向下测量。SOC710VP 采用双光路系统设计，可视化对焦，测量时可以直接预览目标区域影像；通过采集软件可以实时显示目标物光谱曲线、灰度影像及彩色合成影像。SOC710VP 还配备了美国国家标准与技术研究院溯源校准板，以确保所获得的高光谱数据的准确性。SOC710VP 的光谱范围为 400～1000 nm，光谱分辨率为 4.68 nm，每行 696 像素。

3. HySpex 地面成像高光谱测量系统

HySpex 地面成像高光谱测量系统拥有一个可见光/近红外（VNIR）传感器和一个短波红外（SWIR）传感器，能够同时获取 0.4～2.5 μm 的地面成像高光谱数据，传感器主要技术参数如表 2.19 所示。

表 2.19 HySpex 地面成像高光谱传感器主要技术参数

参数	VNIR-1600	SWIR-320m-e
光谱范围/nm	400～1000	1000～2500
光谱采样带宽/nm	3.7	6.25
波段数	160	256
瞬时视场角/(°)	17	14

主要参考文献

邓辉,2014.西南三江德钦—木里地区铜多金属遥感找矿信息研究[D].成都:成都理工大学.

洪霞,江洪,余树全,2010.高光谱遥感在精准农业生产中的应用[J].安徽农业科学,38(1):529-531,540.

刘真畅,唐胜景,李梦婷,等,2019.固定翼垂直起降无人机过渡机动优化控制分配研究[J].兵工学报,40(2):314-325.

齐建双,铁双贵,韩小花,等,2014.氨基酸分析仪法快速测定玉米籽粒中赖氨酸含量[J].中国农学通报,30(30):199-202.

秦占飞,2016.西北地区水稻长势遥感监测研究[D].杨凌:西北农林科技大学.

任文艺,伍丹,秦林,2016.无人飞艇低空高光谱遥感数据采集和处理初探[J].三峡生态环境监测,1(2):52-57,64.

孙雨,赵英俊,李瀚波,等,2015.青海省都兰县阿斯哈金矿区HySpex高光谱矿物填图及其找矿意义[J].地质学报,89(1):195-203.

王桥,吴传庆,厉青,2010.环境一号卫星及其在环境监测中的应用[J].遥感学报,14(1):104-121.

王中挺,厉青,陶金花,等,2009.环境一号卫星CCD相机应用于陆地气溶胶的监测[J].中国环境科学,29(9):902-907.

吴培中,2001.从地球观测-1卫星看21世纪卫星新技术[J].国际太空(8):10-16.

杨沛琦,刘志刚,倪卓娅,等,2013.基于低空成像高光谱系统探测植被日光诱导叶绿素荧光[J].光谱学与光谱分析,33(11):3101-3105.

AASEN H, BURKART A, BOLTEN A, et al., 2015. Generating 3D hyperspectral information with lightweight UAV snapshot cameras for vegetation monitoring: From camera calibration to quality assurance [J]. ISPRS Journal of Photogrammetry and Remote Sensing,108:245-259.

ABRAMS M,2000. The advanced spaceborne thermal emission and reflection radiometer(ASTER):Data products for the high spatial resolution imager on NASA's Terra platform[J]. International Journal of Remote Sensing,21(5):847-859.

BOHN N, GUANTER L, KUESTER T, et al., 2020. Coupled retrieval of the three phases of water from spaceborne imaging spectroscopy measurements[J]. Remote Sensing of Environment,242:111708.

DRUSCH M, DEL BELLO U, CARLIER S, et al., 2012. Sentinel-2: ESA's optical high-resolution mission for GMES operational services[J]. Remote Sensing of Environment,120:25-36.

GALVÃO L S, ALMEIDA-FILHO R, VITORELLO Í, 2005. Spectral discrimination of hydrothermally altered materials using ASTER short-wave infrared bands: Evaluation in a tropical savannah environment[J]. International Journal of Applied Earth Observation and Geoinformation, 7(2): 107-114.

GUANTER L, SEGL K, KAUFMANN H, 2009. Simulation of optical remote-sensing scenes with application to the EnMAP hyperspectral mission[J]. IEEE Transactions on Geoscience and Remote Sensing, 47(7): 2340-2351.

GUANTER L, KAUFMANN H, SEGL K, et al., 2015. The EnMAP spaceborne imaging spectroscopy mission for Earth observation[J]. Remote Sensing, 7(7): 8830-8857.

HE L, TONG L, CHEN Y, et al., 2014. Soil moisture monitoring based on HJ-1C S-band SAR image and experimental data[C]//2013 IEEE International Geoscience and Remote Sensing Symposium-IGARSS, Melbourne, Australia. New York: IEEE: 3754-3757.

HONKAVAARA E, KAIVOSOJA J, MÄKYNEN J, et al., 2012. Hyperspectral reflectance signatures and point clouds for precision agriculture by light weight UAV imaging system[J]. ISPRS Annals of the Photogrammetry, Remote Sensing and Spatial Information Sciences, I-7: 353-358.

HRUSKA R, MITCHELL J, ANDERSON M et al., 2012. Radiometric and geometric analysis of hyperspectral imagery acquired from an unmanned aerial vehicle[J]. Remote Sensing, 4(9): 2736-2752.

HUGENHOLTZ C H, MOORMAN B J, RIDDELL K, et al., 2012. Small unmanned aircraft systems for remote sensing and Earth science research[J]. Eos, Transactions American Geophysical Union, 93(25): 236-236.

JAKOB S, ZIMMERMANN R, GLOAGUEN R, 2017. The need for accurate geometric and radiometric corrections of drone-borne hyperspectral data for mineral exploration: MEPHySTo-A toolbox for pre-processing drone-borne hyperspectral data[J]. Remote Sensing, 9(1): 88.

KAUFMANN H, SEGL K, GUANTER L, et al., 2008. Environmental mapping and analysis program (EnMAP)-Recent advances and status[C]// IGARSS 2008—2008 IEEE International Geoscience and Remote Sensing Symposium, Boston, Massachusetts, USA. New York: IEEE, 4(IV): 109-112.

LALIBERTE A S, GOFORTH M A, STEELE C M, et al., 2011. Multispectral remote sensing from unmanned aircraft: Image processing workflows and applications for rangeland environments[J]. Remote Sensing, 3(11): 2529-2551.

LELONG C C D, BURGER P, JUBELIN G, et al., 2008. Assessment of unmanned aerial vehicles imagery for quantitative monitoring of wheat crop in small plots[J]. Sensors, 8(5): 3557-3585.

LUCIEER A, MALENOVSKÝ Z, VENESS T et al., 2014. HyperUAS: Imaging spectroscopy from a multirotor unmanned aircraft system[J]. Journal of Field Robotics, 31(4): 571-590.

PEREIRA E, BENCATEL R, CORREIA J, et al., 2009. Unmanned air vehicles for coastal and environmental research[J]. Journal of Coastal Research, SI56: 1557-1561.

QIAN S E, 2015. Optical payloads for space missions[M]. Hoboken: Wiley.

RIES J B, MARZOLFF I, 2003. Monitoring of gully erosion in the Central Ebro Basin by large-scale aerial photography taken from a remotely controlled blimp[J]. Catena, 50(2-4): 309-328.

ROY D P, WULDER M A, LOVELAND T R, et al., 2014. Landsat-8: Science and product vision for terrestrial global change research[J]. Remote Sensing of Environment, 145: 154-172.

SAARI H, PELLIKKA I, PESONEN L, et al., 2011. Unmanned aerial vehicle(UAV) operated spectral camera system for forest and agriculture applications[J]. Proceedings of SPIE-The International Society for Optical Engineering:81740H.

SEGL K, GUANTER L, KAUFMANN H, et al., 2010. Simulation of spatial sensor characteristics in the context of the EnMAP hyperspectral mission[J]. IEEE Transactions on Geoscience and Remote Sensing, 48(7):3046-3054.

SEGL K, GUANTER L, ROGASS C, et al., 2012. EeteS: The EnMAP end-to-end simulation tool[J]. IEEE Journal of Selected Topics in Applied Earth Observations and Remote Sensing, 5(2):522-530.

STORCH T, HABERMEYER M, EBERLE S, et al., 2013. Towards a critical design of an operational ground segment for an Earth observation mission[J]. Journal of Applied Remote Sensing, 7(1):073581.

STUFFLER T, KAUFMANN C, HOFER S, et al., 2007. The EnMAP hyperspectral imager: An advanced optical payload for future applications in Earth observation programmes[J]. Acta Astronautica, 61(1-6):115-120.

VAN DER LINDEN S, RABE A, HELD M, et al., 2015. The EnMAP-Box: A toolbox and application programming interface for EnMAP data processing[J]. Remote Sensing, 7(9):11249-11266.

WATTS A C, AMBROSIA V G, HINKLEY E A, 2012. Unmanned aircraft systems in remote sensing and scientific research: Classification and considerations of use[J]. Remote Sensing, 4(6):1671-1692.

ZARCO-TEJADA P J, GONZÁLEZ-DUGO V, BERNI J A J, 2012. Fluorescence, temperature and narrow-band indices acquired from a UAV platform for water stress detection using a micro-hyperspectral imager and a thermal camera[J]. Remote Sensing of Environment, 117:322-337.

第3章　高光谱遥感数据预处理

高光谱遥感源于20世纪70年代初期的多光谱遥感技术,它的出现在遥感的发展历史上是一个概念和技术上的创新。与传统全色及多光谱遥感相比,高光谱遥感数据光谱分辨率高、影像信息和光谱信息丰富,但是由于高光谱影像是由很多狭窄的波段构成,所含数据巨大,且相邻波段之间存在空间相关、谱间相关及波段相关,这都导致高光谱遥感数据中冗余信息增多。同时由于地物反射光和空气反射传播的影响,高光谱遥感数据具有非线性特性。基于高光谱遥感数据高的光谱分辨率及丰富的光谱信息特点,高光谱成像遥感已经广泛应用于大气监测、环境监测、植被生态监测、精细农业、海洋遥感、军事侦察等多个领域。

由于受到传感器系统本身因素和外界环境因素条件的影响,高光谱遥感影像中存在一定的噪声,以及不同程度、不同性质辐射量的失真和几何畸变等现象。这些畸变和失真都会导致影像质量的下降,严重影响其应用效果,需要对原始数据进行预处理操作来消除其影响,为后续的高光谱应用奠定基础。

高光谱遥感数据的预处理主要包括传感器定标(光谱定标、辐射定标)、大气校正(基于影像特征的相对校正模型、基于地面线性回归的经验模型、基于大气辐射传输的理论模型)、几何校正(地面控制点选择、像素定标变换、像素亮度重采样)。

常用影像的像元值大多是经过量化的、无量纲的灰度值,在进行遥感定量化分析时,常用到辐射亮度、反射率等物理量。传感器定标是将影像的数字量化值转化为辐射亮度值、反射率、表面温度等物理量的处理过程。其主要包括光谱定标和辐射定标两个处理过程。

为了消除大气中水蒸气、氧气、二氧化碳、甲烷和臭氧等物质对地物反射的影响,消除大气分子和气溶胶散射的影响,获取地物真实反射率数据,需要对高光谱遥感数据进行大气校正处理以获得地物反射率、辐射率或者地表温度等真实物理模型参数。常用的大气校正方法主要包括基于影像特征的相对校正模型、基于地面线性回归的经验模型、基于大气辐射传输的理论模型。

在获取机载影像的过程中,由于卫星的运动姿态、传感器的灵敏度及地球自转等内外界因素的影响,获取的影像数据存在一定的几何畸变,主要表现为目标物相对位置的坐标关系在影像中发生变化,需要对这种畸变做几何校正。如何准确判断影像的几何畸变性质,选择合适的控制点等是影像几何校正中需要解决的问题。本章主要介绍几何校正中地面控制点选择、像素定标变化和像素亮度重采样的方法。

3.1 传感器定标

通常,传感器在接收来自目标物的辐射信息后,为了节省空间,会将其转换为灰度值进行存储,但是需要分析时就必须重新将其转换为实际的物理量。传感器定标是将传感器获得的遥感数据,通常将灰度值转换为实际的物理量,例如绝对亮度值(绝对定标)或与地表反射率、表面温度等物理量有关的相对值(相对定标)。简而言之,传感器定标就是建立传感器每个探测器输出值与该探测器对应的地物辐射亮度之间的定量关系。

传感器遥感过程造成的偏差主要包括由传感器的灵敏度特性引起的偏差,大气传输过程及传感器的测量系统引起的各种失真。大气传输过程引起的失真可以通过大气校正进行处理,传感器灵敏度特征引起的畸变,主要是由其光学系统或光电变换系统的特征所导致的,并且直接影响通道的光谱响应。对于此类问题,可以通过传感器定标进行处理。

遥感中常用的定标技术有实验室定标和飞行定标。其中,实验室定标是后续飞行定标的基础。实验室定标是指在传感器发射前必须进行的实验室光谱定标与辐射定标,将仪器的输出值转换为辐射值,用以确定光谱响应的灵敏度和稳定性,辐射计的输出电压与仪器接收到的辐射能之间的关系,以及星内校准源的稳定性和精度等。

3.1.1 光谱定标

成像光谱仪一次能拍摄成百上千张照片,每张照片为一个波段的影像,每个波段的影像体现着不同的信息,而不同波段的影像灰度对应着不同波长的反射率,需要确定每个波段的影像对应的波长是多少。且由于成像光谱仪波段多,光谱分辨率高,对波长的定标比较严格。在成像光谱仪进行辐射定标之前,必须对传感器进行光谱定标,光谱定标的任务是确定成像光谱仪每个波段的中心波长和带宽。

成像光谱仪的光谱响应函数可表示为(裴舒,2011)

$$f(\lambda - \lambda_j) = \exp\left[-4\ln 2 \frac{(\lambda - \lambda_j)^2}{\Delta\lambda^2}\right] \tag{3.1}$$

式中:$\Delta\lambda$ 为光谱响应函数的半峰值全宽;λ 为光谱波长;λ_j 为某一时刻 j 的中心波长。

实验室中通常使用光谱带宽小于成像光谱仪光谱带宽 1/10 的单色仪对成像光谱仪进行光谱定标,同一光谱通道不同景物像元的中心波长也会不同,这种成像光谱仪像面上的光谱记录误差就是 smile,表现为沿穿轨方向中心波长的偏离,光谱曲线的峰值通常位于影像的中心,所以叫 smile 或 frown 效应。smile 效应是由色散元件(光栅、棱镜)的空间畸变和准直、成像光学系统的像差引起的。光谱定标和 smile 测定过程如图 3.1 所示,图 3.1 中一个光谱通道有 1024 个像元,T1~T5 表示数据的不同采集时刻,λ_j 为相应中心波长。通过单色仪在待定标波长附近区域扫描波长,得到某一光谱通道对一系列单色波长的响应,把得到的数据点做高斯曲线拟合,相对最大值做归一化处理,两端响应最大值的 1% 作为波段的响应带宽,两端响应 50% 的波长差作为光谱带宽,光谱带宽的中间值作为谱段的中心波长。

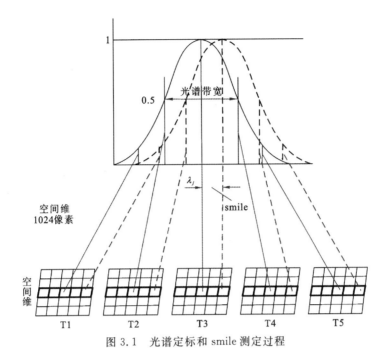

图 3.1 光谱定标和 smile 测定过程

3.1.2 辐射定标

辐射定标的任务是对每一个已知波长的通道,确定成像光谱仪在该波长下的输入辐射能与输出响应的关系。即针对某个波段,确定定标增益系数和定标偏置量。

定标过程一般采取线性公式进行转换:

$$L = A \cdot \mathrm{DN} + B \tag{3.2}$$

式中:A 为定标增益系数;B 为定标偏置量。

实验室辐射定标的基本思路是对辐射亮度值 L 已知的光源进行拍照,从照片上读出灰度值 DN,建立方程将 A 和 B 解算出来。

运行之后,在空间环境中的系统性能的衰退,遥感元件的老化、污染等会使光学效应降低;探测器工作温度的变化及探测器的老化会影响探测器的响应率;电子元件的老化会影响电子线路的放大增益等。这都会使传感器的探测精度、灵敏度减弱。这样,原有的定标系统不再适用,必须随时进行飞行中的定标和校准,飞行中的定标包括星上定标和地面定标。

星上定标对可见光和近红外通道多采用太阳或标定的钨丝灯作为校准源,而对热红外通道则多用黑体定标。由于标准参考源的光谱辐照度与波长之间的关系曲线是精确已知的,在任意光谱波段内,与反射辐照度探测器的输出信号相对应的数据就可以利用标准源在该波段的平均光谱辐照度来进行校准。

地面定标需要设立地面遥感辐射定标试验场,通过选择典型的大面积均匀稳定目标,用高精度仪器在地面进行同步测量,并利用遥感方程,建立空-地遥感数据间的数学关系,将遥感数据转换为直接反映地物特性的地面有效辐射亮度值,以消除遥感数据中大气和仪器等的影响,来进行在轨遥感仪器的辐射定标。

3.2 大气校正

卫星传感器在获取地表信息过程中,受到大气分子、气溶胶、云粒子等大气成分的吸收和散热的影响,使目标反射辐射能量衰减且时空分布被改变,部分和目标无关的大气散射辐射进入传感器视场,导致遥感影像质量退化(陈灿,2012)。

大气校正是指消除大气对太阳和来自目标的辐射产生吸收与散射作用的影响,对于一个已经经过绝对辐射定标的遥感影像,还必须经过大气校正才可以得到目标反射率、辐射率、地表温度等真实物理模型参数(胡新礼等,2014)。

随着高光谱遥感影像应用的普及,对高光谱遥感影像进行大气校正已成为遥感研究的热点之一。目前,遥感影像的大气校正方法很多,大致归纳为基于影像特征的相对校正模型、基于地面线性回归的经验模型和基于大气辐射传输的理论模型。

3.2.1 基于影像特征的相对校正模型

基于影像特征的相对校正方法不考虑地面光谱及大气环境参数测量,通过建立不同时相的遥感影像之间的校正关系,主要借助影像本身特征反演反射率,从而达到校正的目的。目前,常用的基于影像特征的相对校正模型主要有:不变目标法(invariable-object method)、直方图匹配法、暗目标法(dark object method)、固定目标法(invariant object method)、平场法(flat field method)等。其中 Kaufman 等(1997)提出的暗目标法应用比较广泛,尤其在中分辨率成像光谱仪 MODIS、MERIS 等数据中。若影像中存在浓密植被或水体,它们在可见光和红外具有低反射,根据其在此特征波段的反射率与其他波段反射率之间的相关关系进行大气校正。

不变目标法假定影像上存在较稳定的反射辐射特征的像元,并且可确定这些像元的地理意义,那么就称这些像元为不变目标,这些不变目标在不同时相的遥感影像上的反射率存在一种线性关系。该方法简单、直接,但是该方法具有很强的局限性,属于一种相对的大气校正方法。

直方图匹配法假定受到大气影响的区域和没有受大气影响的区域的反射率是相同的,且气溶胶的分布是均匀的。如果可以确定不受大气影响的区域,就可以利用不受大气影响的区域的直方图对相同地区受影响的区域的直方图进行匹配处理。该方法只针对具有相同反射率但受大气影响相反的区域。

3.2.2 基于地面线性回归的经验模型

基于定量的地面测量,假设遥感观测数据和地面测量数据之间存在线性回归关系,基于地面线性回归的经验模型将特定物的灰度值与成像时对应地面目标反射光谱测量值之间的

关系建立线性回归方程,得到回归系数,然后对原始影像进行大气校正。这个过程表示为

$$L_j^k = a_i^k + b_i^k \cdot L_i^k \tag{3.3}$$

式中:L_j为地面观测的光谱值;L_i为对应的遥感影像上的观测光谱值;k为影像波段数量,每一个波段的线性回归都对应产生a和b两个系数;a_i^k、b_i^k为影像i的k波段的所有像元的标准化系数。

该模型计算简单,且具有明确的物理意义。但是,为了得到理想的系数,需要基于大量的野外光谱测量数据,成本高,且对野外工作中定标点要求严格。此外,由于大气顶层辐射值与地表数据的标准是不统一的非线性关系,模型的假设过于理想化。

3.2.3 基于大气辐射传输的理论模型

太阳发射的电磁波从大气层顶投射到地面,由地面反射后进入传感器,在整个过程中,电磁波信号会受到大气吸收、散射、反射和折射等作用(图3.2)的影响。由于传感器接收的太阳辐射信号发生了变化,反演地表的反射率就要估计大气对电磁波吸收和散射作用的大小。

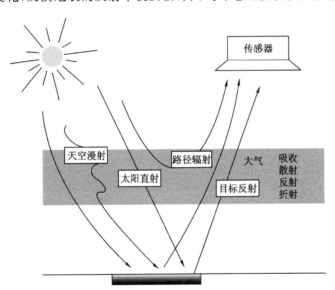

图 3.2 光学遥感器辐射信号构成示意图

1987年,Goetz第一次提出了大气辐射传输模型(Gao and Goetz,1990),该模型代替了传统的经验线性方法,属于物理模型方法。

基于大气辐射传输的理论模型方法的核心思想是利用电磁波在大气中的辐射传播原理建立模型对遥感影像进行大气校正。各种不同的辐射传输模型都是基于这一思想,只是具体模型中大气校正的参数形式和考虑因素的数量不同。该方法校正精度高,是目前大气校正的主要方法。目前已经开发了多种模型,如改进的太阳光谱中卫星信号模拟 6S(second simulation of the satellite signal in the solar spectrum,6S)辐射传输模型、低分辨率传输模型、中分辨率传输模型和空间分布快速校正模型等应用比较广泛。其中 6S(李玉霞等,2013)

是由法国里尔大学大气光学实验室和美国马里兰大学发展的辐射传输模型。该模型考虑地球表面并非均一的朗伯面,通过对目标和背景之间邻近效应的校正,消除环境反射问题,它将大气分子和气溶胶散射都考虑在内,不仅模拟了地表非均一性,还模拟了地表双向反射特性。

由于大气分子的散射与辐射光波长有密切的关系,对短波长的散射比对长波长的散射要强很多,分子散射的强度随波长倒数的四次方变化,气溶胶的散射强度随波长的变化与粒子尺度分布有关。因此,大气散射与吸收对下行辐射与传感器接收的上行辐射的光谱特征造成很大的影响。在可见光-短波红外光谱区($0.4 \sim 2.5 \mu m$),到达传感器处的上行辐射表示为

$$L_\lambda^s = L_\lambda^{su} + L_\lambda^{sd} + L_\lambda^{sp} \tag{3.4}$$

式中:L_λ^s 为传感器总的上行辐射;L_λ^{su} 为地表对太阳光的反射辐射;L_λ^{sd} 为地表对天空光照的反射辐射;L_λ^{sp} 为大气向上散射的路径辐射。

辐射强度变化受到介质的单次或者多次散射影响。设辐射强度为 I 的电磁波经过厚度为 dz 的粒子后,辐射强度增加为 dI,电磁波传播方向辐射强度也可由物质本身发射电磁波多次散射而增强,其由发射和多次散射而增加的辐射强度为

$$dI/dz = -a_s I + a_a B(v, T) + a_s J \tag{3.5}$$

电磁波传播方向辐射强度减少为

$$dI/dz = -a_a I \tag{3.6}$$

大气辐射传输方程为

$$dI/dz = -a_a I - a_s I + a_a B(v, T) + a_s J \tag{3.7}$$

式中:a_a 为介质中所有气体及粒子的吸收系数之和;a_s 为介质中所有气体及粒子的散射系数之和;$B(v, T)$ 为介质热发射能量;J 为其他方向入射波的散射能量。

基于辐射传输原理建立的大气校正模型方法是精度较高的一种方法,但是这种方法计算量大,而且需要实时的卫星过境参数,因此限制了该方法的推广使用。遥感影像所记录的辐射信号中包含了大气中的各种信息,从影像中获取这些信息,结合大气辐射传输模型,来获得真实的地表反射率。

3.3 几何校正

在遥感影像获取的过程中,由于卫星的运动姿态、传感器的灵敏度、地球自转及地球表面曲率等内、外界因素的影响,目标景物中相对位置关系在影像中发生变化,即影像存在一定的几何畸变。遥感影像几何校正是指对遥感影像成像过程中发生的各种几何畸变进行校正,从而获得符合投影要求或者影像表达要求的结果,如图3.3所示。它是遥感信息处理中十分重要的一个环节,直接影响信息的提取精度和实用程度。几何校正分为几何粗校正和几何精校正,几何粗校正过程在数据接收站完成,几何精校正主要是通过地面控制点完成。本节介绍的是遥感影像几何精校正的过程,几何精校正流程如图3.4所示。

本节分别从地面控制点(ground control point,GCP)选取、像元坐标变换和像元亮度重采样3个主要步骤实现对高光谱遥感影像的几何校正处理。

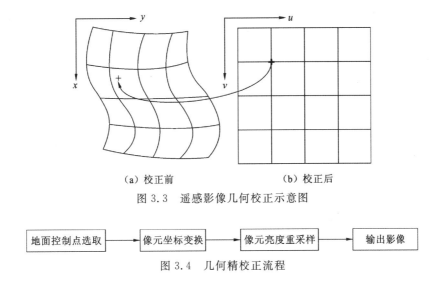

图 3.3 遥感影像几何校正示意图

图 3.4 几何精校正流程

3.3.1 地面控制点选取

在遥感影像和地形图上分别选择同名控制点,以建立影像与地图之间的投影关系。其中控制点的选取一般遵循以下原则。

(1)选取具有明显光谱特征,即光谱梯度比较大的位置。

(2)选取地面控制点的空间位置不随时间、季节、光照等因素影响发生变化,以保证不影响在不同时段对两幅影像或地图进行几何校正。

(3)分布均匀,尽量在影像满幅时进行均匀选取。

(4)控制点的选取应该保证一定的数量,否则不足以作为纠正误差的依据。

控制点选取的方式一般为手工选点,即通过输入 GCP 的地面坐标 (x,y,z),交互选取控制点在影像上的位置。

地面控制点的数量、分布和精度直接影响影像几何校正的效果。因此,控制点的选取需要非常谨慎,尽可能提高其精度,并且需要对校正结果进行反复的分析比较,必要时需要进行多次校正。

3.3.2 像元坐标变换

选取好地面控制点后,进行相应的像元坐标变换,获取待校正影像与地图或影像上对应的各个控制点在影像上的像元坐标 (x,y) 及其参考影像或地图上的坐标 (X,Y)。最后根据影像的几何畸变性质及地面控制点的数量来确定校正数学模型,建立影像与地图之间的空间变换关系,求出影像像元的正确坐标位置。

选择合适的坐标变换函数对提高几何校正的精度非常重要,多项式法以其计算简单、原理清晰的优势,得到广泛使用。多项式校正法不考虑成像过程中的空间几何关系,采用一个多项式函数来表达遥感影像的各种畸变,包括平移、扩大、缩小、偏转、扭曲等基础畸变的综合作用结果,直接对成像影像本身进行数学模拟。

首先,用一个多项式来近似描述校正前后影像的相应控制点的坐标关系,假设待校正影像坐标(x,y)与其地图上的参考坐标(X,Y)之间的关系表示为

$$\begin{cases} x = f(X,Y) \\ y = f(X,Y) \end{cases} \tag{3.8}$$

然后,利用一组控制点在影像坐标系中的坐标(x,y)与参考坐标系中坐标(X^i,Y^j)建立以下多项式方程组:

$$\begin{cases} x = \sum_{i=0}^{N} \sum_{j=0}^{N-i} a_{ij} X^i Y^j \\ y = \sum_{i=0}^{N} \sum_{j=0}^{N-i} b_{ij} X^i Y^j \end{cases} \tag{3.9}$$

式中:a_{ij}、b_{ij}为多项式中的待求系数,根据影像的畸变程度确定多项式的次数N,基于选取的控制点,利用最小二乘回归方法求出多项式中的系数。

最后,基于该多项式计算得到校正模型后,对整幅影像的各个像元进行坐标变换得到每个像元校正后的坐标(x',y'),原坐标与校正后的坐标是一种近似对应的关系,存在一定的误差。采用均方根误差(root mean square error,RMSE)公式估计多项式函数计算的控制点坐标与相应的原影像坐标之间的差值来计算每个控制点几何校正的精度,计算公式为

$$\text{RMSE} = \sqrt{(x'-x)^2 + (y'-y)^2} \tag{3.10}$$

根据设置的误差值可以调节控制点选取结果,重新计算均方根误差,重复以上步骤,直到达到理想的精度为止。

3.3.3 像元亮度重采样

经过坐标变换的影像阵列中像元在原影像中分布不均匀,即输出影像像元点在输入影像像元阵列中像元坐标为非整数,因此需要根据输出影像上的各像元在输入影像中的位置,对原始影像像元点按照某种方法进行该点亮度值的差值计算,建立新的影像矩阵,该过程称为像元亮度重采样。目前常用的方法是通过数学函数方法计算原始像元点的周围整数坐标值处像元点的灰度值,用周围点的灰度值的累积函数值充当输出像元灰度值,在进行像元亮度重采样时,有最近邻法、双线性内插法、三次卷积内插法等几种常用方法。

1. 最近邻法

如图3.5所示,影像中两个相邻点距离为1,取与所计算点(u,v)周围相邻的4个点,比较它们与被计算点的距离,取距离最近点的亮度值作为计算点(u,v)亮度值$f(u,v)$,假设该最近邻点为(k,l),则采样点的最近邻点与采样点(u,v)之间的关系表示为

$$\begin{cases} k = \text{Integer}(v+0.5) \\ l = \text{Integer}(v+0.5) \end{cases} \quad (3.11)$$

即采样点的亮度值

$$f(x,y) = f(k,l) \quad (3.12)$$

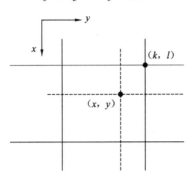

图 3.5　最近邻法插值示意图

最近邻法具有方法简单、计算速度快及不破坏原来的像素值、能最大程度保持原始点的光谱信息的优点，但是其几何位置的精度为 ± 0.5 像元，像元失真较大且灰度值具有不连续性，导致结果容易出现锯齿不光滑的边界，影响影像精度。

2. 双线性内插法

双线性内插法使用内插点周围的 4 个观测值的像元值对所求像元值进行线性内插，内插函数定义为

$$h(x) = \begin{cases} 1-|x|, & |x| \leqslant 1 \\ 0, & |x| > 1 \end{cases} \quad (3.13)$$

设采样点为 $Q(u,v)$，其相邻的 4 个像元点分别为 $P(i,j)$、$P(i+1,j)$、$P(i,j+1)$、$P(i+1,j+1)$，根据图 3.6，其计算公式为

$$\begin{aligned} Q(u,v) &= (1-s)(1-t)P(i,j) + (1-s)tP(i,j+1) + \\ & \quad s(1-t)P(i+1,j) + stP(i+1,j+1) \end{aligned} \quad (3.14)$$

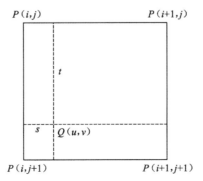

图 3.6　双线性内插示意图

该方法是实践中常用的方法,计算简单,具有平均化的滤波效果,精度明显提高,特别是对亮度不连续现象或块状化现象有明显改善,但是破坏了原始的数据。

3. 三次卷积内插法

三次卷积内插法是一种三阶内插算法,理论上是最优的 sinC 函数逼近,该内插算法的核函数是通过对三次样条内插公式施加一定的约束条件所得到的,由定义在单位区间上的三次多项式组成,用该方法内插出的每个输出均是 4 个原始输入数据的加权平均,保持在待插点两边各有两个样本这一对称性质。三次卷积法能够克服以上两种算法的不足,计算精度高,但计算量大,它考虑一个浮点坐标 $(i+u, j+v)$ 周围的 16 个邻点,目的像素值 $f(i+u, j+v)$ 可由如下插值公式求得

$$f(i+u, j+v) = \mathbf{A} * \mathbf{B} * \mathbf{C} \tag{3.15}$$

$$\mathbf{A} = [S(u+1) \quad S(u+0) \quad S(u-1) \quad S(u-2)] \tag{3.16}$$

$$\mathbf{B} = \begin{bmatrix} f(i-1,j-1) & f(i-1,j) & f(i-1,j+1) & f(i-1,j+2) \\ f(i,j-1) & f(i,j) & f(i,j+1) & f(i,j+2) \\ f(i+1,j-1) & f(i+1,j) & f(i+1,j+1) & f(i+1,j+2) \\ f(i+2,j-1) & f(i+2,j) & f(i+2,j+1) & f(i+2,j+2) \end{bmatrix} \tag{3.17}$$

$$\mathbf{C} = \begin{bmatrix} S(v+1) \\ S(v) \\ S(v-1) \\ S(v-2) \end{bmatrix} \tag{3.18}$$

$$S(x) = \begin{cases} 1 - 2\text{Abs}(x)^2 + \text{Abs}(x)^3, & 0 \leqslant \text{Abs}(x) < 1 \\ 4 - 8\text{Abs}(x) + 5\text{Abs}(x)^2 + \text{Abs}(x)^3, & 1 \leqslant \text{Abs}(x) < 2 \\ 0, & \text{Abs}(x) \geqslant 2 \end{cases} \tag{3.19}$$

三次卷积内插法使用内插点周围 16 个观测点的像元值,用三次卷积函数对所求像元值进行插值。该方法提高了影像质量,得到的影像连续性较好,能保留影像的高频部分,高于双线性插值中的边缘锐化。但是,它仍然破坏了原来的数据且计算量大,对控制点选取的均匀性要求更高。

主要参考文献

陈灿,2012.几何校正中重采样方法研究[D].成都:电子科技大学.

胡新礼,顾行发,余涛,等,2014.大气气溶胶光学厚度对天基光学遥感系统成像品质的影响[J].光谱学与光谱分析,34(3):735-740.

蒋耿明,刘荣高,牛铮,等,2004.MODIS 1B 影像几何纠正方法研究及软件实现[J].遥感学报,8(2):158-164.

蒋艳凰,杨学军,易会战,2004.卫星遥感图像并行几何校正算法研究[J].计算机学报,27(7):944-951.

李玉霞,童玲,刘异,等,2013.缺少控制点的无人机遥感影像几何畸变校正算法[J].电子科技大学学报,42(3):394-399.

梁顺林,李小文,王锦地,2013.定量遥感:理念与算法[M].北京:科学出版社.

刘静宇,1995.航空摄影测量学[M].北京:解放军出版社.

马瑞金,张继贤,洪钢,1999.用于影像几何纠正的图形图像控制点[J].测绘科技动态(2):21-24.

裴舒,2011.成像光谱仪光谱定标[J].光机电信息,28(11):48-51.

彭泽,刘定生,2008.北京一号小卫星几何纠正方法与试验[J].遥感信息(1):74-77.

孙家抦,2003.遥感原理与应用[M].武汉:武汉大学出版社.

孙毅义,董浩,毕朝辉,等,2004.大气辐射传输模型的比较研究[J].强激光与粒子束,16(2):149-153.

童庆禧,田国良,1990.中国典型地物波谱及其特征分析[M].北京:科学出版社.

拓万兵,陈昱蓉,赵新坤,2019.卫星遥感影像几何纠正模型精度对比研究[J].地理空间信息,17(5):50-52.

王强,束炯,张晓沪,2006.一种遥感图像的坐标转换方法[J].测绘科学,31(4):137-139,154.

张安定,2016.遥感原理与应用题解[M].北京:科学出版社.

张兆明,何国金,2008.Landsat 5 TM 数据辐射定标[J].科技导报,26(7):54-58.

赵虹,张国荣,1997.大气环境例行监测中点位系统偏差校正方法[J].中国环境监测,13(2):58.

郑伟,曾志远,2004.遥感图像大气校正方法综述[J].遥感信息(4):66-70.

钟灵毓,薛武,王鹏,2020.光学遥感影像几何校正方法分析[J].北京测绘,34(9):1271-1275.

朱忠敏,2010.主被动光学遥感相结合的对地观测大气校正方法研究[D].武汉:武汉大学.

朱重光,1986.图像处理中几何纠正的自适应方法[J].遥感学报(4):292-297.

EBNER H, MÜLLER F, 1987. Processing of digital three-line imagery using a generalized model for combined point determination[J]. Photogrammetria, 41(3):173-182.

EICHINGER W E, COOPER D I, PARLANGE M, et al., 1993. The application of a scanning, water Raman-lidar as a probe of the atmospheric boundary layer[J]. IEEE Transactions on Geoscience and Remote Sensing, 31(1):70-79.

GAO B C, GOETZ A F H, 1990. Column atmospheric water vapor and vegetation liquid water retrievals from airborne imaging spectrometer data[J]. Journal of Geophysical Research: Atmospheres, 95(D4):3549-3564.

HADJIMITSIS D G, PAPADAVID G, AGAPIOU A, et al., 2010. Atmospheric correction for satellite remotely sensed data intended for agricultural applications: Impact on vegetation indices[J]. Natural Hazards and Earth System Sciences, 10(1):89-95.

HAMM N A S, ATKINSON P M, MILTON E J, 2012. A per-pixel, non-stationary mixed model for empirical line atmospheric correction in remote sensing[J]. Remote Sensing of Environment, 124:666-678.

HELMER E H, RUEFENACHT B, 2005. Cloud-free satellite image mosaics with regression trees and histogram matching[J]. Photogrammetric Engineering and Remote Sensing, 71(9):1079-1089.

HONKAVAARA E, 2008. Calibrating digital photogrammetric airborne imaging systems using a test field [D]. Espoo, Finland: Finnish Geodetic Institute.

KAUFMAN Y J, TANRÉ D, REMER L A, et al., 1997. Operational remote sensing of tropospheric aerosol over land from EOS moderate resolution imaging spectroradiometer[J]. Journal of Geophysical Research: Atmospheres, 102(D14):17051-17067.

MAHINY A S, TURNER B J, 2007. A comparison of four common atmospheric correction methods[J]. Photogrammetric Engineering and Remote Sensing, 73(4):361-368.

RICHTER R, 1996. Atmospheric correction of satellite data with haze removal including a haze/clear transition region[J]. Computers and Geosciences, 22(6):675-681.

TEILLET P M, FEDOSEJEVS G, 1995. On the dark target approach to atmospheric correction of remotely sensed data[J]. Canadian Journal of Remote Sensing, 21(4):374-387.

VERMOTE E F, KOTCHENOVA S, 2008. Atmospheric correction for the monitoring of land surfaces [J]. Journal of Geophysical Research:Atmospheres, 113(D23):1.

VERMOTE E F, TANRÉ D, DEUZÉ J L, et al., 1997. Second simulation of the satellite signal in the solar spectrum, 6S:An overview[J]. IEEE Transactions on Geoscience and Remote Sensing, 35(3):675-686.

ZHANG D H, YAO D Z, LIU W, et al., 2005. System design of high-speed science-grade CCD camera [J]. Opto-Electronic Engineering, 32(11):87-92.

ZHAO X, LIANG S L, LIU S H, et al., 2008. Improvement of dark object method in atmospheric correction of hyperspectral remotely sensed data[J]. Science in China Series D:Earth Sciences, 51(3):349-356.

ZHENG W, ZENG Z Y, 2004. A review on methods of atmospheric correction for remote sensing images [J]. Remote Sensing Information(4):66-70.

第4章 高光谱遥感数据处理理论与方法

4.1 高光谱遥感数据降维

高光谱遥感影像中包含了数百个连续光谱波段上的信息,包含大量的数据。在如此高的光谱分辨率下,波段间的光谱相关性非常高,存在冗余信息。

数据降维(dimensionality reduction,DR)技术被广泛应用于高光谱遥感数据处理中,尤其是被用于预处理(张兵,2016;童庆禧等,2006;Chang,2003)。通过降维,可以将数据从一个高维的数据空间缩减到一个易处理的低维空间,在这个低维空间中可以更有效地进行数据分析。目前有两种被广泛使用的高光谱遥感数据降维技术:光谱特征选择和基于变换的特征提取。

4.1.1 光谱特征选择

光谱特征选择针对特定对象选择光谱特征空间中的一个子集,这个子集包括了可以区分该对象的主要光谱,在含有多种目标对象的组合中该子集能最大限度地区别于其他地物,光谱特征选择过程如图4.1所示。

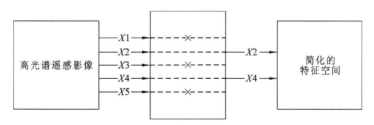

图4.1 光谱特征选择过程示意图(张兵,2016;童庆禧等,2006)

光谱特征选择的目的是选择原始高光谱数据的一个波段子集,这个波段子集能够尽量多地保留原始数据的主要光谱特征或者提高原始数据的地物类别可分性,也就是说要按照一定的标准选择一个最优的波段组合。光谱特征选择保留的信息对降维这一任务来说至关重要,因为未被选中的信息将被彻底舍去。因此,光谱特征选择这一数据降维方法的关键在于如何设计有效的标准来满足不同的应用(Chang,2013)。

解决一般的光谱特征选择问题通常需要对所有 $\begin{pmatrix} L \\ |\Omega_{BS}| \end{pmatrix} = \dfrac{L!}{(L-|\Omega_{BS}|)!|\Omega_{BS}|!}$ 种可能的情况进行彻底的搜索,其中 L 为高光谱数据所有的波段数,$|\Omega_{BS}|$ 为待保留波段数。假设 $J(\cdot)$ 为用于优化光谱特征的目标函数,对于一个给定的波段数目 n_{BS},光谱特征选择的任务就是寻找一个最优的波段子集 Ω_{BS}^*,其中 $|\Omega_{BS}| = n_{BS}$ 并且满足以下优化方程(Chang, 2013):

$$\Omega_{BS}^* = \arg\{\max/\min_{\Omega_{BS} \subset \Omega, |\Omega_{BS}| = n_{BS}} J(\Omega_{BS})\} \tag{4.1}$$

根据目标函数 $J(\Omega_{BS})$ 不同的设计方式,可以通过最大化或者最小化满足 $|\Omega_{BS}| = n_{BS}$ 的 Ω 的所有子集 Ω_{BS} 来实现式(4.1)的优化。由式(4.1)可知,光谱特征选择方式成功的关键在于定义一个用于明确兴趣域的目标函数 $J(\Omega_{BS})$。一个有效的方法是定义一个特定的特征或标准,用来指定一个光谱波段的重要性。

光谱特征选择的一种最常用的方法是最大化数据方差。用 $\boldsymbol{K}_{\Omega_{BS}}$ 来表示 Ω_{BS} 中选取的所有波段组成的协方差矩阵,那么可以根据式(4.2)定义式(4.1)中的一个目标函数 $J(\Omega_{BS})$ (Chang, 2013):

$$J_{\text{trace}}(\Omega_{BS}) = \text{tr}(\boldsymbol{K}_{\Omega_{BS}}) \tag{4.2}$$

式中:$\text{tr}(\cdot)$ 指矩阵的迹,其值为矩阵对角线元素之和。式(4.2)中 Ω_{BS}^* 的最优解满足:

$$\Omega_{BS}^* = \arg\{\max_{\Omega_{BS} \subset \Omega, |\Omega_{BS}| = n_{BS}} \text{tr}(\boldsymbol{K}_{\Omega_{BS}})\} \tag{4.3}$$

作为替代方案,还可以采用主成分分析(principal component analysis,PCA),以数据方差作为特征和标准来评判一个波段的重要性。此时,用 σ_l^2 来表示第 l 波段(记为 $\boldsymbol{B}_l$)的数据方差,那么式(4.1)中的目标函数 $J(\Omega_{BS})$ 可以被定义为

$$J_{\text{variance}}(\Omega_{BS}) = \sum_{B_l \in \Omega_{BS}} \sigma_l^2 \tag{4.4}$$

用式(4.4)替换式(4.2)再代入式(4.3)得

$$\Omega_{BS}^* = \arg\left\{\max_{\Omega_{BS} \subset \Omega, |\Omega_{BS}| = n_{BS}} \left[\sum_{B_l \in \Omega_{BS}} \sigma_l^2\right]\right\} \tag{4.5}$$

因为 $\text{tr}(\boldsymbol{K}_{\Omega_{BS}}) = \sum_{B_l \in \Omega_{BS}} \sigma_l^2$,所以式(4.3)和式(4.5)的解是完全相同的。对于给定的 n_{BS},式(4.3)和式(4.5)的最优解是 Ω_{BS}^* 的子集,包含 n_{BS} 最大的数据方差,这些方差最终也与 n_{BS} 最大特征值相对应。

另一个光谱特征选择常用的标准,是使用基于信息的方式(例如熵)来定义式(4.1)中的一个目标函数 $J(\Omega_{BS})$,如式(4.6)所示:

$$J_{\text{entropy}}(\Omega_{BS}) = H(\Omega_{BS}) \tag{4.6}$$

式中:$H(\Omega_{BS})$ 为 Ω_{BS} 中选中的光谱波段形成的数据立方体的熵。目前已经产生了许多通过设计不同的标准和特征来定义式(4.1)中的目标函数 $J(\Omega_{BS})$ 的光谱特征选择的方法。

4.1.2 基于变换的特征提取

基于变换的特征提取是对数据进行某种意义上的最优压缩变换。特征提取方法首先对

原始高光谱数据进行数学变换,然后选取变换后的前 n 个特征作为降维之后的 n 个成分,实现数据降维。基于变换的特征提取过程如图 4.2 所示。

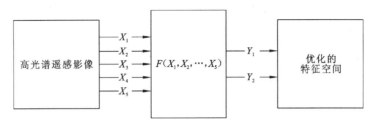

图 4.2　基于变换的特征提取过程示意图(张兵,2016;童庆禧等,2006)

1. 基于统计标准的成分变换数据降维方法

成分分析(components analysis,CA)是一类常见的基于变换的特征提取方法,此类方法使用统计数据作为标准来分离具有相关性的数据,并将数据转换为一组不相关的数据成分进行分析。典型的方法有:基于数据方差的主成分分析、基于信噪比(signal-to-noise ratio, SNR)的最大噪声比率(maximum noise fraction,MNF)变换,以及基于独立统计的独立成分分析(independent component analysis,ICA)。

1)主成分分析

PCA 是基于信息量的一种正交线性变换,主要是采用线性投影的方法将数据投影到新的坐标空间中,从而使新的成分按信息量分布。信息量的衡量标准是数据的方差(Chang, 2013):

$$\mathrm{Var}(z_i) = \boldsymbol{a}_i^\mathrm{T} \boldsymbol{\Sigma} \boldsymbol{a}_i, i = 1,2,\cdots,p \tag{4.7}$$

式中:$\boldsymbol{a}_i$ 为第 i 个变换向量;$\boldsymbol{\Sigma}$ 为原始数据的协方差矩阵;z_i 为数据降维之后的第 i 个主成分;$\mathrm{Var}(z_i)$ 为数据降维后的第 i 个主成分的方差。

PCA 能够将原来光谱影像数据中的有用信息投影到数目尽可能少的特征影像组中,并使降维后的影像之间互不相关,这不仅能够降低影像数据的维数、减少影像数据量,而且能够去除波段间冗余信息、降低波段之间的相关性。

PCA 的算法过程(李二森,2011)如下。

(1)求解原始影像数据的协方差矩阵 $\boldsymbol{\Sigma}$。

(2)求解 $\boldsymbol{\Sigma}$ 的特征值和特征向量,并对特征向量进行正交归一化。

(3)降序排列特征值,特征向量的排序与特征值对应。以特征向量为行,形成矩阵即为 PCA 变换矩阵。由于特征值大小能够反映影像数据在相应特征向量上的能量大小,且前几个特征值之和与所有特征值之和的比值接近 1,可以利用前几个主分量数据近似代替原始影像数据。

PCA 具有如下性质(朱述龙等,2006)。

(1)PCA 变换属于正交变换。

(2)经 PCA 变换后,得到的几个主分量互不相关。

(3) 离散 PCA 所得到的分量(n 个)中删除后面的 n-d 个,而只保留前 d 个分量所产生的误差满足平方误差最小的准则。

PCA 概念简单、计算方便,但当样本数据具有非线性性质时,PCA 的降维结果无法准确反映样本数据之间的非线性性质。此外,PCA 通常认为前 3 个波段包含了原始影像的大部分信息,后几个波段基本为噪声。但由于不同波段之间噪声和信号的比例不同,有时一个波段的噪声会比另一个波段的信号信息表现得更为突出。在这种情况下,PCA 的后几个波段中有可能存在某个波段的微弱信号,而在前 3 个波段中可能存在较大的噪声。对这样的原始影像进行 PCA 后,前 3 个波段不仅不能包含原始影像的绝大部分信息,还可能受到噪声的影响。

2) 最大噪声比率变换

MNF 变换根据影像质量排列成分,影像质量的衡量标准是噪声:

$$\mathrm{NF} = \frac{a^\mathrm{T} S_\mathrm{N} a}{a^\mathrm{T} S a} \tag{4.8}$$

式中: a 为变换矩阵; S_N 为噪声的协方差矩阵; S 为原始数据的协方差矩阵。MNF 不仅能够将有效信息集中到尽可能少的低维数据中,还可以有效地分离噪声。

MNF 变换的算法过程(李二森,2011)如下。

(1) 利用高通滤波器对整幅影像进行滤波处理,得到噪声协方差矩阵 Σ_N,将其对角化为矩阵 D_N:

$$D_\mathrm{N} = U^\mathrm{T} \Sigma_\mathrm{N} U \tag{4.9}$$

式中: D_N 为 Σ_N 的特征值按照降序排列的对角矩阵; U 为由特征向量组成的正交矩阵。

将式(4.9)变换为

$$I = P^\mathrm{T} \Sigma_\mathrm{N} P \tag{4.10}$$

式中: I 为单位矩阵; P 为变换矩阵, $P = U D_\mathrm{N}^{-1/2}$。当 P 应用于影像数据 X 时,通过 $Y = PX$ 变换将原始影像投影到新的特征空间 Y 中,则结果数据中的噪声具有单位方差,且波段间不相关。

(2) 对白噪声数据进行标准主成分变换,变换的公式为

$$\Sigma_{\mathrm{D-adj}} = P^\mathrm{T} \Sigma_\mathrm{D} P \tag{4.11}$$

式中: Σ_D 为影像 X 的协方差矩阵; $\Sigma_{\mathrm{D-adj}}$ 为经过变换后的矩阵。上式还可以进一步变换为对角矩阵 $D_{\mathrm{D-adj}}$,即

$$D_{\mathrm{D-adj}} = V^\mathrm{T} \Sigma_{\mathrm{D-adj}} V \tag{4.12}$$

式中: $D_{\mathrm{D-adj}}$ 为 $\Sigma_{\mathrm{D-adj}}$ 的特征值按照降序排列的对角矩阵; V 为由特征向量组成的正交矩阵。

通过以上两个步骤得到 MNF 变换矩阵 T_MNF 为

$$T_\mathrm{MNF} = PV \tag{4.13}$$

MNF 变换实际上执行了两个阶段的过程,即首先使用单位方差对噪声进行白化,然后进行 PCA。因此,MNF 变换也被称为噪声调整主成分(noise-adjusted principal component, NAPC)分析变换。MNF 变换得到的各分量之间互不相关,各个分量包含了不同的信息量,

第一分量包含了大量信息,影像的信息量随着维数的增加而逐渐下降。变换后影像波段的顺序按照信噪比由大到小排列,而不像 PCA 变换按照方差由大到小排列,从而克服了噪声对影像质量的影响。

3) 独立成分分析

近年来,独立成分分析(ICA)因其在盲源分离、信道均衡、语音识别、功能磁共振成像等领域的广泛应用而备受关注。ICA 是一种基于无穷阶统计的数据降维方法,使用互信息(mutual information)来消除统计相关性。

ICA 的核心思想是假设数据是由一组独立的信号源线性混合的,根据互信息测得的统计独立性对这些信号源进行混合。为了验证其方法,一个基本假设是混合模型中最多可以允许一个源为高斯源,这是因为高斯源的线性混合仍然是高斯源。更准确地说,设 $x = As$,其中 x 是 L 维的混合信号,A 是 $L \times p$ 的混合矩阵,s 是由 p 个信号源组成的 p 维信号源矢量。ICA 的目的是找到一个分离矩阵 W,它将信号源向量 s 分离成一组统计上独立的 p 个信号源(Chang,2013)。

2. 基于特征变换的数据降维方法

另一类基于变换的特征提取方法则是基于特征提取准则生成一组特征向量,使用这些特征向量来表示数据,典型的方法有:费雪线性判别分析(Fisher's linear discriminant analysis,FLDA)和正交子空间投影(orthogonal subspace projection,OSP)。

1) 费雪线性判别分析

FLDA 的主要思想是找到一个向量,将所有的数据样本向量投影到一个称为特征空间的新数据空间中,这样在这个特征空间中投影的数据样本向量可以最大限度地分为不同的类别 C_j。

(1) 二分类 FLDA。用 w 来表示用 $y = w^T x$ 进行投影的投影向量,训练样本向量 $\{r_i\}_{i=1}^{n_t}$ 在新的特征空间中的投影为 $\{\hat{r}_i\}_{i=1}^{n_t}$,其中 $\hat{r}_i = w^T r_i$,之后 C_j 中的均值和方差可以分别依据 $\hat{\mu}_j = (1/n_j) \sum_{\hat{r}_i \in C_j} \hat{r}_i$ 和 $\hat{\sigma}_j^2 = (1/n_j) \sum_{\hat{r}_i \in C_j} (\hat{r}_i - \hat{\mu}_j)^2$ 来计算。FLDA 通过最大化样本的类间(between-class)差异、最小化类内(within-class)差异,来实现其分类的目标,以矩阵的形式表示为

$$J(W) = \frac{W^T S_B W}{W^T S_W W} \tag{4.14}$$

式中:S_B 和 S_W 分别为数据的类间差异和类内差异,用公式表示为

$$S_B = (\mu_2 - \mu_1)(\mu_2 - \mu_1)^T \tag{4.15}$$

$$S_W = \sum_{r_i \in C_1} (r_i - \mu_1)(r_i - \mu_1)^T + \sum_{r_i \in C_2} (r_i - \mu_2)(r_i - \mu_2)^T \tag{4.16}$$

式(4.14)的解为

$$w^{FLDA} \propto S_W^{-1} (\mu_2 - \mu_1) \tag{4.17}$$

(2) 多分类 FLDA。假设有 p 个感兴趣的类别 $C_1, C_2, \cdots, C_p$ 及 n_t 个训练样本向量

$\{r_i\}_{i=1}^{n_t}$，n_j 表示第 j 类 C_j 中样本的数目，μ 表示整个训练样本的全局均值 $\mu = (1/n_t) \sum_{i=1}^{n_t} r_i$，$\mu_j$ 表示第 j 类 C_j 中样本的均值 $\mu_j = (1/n_j) \sum_{r_i \in C_j} r_i$，根据式(4.15)和式(4.16)，可得扩展的 p 类的类间差异 S_B 及类内差异 S_W：

$$S_W = \sum_{j=1}^{p} S_j \tag{4.18}$$

$$S_j = \sum_{r \in C_j} (r - \mu_j)(r - \mu_j)^T \tag{4.19}$$

$$S_B = \sum_{j=1}^{p} n_j (\mu_j - \mu)(\mu_j - \mu)^T \tag{4.20}$$

$$J = \mathrm{tr}\left(\frac{W^T S_B W}{W^T S_W W}\right) \tag{4.21}$$

FLDA 找到一组由式(4.14)或式(4.21)描述的最大化费雪比例的特征向量，其中每个特征向量指定一个维度。由于 FLDA 找到的特征向量的数量取决于感兴趣的类别数量 p，只有 $p-1$ 个决策边界，每个决策边界都由特征向量确定。FLDA 可以通过以下方法实现 DR：令 $q = p-1$ 并将原始数据转换为仅表示 $p-1$ 维特征空间中的分类特征，其特征维数通常比数据维数小得多。但是，也应该注意，这些 $p-1$ 特征向量用于指定 p 类之间的边界，而不是基于 OSP 的 DR 中讨论的 p 类特征。

2) 正交子空间投影

OSP 思想是假设原始数据中的每个样本 r 都可以用若干个端元的线性混合表示，记为 p 个端元 $m_1, m_2, \cdots, m_p$，丰度先验 $\alpha_1, \alpha_2, \cdots, \alpha_p$ 已知，如式(4.22)所示，其中 n 可以视为观测误差或者模型误差。整个数据可以表示为一个 p 维的端元空间，每个端元被视为一个特征维的特征向量（Chang, 2013; Harsanyi and Chang, 1994）。

$$r = [m_1 m_2 \cdots m_p] \begin{bmatrix} \alpha_1 \\ \alpha_2 \\ \vdots \\ \alpha_p \end{bmatrix} + n = \sum_{j=1}^{p} \alpha_j m_j + n = M\alpha + n \tag{4.22}$$

OSP 模型将端元光谱矩阵进一步分解为感兴趣目标 $d = m_p$ 和不感兴趣的目标 $U = [m_1 m_2 \cdots m_{p-1}]$，则式(4.22)变为

$$r = \alpha_d d + \alpha_U U + n \tag{4.23}$$

OSP 将数据投影到 U 的正交补矩阵空间：

$$P_U^\perp = I - UU^\# \tag{4.24}$$

$$U^\# = (U^T U)^{-1} U^T \tag{4.25}$$

消除影像中不感兴趣目标的特征分量：

$$P_U^\perp r = P_U^\perp \alpha_d d + P_U^\perp n \tag{4.26}$$

在此基础上，通过最大化信噪比原则得到正交子空间投影算子：

$$P_{\mathrm{OSP}} = \kappa d^T P_U^\perp \tag{4.27}$$

式中：κ 为归一化常量。

4.2 高光谱遥感影像分类

高光谱遥感影像中包含地表物体中上百个连续波段的信息,丰富的光谱信息增强了其区分地物的能力,不同地物对应着不同的光谱曲线,依据光谱曲线的不同可以区分地物。高光谱遥感影像分类是在常规多光谱遥感影像分类的基础上,结合高光谱遥感影像的特点进行目标区分和识别的过程,是对遥感影像基本分类方法的扩展与延伸。根据基本操作单元,高光谱遥感影像分类可以分为像素级分类和对象级分类。

相较于传统的遥感影像分类,高光谱遥感影像分类的特点(杜培军等,2016)有以下几点。

(1)特征空间维数高,数据相关性强,冗余度高,运算时间长。

(2)要求的训练样本多。

(3)可用于分类的特征多,既包括直接光谱向量,还可以计算植被指数、光谱吸收指数、导数光谱、纹理特征、形状指数等派生特征。

(4)影像的二阶统计特征在识别中的重要性提高。

高光谱遥感影像分类面临的挑战(杜培军等,2016;Camps-Valls et al.,2014;Bioucas-Dias et al.,2013;Plaza et al.,2009)主要有以下几类。

(1)维数灾难的挑战。在特定的分类器和训练样本条件下,高光谱遥感影像的分类精度会随着特征维数的增大而呈现先升后降的趋势,分类器的泛化能力会随着维数的增大而变弱。

(2)非线性数据结构的挑战。高光谱遥感数据的高维、不确定性、冗余信号和地表覆盖的异质性等使高光谱遥感数据结构具有高度非线性的特点,基于统计模式识别理论的分类模型有时难以直接对原始高维数据进行分类与识别。

(3)不适定问题的挑战。高光谱遥感数据常常存在标记样本有限和标记样本质量不均一的问题,统计模型难以表示高光谱遥感影像的数据分布,模型参数通常难以估计。

(4)空间同质性和异质性问题的挑战。真实的地表覆盖通常以区域性的形式存在,相邻位置物体通常相同,而逐像素的方法对空间上下文信息考虑不足。

4.2.1 像素级分类

早期遥感影像分类以像素作为基本操作单元(杜培军等,2016)。针对高光谱遥感影像分类所存在的这些问题,国内外学者利用机器学习、模式识别等先进算法,进一步挖掘高光谱遥感数据中深层次的信息和特征,发展出了一系列应对高光谱遥感影像的像素级分类所面临挑战的方案。

(1)引入新型分类器:用于解决高光谱遥感数据中的"复杂非线性"问题。

(2)特征挖掘技术:查找有效特征集,降低特征维数,缓解维数灾难。

(3)半监督学习和主动学习技术:解决高光谱遥感影像处理的不适定问题。

(4)光谱空间分类:综合高光谱影像中的光谱特征和空间信息,解决空间同质性与异质性问题。

(5)稀疏表示:将高维信号表示成少数字典原子及其系数的线性组合,在去噪的同时发掘数据本源并对其进行有效表征,传递字典原子的类别信息,依据最小重构误差可实现较准确的信号分类。

(6)多分类器集成:解决单一分类器泛化性能弱、选择分类器主观性强的问题。

1. 新分类器的使用

将模式识别和机器学习与高光谱遥感影像处理相结合是当前研究的一大热点,支持向量机(support vector machines,SVM)、人工免疫系统(artificial immune system,AIS)和多项式逻辑回归(multinomial logistic regression,MLR)是在高光谱遥感影像分类中比较具有代表性的方法(杜培军等,2016)。

SVM 是核变换技术的代表算法之一,是一种具有高精度、快速、泛化能力强的统计学习算法,主要的思想是利用核变换将低维空间中线性不可分问题转换到高维空间中进行准确分类,被广泛地应用到遥感数据处理的各个任务中。使用 SVM 方法进行高光谱遥感影像分类的研究主要集中在针对核函数的研究(Camps-Valls et al.,2006)、多特征综合的 SVM 分类(Moser and Serpico,2013)、针对小样本学习的半监督 SVM 分类(Persello and Bruzzone,2014),以及 SVM 与其他分类器结合(Patra and Bruzzone,2014;Tan et al.,2014)的半监督高光谱遥感数据分类等方法,这些研究取得了较为满意的精度,但是在核函数和最优参数组合的选择上仍然存在困难。

AIS 方法将退火算法和克隆选择算法相结合,进一步发展出基于克隆选择算法的分类(钟燕飞等,2005)、基于资源有限性人工免疫系统的分类(钟燕飞等,2006)和基于多值免疫网络的分类(钟燕飞等,2007),取得了较好的结果。在分析人工免疫系统原理及其模型特点的基础上,发展了基于特异识别原理和克隆选择原理的遥感影像信息提取模型,并应用于遥感影像自动识别和分类(王明常等,2005)。

MLR 也在高光谱遥感影像分类中取得了良好的应用效果,通过引入新方法改进分类器,结合不同的技术策略进行分类,如基于核变换的多项式逻辑回归(Karsmakers et al.,2007)、基于稀疏表示的多项式逻辑回归(sparse multinomial logistic regression,SMLR)(Krishnapuram et al.,2005)、基于光谱-空间信息的多项式逻辑回归分类(Li et al.,2010)等方法。

2. 高光谱遥感影像分类中的特征挖掘

特征挖掘通过降低数据维数,在低维空间中对高光谱遥感影像进行分类,可以减弱高光谱遥感影像分类中的不适定问题,通过光谱特征选择和基于变换的特征提取等数据降维技术,实现特征空间重构的运算。

当前对特征挖掘的研究主要集中在特征提取方面,从统计学、矩阵分析、投影变换、信号分离等角度来研究,低维流形已成为当前的热点新技术。波段选择最核心的问题是寻找有效的搜索策略和评价标准。但是,两种方法也都有其不足之处:特征提取将特征空间从高维变到低维,并用少数特征代表原始数据,需要计算数据的统计特征,计算复杂度较高,且计算出来的统计特征不具备物理含义;波段选择是寻找某个子集来代替原始数据,在一定程度上丢掉了部分信息,而且具有局限性,选择的特征往往只适于某种处理需求。此外,在特征提取/选择之前,如何提前确定需选择的特征数目依然是一个值得研究的问题(杜培军等,2016)。

3. 半监督学习与主动学习下的高光谱遥感影像分类

半监督学习(semi-supervised learning,SSL)和主动学习(active learning,AL)可充分利用有限的已标记训练样本,挖掘大量未标记像元的信息,以减弱高光谱遥感影像分类中的不适定问题,利用大量的未标记样本和少量的已标记样本来共同学习,构建更有效的分类器。

半监督学习的实现方式主要有以下几类。

(1)自训练:在迭代过程中通过某种技术手段不断增加可靠性较高的新样本来反复训练单一分类器,每个迭代过程结束后分类器用于预测所选择的样本标记信息(Dópido et al.,2013)。Tan 等(2014)基于 SVM 提出了一种高效的自训练半监督方法,首先利用分割方法获得影像,之后从影像中获得可靠性高的未标记样本来不断训练 SVM。

(2)协同训练:基于不同特征/视图训练具有差异度的分类器,并利用这种差异性不断训练分类器(Zhang et al.,2014)。

(3)生成模型:采用生成模型建立分类器,然后利用期望最大化来估计分类器参数(Jackson and Landgrebe,2002;Shahshahani and Landgrebe,1994)。Ratle 等(2010)提出了半监督神经网络(semi-supervised neural networks,SSNNs)来快速处理大规模遥感影像。Munoz-Mari 等(2012)利用层次聚类树,提出了一种半自动的分类方法,同时得到分类图和分类结果的置信图。

(4)基于低密度分离:同时利用无标记样本和有标记样本调整决策边界,使其穿过各类之间的低密度区域,如基于核方法的半监督支持向量机学习(Chi and Bruzzone,2007)、优化代价函数的半监督支持向量机(Dundar and Landgrebe,2004)。

(5)基于图的方法:利用未标记样本通过图对学习过程进行正则化,通过核复合方法融合空间和光谱信息,以综合解决样本有限、非线性等问题(Camps-Vall et al.,2007)。Li 等(2010)将多项式逻辑回归扩展到半监督方式,采用图方法进行类别标记信息传播,在高光谱遥感影像分割中取得了较好的效果。

主动学习通过各种启发方式从未标记样本库中选择无偏的、信息量大的样本,并与少量有标记样本共同学习更有效的分类器。主动学习可以分为 3 类方法(Tuia et al.,2009):①基于 SVM 的大间隔方法,如边际选择(margin sampling);②基于后验概率分布的方法;③基于投票选择的方法。主动学习的核心问题是设计启发式的样本选择方法。对于分类问题,主动学习的效果较多地依赖分类器的初始泛化能力,且在迭代过程中并没有考虑分类器的自适应调整和样本库信息反馈问题,容易出现误差积累的现象。

4. 考虑空间信息的高光谱遥感影像分类

常规的逐像素分类仅仅使用光谱特征,分类结果往往出现离散的孤立点,使分类精度下降,"同谱异物"现象难以避免,利用空间信息可以弥补这些不足,核心问题在于如何提取纹理、形状、对象、语义等空间信息,以及如何有效地将光谱信息与空间特征相结合。

目前考虑空间信息的遥感影像分类方法主要有:基于空间邻域开窗的方法、基于形态学操作的方法(Camps-Valls et al.,2014;Dalla et al.,2011;Fauvel et al.,2008)、基于分割的方法(Camps-Valls et al.,2014)、基于空间上下文信息的条件随机场(conditional random field,CRF)方法(魏立飞等,2020)等。

总体来看,考虑空间信息的分类技术已从简单的特征提取与组合发展到更高层次的特征融合(如基于核的特征融合等)。当前,基于影像分割的光谱空间分类方法是研究的热点,如何从高光谱遥感影像中有效地提取对象特征、如何进行对象标记仍需要进一步探索。

5. 稀疏表示与字典学习的应用

稀疏表示将原始高维信号用尽可能少的非零系数及其相对应的字典原子来线性表示,大大简化了信号处理过程。同时,信号的稀疏编码过程传递了原子的类别标记信息,为高光谱遥感影像分类开辟了一条崭新的途径。

利用 HSI 数据构造字典,借助稀疏表示得到稀疏系数,以稀疏系数和光谱信息训练随机森林,并利用投票得到最终分类结果(宋相法和焦李成,2012),进一步以稀疏表示和集成为工具,提出了多标记分类方法(宋相法,2013)。在字典学习方面,刘建军等(2012)通过构造结构化字典,建立了基于稀疏表示的高光谱遥感影像分类模型,并添加空间相关性约束来提高分类精度。在引入空间信息方面,利用稀疏表示和自回归模型,设计字典,并用 8 邻域进行空间约束,以最小重构误差为准则实现高光谱遥感影像分类(宋琳等,2012)。针对稀疏表示的非负约束问题,通过引入随机矩阵来改善传统稀疏表示分类模型中的测量矩阵以更好满足限制等距特性条件,同时限定系数向量的非负性以提高重构系数的可解释性(孙伟伟等,2013)。

6. 集成多分类器的高光谱遥感影像分类

多分类器系统(multiple classifier system,MCS)通过对分类器集合中的基分类器进行选择和组合,能够获取比任何单一分类器更高的精度,近年来在高光谱遥感影像分类中得到广泛应用(Kuncheva,2014;Du et al.,2012a;Benediktsson et al.,2007)。构建一个多分类器系统,通常包括确定系统结构、选择基分类器构造方式和选择组合策略 3 个步骤(Woźniak et al.,2014)。多分类器系统结构包括并行结构、串行结构和混合结构等。并行结构直接利用某种策略组合多个单分类器分类结果;串行结构将前一层的分类结果(类别标签或概率)作为后一层的输入;混合结构是并行结构和串行结构的综合。目前多分类器系统在高光谱遥感影像分类中的应用以并行结构为主。

Du 等(2012a)将支持向量机、决策树、后向传播(back propagation,BP)神经网络、最小距离分类器和最大似然分类器的输出作为第二层支持向量机的输入,在 OMIS II 高光谱遥感影像分类中取得了较高的精度。Bakos 和 Gamba(2011)构造了一种分层混合决策树的高光谱遥感影像分类算法,在每个决策树节点,输入最有效的数据处理链,通过组合针对特定类别的数据处理链的优点来提高整体分类精度。

4.2.2 对象级分类

由于以像素为基本单元的分类既不符合地理空间对象的分布规律,又不符合人脑认知和解译影像的模式,传统的高光谱分类通常仅考虑单一像元的光谱或纹理特征,分类后容易出现地物破碎的现象。

近年来基于对象的分类[object-based classification,也称为面向对象的影像分类(object-oriented classification)]成为遥感影像分类一个新的研究热点,并在高空间分辨率高光谱遥感影像分类中得到了应用(Blaschke,2010)。面向对象的遥感影像分类方法可实现较高层次的地物信息提取,减少了分类中的不确定性,可充分利用影像的几何结构、空间信息及上下文信息有效地改善传统分类方法,在遥感影像分类中具有广阔的发展前景(Blaschke,2010)。

但是,影像处理单元从像元到对象会造成部分光谱信息的损失,从而模糊不同地物间光谱特性的差异,如果将面向对象与逐像元的分类器进行融合,利用对象的光谱特征和空间结构特征进行混合分类,可有效地提高分类精度(李雪轲等,2014)。通过多尺度分割的 SVM 分类和多波段分水岭分割的 SVM 分类,将地物光谱的可变性进行弱化处理,转化为多尺度均质对象单元进行分类,或者融入地物的空间信息和形态学特征,对分割得到的同质区域进行分类,实现对象级的高光谱遥感影像分类。

4.3 高光谱遥感影像混合像元分解

一个像元对应的瞬时视场内存在多种不同地物时,该像元的光谱由这些地物的光谱共同组成,便产生了混合像元(张兵,2016)。受到传感器的空间分辨率限制,高光谱遥感影像中混合像元普遍存在,这也成为制约高光谱遥感影像分类精度提升和目标探测效果的一大因素,解决混合像元分解的问题对高光谱遥感影像的解译至关重要。目前解决混合像元分解问题的最为有效的方法,是将混合像元的测量光谱分解为一组组成光谱(端元,endmember)和相应的丰度(abundance)的过程,丰度表示每种端元在混合像元中所占的比例(张兵,2016;童庆禧等,2006)。

光谱混合模型可以分为线性混合模型和非线性混合模型两大类。线性混合模型假设物体之间没有相互作用(interaction),每个光子(photon)仅可以"看到"一种物质,并将其信号叠加到像元的光谱中。当光在物质之间发生多次散射时,光谱的混合可以被视为一个迭代乘积的过程,这是一个非线性的过程,常见的比如植物植株之间的相互作用。物体的混合及物体的物理分布的空间尺度决定了这种非线性混合的程度,在较大的空间尺度上可以被视为线性混合,而小尺度的内部物质混合则是非线性的,线性混合模型以其简单性和灵活性而得到广泛使用(张兵,2016)。

4.3.1 混合像元线性分解

1. 线性光谱混合模型

高光谱影像中的每个像元可以近似视为影像中几种端元光谱的线性混合,以数学形式表示为(童庆禧等,2006)

$$x = \sum_{i=1}^{r} m_i \alpha_i + n = M\alpha + n \tag{4.28}$$

$$\sum_{i=1}^{n} \alpha_i = 1 \tag{4.29}$$

$$0 \leqslant \alpha_i \leqslant 1 \tag{4.30}$$

式中:r 为端元数;x 为影像中任意一个 L 维的光谱向量(L 为高光谱影像中的光谱波段数目);M 为一个 $L \times N$ 的矩阵,每一列对应一个端元向量,$M = [m_1, m_2, \cdots, m_r]$;$\alpha$ 为系数向量,$\alpha = (\alpha_1, \alpha_2, \cdots, \alpha_r)^T$;$\alpha_i$ 为像元 x 中端元 m_i 所占的比例;n 为误差项。式(4.29)和式(4.30)表示混合像元分解中的两个重要的约束条件:丰度和为一约束(abundance sum-to-one constraint,ASC)和丰度非负约束(abundance non-negative constraint,ANC)。

依据线性混合模型,端元提取(endmember extraction)和丰度估计(abundance estimation)成了混合像元线性分解的两个重要流程。

2. 端元提取

端元提取的方法一般有两种:从影像中直接获取和从光谱库中或者在野外实测获取(陈晋等,2016)。

从光谱中获取端元光谱存在一定困难:对应研究区域的光谱库难以获取;端元的选择并不唯一;由于大气、地形等的影响,光谱库中的数据与实际影像中的数据仍会存在一定差别。因此,从影像中直接获取端元光谱是端元提取的主要途径,其优点在于:获取的端元数据与影像中的其他数据处于相同的度量尺度,可以更准确地代表区域内的地物;同时,此方式简单易行,具有较高的精度,更符合实际应用的需求。

从影像中手动提取端元光谱,需要人机交互,不利于遥感影像的快速处理,自动化提取端元光谱的方法得到了广泛的研究与应用。依据是否使用纯像元假设,端元提取算法可以分为两类:端元识别算法(endmember identification algorithm,EIA)和端元生成算法(endmember generation algorithm,EGA)。EIA 假设影像中存在纯像元,直接从光谱数据中提取端元光谱,如纯像元指数(pure pixel index,PPI)(Boardman et al.,1995)、N-FINDR(Winter,1999)和顶点成分分析(Nascimento and Bioucas-Dias,2005)等方法;EGA 从数据中生成端元光谱,计算过程通常比 EIA 复杂。但是由于传感器分辨率及地面实际情况的影响,在大多数情况下并不存在纯像元,EGA 方法获得的端元光谱的精度要高于 EIA。

1)端元识别算法

(1)PPI。Boardman 等(1995)提出了利用凸面几何学分析提取影像端元的方法,认为高光谱影像的所有数据在其特征空间中均由影像中所有地物所对应的纯像元(端元)为顶点的单形体所包围,进而发展了 PPI 提取端元的算法。PPI 是一种半自动的端元提取算法,该算法按以下步骤进行(陈晋等,2016;童庆禧等,2006)。

第一步,原始影像进行噪声白化处理,并利用 MNF 进行数据降维。首先计算得到各波段影像均值为零的数据,然后进行旋转和缩放处理,使每个波段的噪声都不相关且噪声方差为单位值,再通过 PCA 变换进行降维,即得到经过 MNF 变换后的低维数据。

第二步,随机产生大量向量,这些向量由 MNF 变换后的低维数据组成,将影像数据分别投影到这些向量中,记录投影后处于两端位置的像元,经过大量反复操作,能够得到若干个投影后处于两端位置的像元及该像元被记录的次数,即纯像元指数。当被投影到随机向量端点的次数越多时,此像元为纯像元的概率就越大。如图 4.3 所示,U_1、U_2 和 U_3 为 3 个随机的单位向量,图中黑点代表分布在特征空间中的像素点。所有像素点向 3 个随机向量投影,被投影到随机向量两端的点被记录下来,即图中画圈的像素点 A、B、C、D,则这 4 个像素点的纯像元指数分别为 2、2、1 和 1。

第三步,将次数大于给定阈值的像元作为候选端元。

第四步,将这些候选端元载入人机交互的可视化工具中,形成数据点云,最后操作者在该数据点云的顶点处选择指定数目的端元。

PPI 算法的计算量比较大,产生的候选端元也需要经过有经验的分析人员的干预选择,在数据量较大的情况下,工作量大大增加。

(2) N-FINDR。N-FINDR 是利用高光谱数据在特征空间中的凸面单形体的特殊结构,通过寻找具有最大体积的单形体从而自动获取影像中的所有端元的算法。该算法认为:在 L 维光谱空间,由纯像元所组成的单形体体积比由其他任何像元组成的单形体体积都大,如图 4.4 所示。从图中可以看出,端元 a、b、c 分别位于三角形的顶点,三角形内部的点则对应着影像中的混合像元。这样,端元提取的问题就转化为求单形体的顶点的问题。

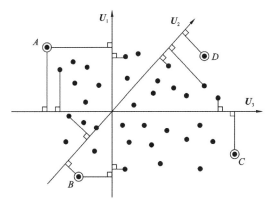

图 4.3　纯像元指数算法原理图

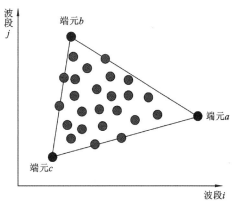

图 4.4　两个波段 3 个端元的散点图

(在空间上具有明显的三角形结构)

N-FINDR 算法具体步骤如下。

第一步,输入高光谱影像数据 $X \in R^{l \times p}$,l 为光谱波段数,p 为影像中的像素数目;利用端元数目估计算法估计影像中的端元数 r。

第二步,预处理。利用数据降维技术(如 MNF 变换)将光谱数据维数从 l 降为 $r-1$。

第三步,搜索最优向量集。对于任何由 r 个光谱向量 $\boldsymbol{m}_1,\boldsymbol{m}_2,\cdots,\boldsymbol{m}_r$ 构成的单形体 $S(\boldsymbol{m}_1,\boldsymbol{m}_2,\cdots,\boldsymbol{m}_r)$,其体积计算公式为

$$\boldsymbol{E} = \begin{bmatrix} 1 & 1 & \cdots & 1 \\ \boldsymbol{m}'_1 & \boldsymbol{m}'_2 & \cdots & \boldsymbol{m}'_r \end{bmatrix} \quad (4.31)$$

$$V(\boldsymbol{E}) = \frac{1}{(n-1)!}\text{abs}(\det(\boldsymbol{E})) \quad (4.32)$$

式中:$\boldsymbol{m}'_i(i=1,2,\cdots,r)$ 为 $\boldsymbol{m}_i$ 经过降维之后的向量,由于用到了求行列式的运算,所以要求 $\boldsymbol{E}$ 必须为方阵,这样向量 $\boldsymbol{m}_i$ 的维数必须为 $r-1$,这也解释了第二步中数据降维技术的使用。依据单形体体积计算方式,寻找能使单形体的体积最大化的向量集 $\{\boldsymbol{m}_1^*,\boldsymbol{m}_2^*,\cdots,\boldsymbol{m}_r^*\}$,也即

$$\{\boldsymbol{m}_1^*,\boldsymbol{m}_2^*,\cdots,\boldsymbol{m}_r^*\} = \arg\{\max_{(\boldsymbol{m}_1,\boldsymbol{m}_2,\cdots,\boldsymbol{m}_r)} V(\boldsymbol{m}_1,\boldsymbol{m}_2,\cdots,\boldsymbol{m}_r)\} \quad (4.33)$$

N-FINDR 算法完成搜索需要进行 C_p^r 次搜索单形体体积计算与比较,算法初始时采用随机向量作为初始端元,在实际实施过程中耗费时间长,并且由于其初始端元的随机性,算法每次实施的结果并不一定相同;N-FINDR 算法还需要以端元数目估计及数据降维等方法为基础,这也在一定程度上会对端元提取结果产生不良影响。

(3) VCA。VCA 是从高光谱遥感数据中非监督提取端元的算法,在先验知识很少的情况下,仅仅使用观测到的混合像元的数据即可快速提取端元。VCA 算法基于凸面几何理论在假设数据中存在纯像元的情况下提取端元。它考虑了地表起伏的变化,利用凸锥来对数据进行建模,在适当选择的超平面上的投影为端元作为顶点的凸面单体。在将数据投影到选择的超平面上之后,VCA 将所有影像上的像素投影到随机方向上,并将具有最大投影的像素作为第一个端元,然后通过不断地迭代,将原始高光谱遥感数据投影到与已提取端元构成的子空间正交的方向上,逐步提取其余端元。在每次迭代中,选择与极限投影对应的像素作为新的端元。具体过程如下。

假定线性光谱混合模型表达式为

$$\boldsymbol{x} = \boldsymbol{M}\gamma\boldsymbol{s} + \boldsymbol{\varepsilon} \quad (4.34)$$

式中:$\boldsymbol{x} \in \boldsymbol{R}^l$ 为每个像素位置的光谱列向量,l 为光谱维数;$\boldsymbol{M} \in \boldsymbol{R}^{l \times p}$ 为端元矩阵,其列向量对应于某一个端元光谱向量,p 为端元个数;$\boldsymbol{s} \in \boldsymbol{R}^p$ 为丰度向量;γ 为比例因子,用来表示由地表起伏引起的光照变化;$\boldsymbol{\varepsilon}$ 为加性噪声。

丰度满足和为一及非负的物理约束,$\boldsymbol{s} \in \boldsymbol{\Delta}_p$ 为单形体,$\boldsymbol{\Delta}_p$ 为单形体,每个波段可以作为 l 维欧几里德空间的坐标轴,每个像素为 l 维空间的一个向量,$S_x = \{\boldsymbol{x} \in \boldsymbol{R}^l : \boldsymbol{x} = \boldsymbol{A}\boldsymbol{s},\boldsymbol{s} \in \boldsymbol{\Delta}_p\}$ 也为单体,$C_p = \{\boldsymbol{x} \in \boldsymbol{R}^l : \boldsymbol{x} = \boldsymbol{A}\gamma\boldsymbol{s},\boldsymbol{s} \in \boldsymbol{\Delta}_p,\gamma \geqslant 0\}$ 由于比例因子 γ 而是一个凸锥。凸锥 C_p,在适当选择的超平面上的投影为与单体 S_x 端点相对应的单形体,如图 4.5 所示。

$S_p = \{\boldsymbol{y} \in \boldsymbol{R}^l : \boldsymbol{y} = \boldsymbol{x}/\boldsymbol{x}^T\boldsymbol{\mu},\boldsymbol{x} \in C_p\}$ 为凸锥 C_p 在平面 $\boldsymbol{r}^T\boldsymbol{\mu} = 1$ 上的投影,$\boldsymbol{\mu}$ 的选择确保没有观测向量与其正交。

在确定单形体 S_p 后,VCA 迭代地将数据投影到与之前已提取的端元构成的子空间正交的方向上,图 4.5 表示了 VCA 应用于单体 S 的两次迭代过程。在每一次迭代中,数据被投影到第一个方向 f_1 上,投影的极值对应于端元 $\boldsymbol{m}_a$,在下一次迭代中,端元 $\boldsymbol{m}_a$ 对应于将数据投

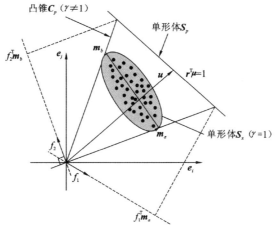

图 4.5　VCA 算法原理图

影到第二个方向 f_2 上的极值，f_2 与 m_a 正交，该算法迭代执行直到确定数目的端元都被提取出来。

2) 端元生成算法

迭代误差分析(iterative error analysis，IEA)算法实施一系列的约束解混过程，从最不能由平均光谱建模的数据光谱开始，并且从每一步中选择最不能由模型建模的数据光谱，在每一步，单体由已经选择的数据光谱构成，该过程停止条件为：选择的端元数量得到满足或者余差满足一定的阈值条件。

IEA 是一种非监督目标检测算法，这主要是由于 IEA 成序列地每次产生一个目标，而不是同时产生一个端元集。也就是说，对于给定的端元数目，端元提取算法必须重新计算所有端元，所以由端元提取算法产生的 $p-1$ 个端元构成的集合并非必须是由 p 个端元构成的集合的子集。另外，p 个 IEA 产生的目标构成的集合经常会包含之前产生的 $p-1$ 个目标。

IEA 算法首先计算样本数据均值并将它作为初始条件，然后反复执行限制线性光谱解混，产生序列目标光谱像素，主要过程如下。

第一步，设置参数。p、$N_R^{(i)}$ 和 θ，p 为初始端元个数，$N_R^{(i)}$ 为 R^i 中的像素个数，R^i 为在第 i 次光谱分解后产生的误差影像 E^i 中具有最大误差的像素集，θ 为用于寻找平均后产生初始端元信号像素的光谱角。

第二步，初始化。计算数据样本均值作为初始端元信号 $e_0^{(0)}$，寻找 $R^{(0)}$ 中离平均值 $e_0^{(0)}$ 最远并且在光谱角 θ 范围内的像素集，表示为 $R^{(0)}(\theta)$，最后，计算 $R^{(0)}(\theta)$ 中像素平均值，并将其作为第一个初始端元，表示为 e_1。

第三步，约束性线性混合像元分解。执行 e_1 的全约束性混合像元分解，计算误差影像 $E^{(0)}$。

第四步，初始端元的产生。对于 $i \geqslant 0$，寻找在 R^i 中在光谱角 θ 内且与第 i 个误差影像 E^i 欧氏距离最远的一组像素集 $R^{(0)}(\theta)$，最后，计算 $R^{(0)}(\theta)$ 中的像素平均值并将它作为 $i+1$ 个端元，表示为 e_{i+1}。

第五步，停止准则。如果 $i = p$，算法停止，否则，对第 i 个端元集 $\{e_1, e_2, \cdots, e_i\}$ 执行全约束性线性混合像元分解，得到误差影像 $\boldsymbol{E}^i$，使 $i = i + 1$，继续执行第四步。需要指出，停止准则可以采用两种方式：一种是预先确定端元数目，另一种是预先确定混合像元分解的误差。

3. 丰度估计

端元提取获得端元光谱之后，利用影像的光谱数据和端元光谱依据式（4.35）可以实现丰度估计。基于线性光谱混合模型的丰度估计最常见解法为最小二乘方法（Heinz and Chang，2001）。根据丰度向量所受约束不同，丰度估计方法可分为 4 类：非约束性最小二乘（unconstrained least square，UCLS）法、非负约束最小二乘（non-negative constrained least square，NCLS）法、和为一约束最小二乘（abundance sum-to-one constrained least square，ASC-LS）法及全约束最小二乘（fully constrained least square，FCLS）法（李二森，2011）。

$$\hat{s} = \arg \min_{s \geqslant 0, 1_p^T s = 1} \| \boldsymbol{x} - \boldsymbol{M}\boldsymbol{s} \|_2^2 \tag{4.35}$$

式中：$\hat{s}$ 为非约束性最小二乘混合像元分解模型拟合得到的丰度值。

1) 非约束性最小二乘法

无论约束性混合像元分类模型还是非约束性混合像元分类模型，均常采用最小二乘估计方法求解丰度向量 $\boldsymbol{\alpha}$。根据式（4.28），可将光谱混合像元分解的误差向量表示为

$$\boldsymbol{n} = (n_1, n_2, \cdots, n_l)^T = \boldsymbol{x} - \boldsymbol{M}\boldsymbol{\alpha} \tag{4.36}$$

根据最小二乘估计原理，在误差最小时可求出 $\boldsymbol{\alpha}$ 的最小二乘估计，公式为

$$\hat{\boldsymbol{\alpha}} = (\boldsymbol{M}^T \boldsymbol{M})^{-1} \boldsymbol{M}^T \boldsymbol{x} \tag{4.37}$$

式（4.37）是在 $\boldsymbol{\alpha}$ 不受任何约束的条件下求解 $\boldsymbol{\alpha}$ 的，此时为非约束性最小二乘混合像元分解模型，式（4.37）为该模型的非约束解 $\boldsymbol{\alpha}_{\text{UCLS}} = \hat{\boldsymbol{\alpha}}$。一般情况下，$\boldsymbol{\alpha}_{\text{UCLS}}$ 不能代表混合像元中各端元的真实丰度，甚至可能出现负值。

2) 非负约束最小二乘法

为避免最小二乘法所得的解中出现无效的负值，非约束最小二乘法结合非负约束式（4.30）组成了非负约束最小二乘混合像元分解模型。使用丰度非负约束最小二乘法计算该模型的解 $\boldsymbol{\alpha}_{\text{NCLS}}$。

由于式（4.30）非负约束为不等式约束，该模型不存在解析解，一般通过数值解法获取 $\boldsymbol{\alpha}_{\text{NCLS}}$，引入一个 p 维常量 $\boldsymbol{c} = (c_1, c_2, \cdots, c_p)$，构造拉格朗日乘数法函数（Lagrangian function）$J(\boldsymbol{\alpha})$：

$$J(\boldsymbol{\alpha}) = \frac{1}{2}(x - \boldsymbol{M}\boldsymbol{\alpha})^T (x - \boldsymbol{M}\boldsymbol{\alpha}) + \lambda^T(\boldsymbol{\alpha} - \boldsymbol{c}) \tag{4.38}$$

$$\left. \frac{\partial J(\boldsymbol{\alpha})}{\partial \boldsymbol{\alpha}} \right|_{\alpha_{\text{SCLS}}} = 0 \Rightarrow \boldsymbol{M}^T \boldsymbol{M} \boldsymbol{\alpha}_{\text{NCLS}} - \boldsymbol{M}^T \boldsymbol{x} + \lambda \tag{4.39}$$

由此可以导出两个迭代方程：

$$\boldsymbol{\alpha}_{\text{NCLS}} = \boldsymbol{\alpha}_{\text{UCLS}} - (\boldsymbol{M}^T \boldsymbol{M})^{-1} \lambda \tag{4.40}$$

$$\lambda = \boldsymbol{M}^T (\boldsymbol{x} - \boldsymbol{M} \boldsymbol{\alpha}_{\text{NCLS}}) \tag{4.41}$$

由式(4.40)和式(4.41)可以求出 NCLS 的最优解 $\boldsymbol{\alpha}_{\text{NCLS}}$ 和拉格朗日乘子 λ。

3)和为一约束最小二乘法

根据线性光谱混合模型的定义,丰度向量 $\boldsymbol{\alpha}$ 应满足和为一约束式(4.29),此时模型是和为一约束混合像元分解模型,一般采用丰度和为一的约束最小二乘法求解 $\boldsymbol{\alpha}_{\text{SCLS}}$,求解步骤如下。

令单位向量 $\boldsymbol{I}^{\text{T}} = (1,1,\cdots,1) \in \boldsymbol{R}^p$,则式(4.29)可写为

$$\boldsymbol{I}^{\text{T}}\boldsymbol{\alpha} = 1 \tag{4.42}$$

令 ζ 为拉格朗日乘子(Lagrange multiplier),$J(\boldsymbol{\alpha})$ 为拉格朗日乘数法函数,则有

$$J(\boldsymbol{\alpha}) = \frac{1}{2}(\boldsymbol{x} - \boldsymbol{M}\boldsymbol{\alpha})^{\text{T}}(\boldsymbol{x} - \boldsymbol{M}\boldsymbol{\alpha}) + \zeta(\boldsymbol{I}^{\text{T}}\boldsymbol{\alpha} - 1) \tag{4.43}$$

对式(4.43)关于 $\boldsymbol{\alpha}$ 求微分:

$$\left.\frac{\partial J(\boldsymbol{\alpha})}{\partial \boldsymbol{\alpha}}\right|_{\boldsymbol{\alpha}_{\text{SCLS}}} = 0 \Rightarrow \boldsymbol{M}^{\text{T}}\boldsymbol{M}\boldsymbol{\alpha}_{\text{SCLS}} = \boldsymbol{M}^{\text{T}}\boldsymbol{x} + \boldsymbol{I}\zeta \Rightarrow \boldsymbol{\alpha}_{\text{SCLS}} = (\boldsymbol{M}^{\text{T}}\boldsymbol{M})^{-1}\boldsymbol{M}^{\text{T}}\boldsymbol{x} + (\boldsymbol{M}^{\text{T}}\boldsymbol{M})^{-1}\boldsymbol{I}\zeta$$

$$\Rightarrow \boldsymbol{\alpha}_{\text{SCLS}} = \boldsymbol{\alpha}_{\text{UCLS}} + (\boldsymbol{M}^{\text{T}}\boldsymbol{M})^{-1}\boldsymbol{I}\zeta \tag{4.44}$$

为了求解 $\boldsymbol{\alpha}_{\text{SCLS}}$,需要先求解拉格朗日乘子 ζ,由于 $\boldsymbol{\alpha}_{\text{SCLS}}$ 满足式(4.42),所以有

$$1 = \boldsymbol{I}^{\text{T}}\boldsymbol{\alpha}_{\text{SCLS}} = \boldsymbol{I}^{\text{T}}\boldsymbol{\alpha}_{\text{UCLS}} + \boldsymbol{I}^{\text{T}}(\boldsymbol{M}^{\text{T}}\boldsymbol{M})^{-1}\zeta \cdot \boldsymbol{I} \Rightarrow \zeta = [\boldsymbol{I}^{\text{T}}(\boldsymbol{M}^{\text{T}}\boldsymbol{M})^{-1}\boldsymbol{I}]^{-1}(1 - \boldsymbol{I}^{\text{T}}\boldsymbol{\alpha}_{\text{UCLS}}) \tag{4.45}$$

由式(4.44)和式(4.45)可得到丰度和为一约束条件下混合像元分解模型的解 $\boldsymbol{\alpha}_{\text{SCLS}}$:

$$\boldsymbol{\alpha}_{\text{SCLS}} = \boldsymbol{\alpha}_{\text{UCLS}} + (\boldsymbol{M}^{\text{T}}\boldsymbol{M})^{-1}\boldsymbol{I}[\boldsymbol{I}^{\text{T}}(\boldsymbol{M}^{\text{T}}\boldsymbol{M})^{-1}\boldsymbol{I}]^{-1}(1 - \boldsymbol{I}^{\text{T}}\boldsymbol{\alpha}_{\text{UCLS}}) \tag{4.46}$$

4)全约束最小二乘法

线性混合模型式(4.28)结合丰度和为一约束式(4.29)、非负约束式(4.30)组成了全约束混合像元分解模型,此模型的解既要满足丰度和为一约束式(4.29),又要满足丰度非负约束式(4.30)。全约束最小二乘法求解 $\boldsymbol{\alpha}_{\text{FCLS}}$ 的过程如下。

假设:$\boldsymbol{A} = \begin{bmatrix} \delta\boldsymbol{M} \\ \boldsymbol{I}^{\text{T}} \end{bmatrix}$,$\boldsymbol{\rho} = \begin{bmatrix} \delta\boldsymbol{x} \\ 1 \end{bmatrix}$,$\boldsymbol{I}^{\text{T}} = (1,1,\cdots,1)$,$\delta$ 为控制因子,δ 越趋近于 1,丰度和为一约束的控制作用越小,FCLS 的效果越趋近于 NCLS;δ 越趋近于 0,丰度和为一约束的控制作用越大。因此,一般将 δ 设置为很小的正数(如 10^{-6})。在上述丰度非负约束混合像元分解模型的迭代求解过程中,以 $\boldsymbol{\rho}$ 代替 $\boldsymbol{x}$,$\boldsymbol{A}$ 代替 $\boldsymbol{M}$,即可求解全约束混合像元分解模型的解 $\boldsymbol{\alpha}_{\text{FCLS}}$。

4.3.2 混合像元稀疏分解

由于地表分布复杂及各种端元的高度混合,给传统像元分解方法中的端元提取造成困难,进而影响丰度估计。随着各种包含大量端元的光谱库的建立,例如,美国地质调查局光谱库、喷气推进实验室光谱库、先进的星载热发射、反射辐射计光谱库、基于先验光谱库的半监

督稀疏解混方法逐渐成了主流的研究方向(Baldridge et al.,2009)。

在引入包含大量潜在端元的光谱库的基础上,稀疏分解的目的是估计出这些潜在端元的丰度信息。混合像元稀疏分解是建立在线性混合模型的基础上,即混合像元可以表示为多个端元的线性组合。由于每个混合像元仅包括有限的端元个数,主流的半监督稀疏分解方法是通过稀疏诱导的正则化的稀疏回归方法来解决组合优化的问题(Iordache et al.,2011)。

针对引入先验光谱库,这种半监督的解混框架可以理解为有限制的稀疏回归(constrained sparse regression)模型。假设高光谱数据 $Y \in \Re^{L \times N}$ 包含 N 个像素,L 个波段。光谱库 $A \in \Re^{L \times M}$ 中含有 M 个端元,通常情况下 $L<M$。最经典的稀疏解混模型是利用最小二乘形式作为数据保真项,同时考虑丰度矩阵的物理意义,以及稀疏约束。一次只分解一个混合像元的方法称为单测量向量(single measurement vector,SMV)解混方法,模型如下:

$$\min_{x} \|x\|_0 \quad \text{s.t.} \quad \|y - Ax\|_2 \leqslant \delta, x \geqslant 0, \mathbf{1}^T x = 1 \tag{4.47}$$

式中:$\|\cdot\|_0$ 为向量的 l_0 范数是向量非零元素的个数;$\delta>0$ 为数据拟合项的容忍误差。该模型是在满足丰度和为一与非负物理约束的基础上,搜寻满足容忍误差内最稀疏的解。为了考虑像素之间的相互关联,可以将式(4.47)重写为整个影像作为输入的形式:

$$\min_{X} \|X\|_0 \quad \text{s.t.} \quad \|Y - AX\|_F^2 \leqslant \delta, X \geqslant 0, \mathbf{1}^T X = 1 \tag{4.48}$$

式中:$\|\cdot\|_F^2$ 为矩阵的 Frobenius 范数。该模型称为多测量向量(multiple measurement vectors,MMV)解混(Cotter et al.,2005)。

极小化 l_0 范数在求解过程中是一个 NP 难(non-deterministic polynomial-hard,NP-hard)的组合搜索优化问题,难以直接求解。传统的稀疏回归优化方法主要分为两类,贪婪算法和凸松弛算法(Zhang et al.,2015)。其中贪婪算法主要基于正交匹配追踪(orthogonal matching pursuit,OMP),主要思想是在一次迭代中寻找对数据信息贡献最大的向量,直到残差满足要求。尽管该算法已经被证明计算高效,但是精度普遍偏低。

另一种普遍使用的方法是将利用距离 l_0 范数最紧密的凸函数 l_1 范数来作为稀疏约束项,Bioucas-Dias(2010)首先提出了基于变量分裂和增广拉格朗日的稀疏解混(sparse unmixing by variable splitting and augmented Lagrangian,SUnSAL)算法,其目标函数为

$$\min_{X} \frac{1}{2} \|Y - AX\|_F^2 + \lambda \|X\|_1 \quad \text{s.t.} \quad X \geqslant 0 \tag{4.49}$$

式中:$\lambda>0$ 为一个平衡参数用来调节稀疏约束项的权重。此时,一般不考虑丰度和为一约束,因为在一些非线性混合效应下,丰度和一般小于1。求解此目标函数的方法是交替方向乘子法(alternating direction method of multipliers,ADMM)。主要思想是通过引入辅助变量和增广拉格朗日后,将一个大规模的优化问题,转化为几个子优化问题,不断迭代直到算法收敛。首先引入辅助变量使原目标函数进行子问题分裂。

$$\min_{U,V_1,V_2,V_3} \frac{1}{2} \|V_1 - Y\|_F^2 + \lambda \|V_2\|_{1,1} + l_{R_+}(V_3)$$

$$\text{s.t.} \begin{cases} V_1 = AU \\ V_2 = U \\ V_3 = U \end{cases} \tag{4.50}$$

为了简化原目标函数式(4.49)的表达,引入了新的变量 U、V_1、V_2、V_3,如 $V_1=AX$。于是,变换原不等式约束、简化表征原目标函数,得到等价目标函数式(4.50)。其中,利用拉格朗日增广策略,将原有约束问题转化为无约束问题,过程如下:

$$\min_{U,V} g(V) \quad \text{s.t.} \quad GU+BV=0 \tag{4.51}$$

其中

$$\begin{cases} V \equiv [V_1, V_2, V_3]^T \\ g(V) \equiv \frac{1}{2}\|V_1-Y\|_F^2 + \lambda\|V_2\|_{1,1} + l_{R+}(V_3) \\ G = \begin{bmatrix} A \\ I \\ I \end{bmatrix} \quad B = \begin{bmatrix} -I & 0 & 0 \\ 0 & -I & 0 \\ 0 & 0 & -I \end{bmatrix} \end{cases} \tag{4.52}$$

引入拉格朗日乘子进行增广:$L(U,V,D) \equiv g(U,V) + \frac{\mu}{2}\|GU+BV-D\|_F^2$。最终交替求解每个辅助变量。算法如下。

虽然使用 l_1 范数来刻画稀疏度可使求解的目标函数呈一个严格的凸函数,但是其精确度不如 l_p 范数($0<p<1$)。图4.6展示了关于 l_p 范数的 p 的各种取值下对稀疏度刻画的效果。利用 l_p 范数刻画稀疏度时,稀疏解混的模型如下:

$$\min_x \frac{1}{2}\|y-Ax\|_2^2 + \lambda\|x\|_p^p \quad \text{s.t.} \quad x \geqslant 0 \tag{4.53}$$

式中:l_p 范数表述为 $\|x\|_p^p = \sum_{i=1}^m |x_i|^p, 0<p<1$。然而求解该目标函数是一个非凸的优化问题,迭代重加权最小二乘(iteratively reweighted least squares,IRLS)法被用来解决此问题。除了 l_p 范数被用来约束稀疏度,一些非凸的函数也被使用。

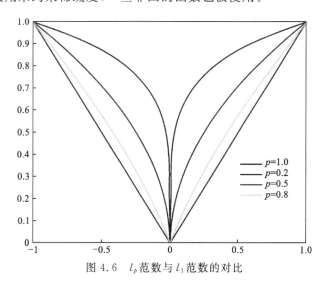

图4.6 l_p 范数与 l_1 范数的对比

上述介绍的方法为稀疏解混的一些典型方法,大多基于 SMV 模型从稀疏度考虑来单独分解每一个像元,然而从影像本身出发,考虑丰度矩阵的空间结构信息,充分挖掘影像的先验信息可以得到更为准确的解混效果。这些方法大多基于 MMV 模型。

全变分(total variation,TV)正则器在影像处理中是一个有效的平滑工具,被广泛运用到自然影像的去噪和修复中。Iordache 等(2012)将全变分模型引入稀疏解混方法,提出了 SUnSAL-TV 方法,其基本假设是:在高光谱影像中,相邻的混合像元含有相似的端元组成及相近的组分丰度。利用像元间的相关性,一些随机噪音也被有效抑制。SUnSAL-TV 模型如下:

$$\min_{X} \frac{1}{2} \| Y - AX \|_F^2 + \lambda \| X \|_1 + \lambda_{TV} TV(X) \quad \text{s. t.} \quad X \geqslant 0 \quad (4.54)$$

式中:$TV(X) \equiv \sum_{i,j \in \Omega} \| x_i - x_j \|_1$ 为各向异性的全变分模型,x_i, x_j 为第 i, j 个像元的丰度向量,并且 x_j 位于 x_i 的一阶邻域内。

SUnSAL-TV 方法属于一种局部的空间稀疏解混方法。自然影像中普遍存在的非局部结构相似性,在高光谱影像中也广泛存在。利用非局部相似性一些解混方法可以最大限度地挖掘高光谱影像中的额外空间信息。虽然这些融入空间信息的稀疏解混方法能够显著提升解混的精度,然而伴随而来的时间消耗也在成倍增加。为了使高精度的解混方法具有实用性,字典剪枝的思想也被纳入稀疏解混的框架中,从光谱库内剔除无关的端元不仅能提升效率,也可以提升精度。此外,一些融入空间信息的贪婪算法也逐渐发展起来。

总之,稀疏解混方法可以有效避免不准确端元提取的弊端,提升模型的鲁棒性。但是端元的光谱变异性及光谱构建所消耗的人力物力也制约了这一方法的发展。如何从影像本身获取光谱库成为一个值得研究的热点问题。

4.3.3 基于深度学习理论的混合像元分解

近年来深度学习理论因其强大的特征学习能力在许多领域发挥了重要作用(LeCun et al.,2015),在影像处理上更是取得了卓越的成就,在影像分类(Krizhevsky et al.,2012)、目标检测(Zhao et al.,2019)和场景分类(Zou et al.,2015)中都有着超越传统方式的表现。高光谱遥感影像因其丰富的光谱信息,自身包含了大量的数据,为进行深度学习创造了有利的条件,也有不少优秀的工作将深度学习理论应用在混合像元分解之中,主要可以分为监督学习下的混合像元分解及无监督学习下的混合像元盲分解两类。

1. 监督学习下的混合像元分解

在拥有大量成对的数据与标签信息时,基于深度学习的方式可以通过这些数据的训练,获得从数据到标签的映射,当网络模型收敛后,对于每一个输入数据,都可以预测出其对应的标签。基于监督学习下的混合像元分解方法将原始高光谱数据中的像元光谱视为输入数据,其对应的丰度作为数据的标签,通过学习像元光谱到丰度标签的映射,网络模型收敛之时,即可获得一个可用于估计混合像元中各端元丰度的模型,从而实现监督学习下的混合像元分解(Zhang et al.,2018;Xu et al.,2018)。

监督学习的方法实际上是借用了自然影像分类网络的策略,除了输入数据是单个像元光谱的情况,还可以将像元周围的数据考虑在内,将邻域信息也纳入网络的学习之中,提升深层网络的鲁棒性。

一个典型的基于深度学习理论的混合像元分解模型如图 4.7 所示。

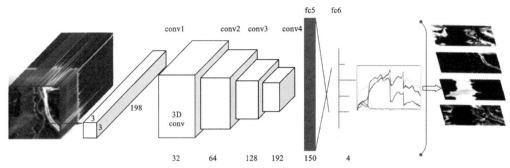

图 4.7 一个典型的基于深度学习理论的混合像元分解模型(Zhang et al.,2018)

1)基于像元卷积的混合像元分解

用于混合像元分解的卷积神经网络(convolutional neural networks,CNN)包含 4 个卷积层、4 个下采样层和 2 个全连接层。输入网络的数据是高光谱遥感影像中某个像元的光谱向量,输出数据是输入像元对应的丰度标签。输入的光谱向量经过多个卷积层和下采样层的处理,可以提取到深层次的特征信息。之后再利用全连接层对提取的特征进行模糊分类,得到每个像元对应的丰度。

关于全连接层的设计,假设与某一个端元关联的输出单元为"1",不相关为"0"。由于网络中使用了 sigmoid 激活函数,模型的输出值会在[0,1]内,这些值可以被视为丰度,丰度与模糊隶属度值相关。第 i 类对应的丰度 a_i 为

$$a_i = o_i \Big/ \sum_{k=1}^{M} o_k \tag{4.55}$$

式中:o_k 为 CNN 中与端元 k 相关的输出;M 为端元数目。

在构建好网络模型之后,开始模型的训练。CNN 网络模型中的参数采用随机初始化的方式,使用误差反向传播算法(error back-propagation algorithm)更新网络中的参数,输入数据采用 mini-batch 的方法。通过更新网络模型中的参数,找到最优的 CNN 使训练集的预测值和目标值之间的损失函数 L 最小化,L 的计算公式为

$$L = -\frac{1}{m} \sum_{i=1}^{m} \left[\mathbf{y}'_i \ln y_i \right] \tag{4.56}$$

式中:$\mathbf{y}'_i$ 为第 i 层的输出向量;y_i 为输入数据的真实丰度标签;m 为 mini-batch 中每次输入网络模型的像元数目。

损失函数的目的是用来度量输出向量与真实标签之间的差距,通过模型中参数的学习来不断缩小这个差距,所以这个度量标准可以是简单的欧氏距离,也可以是向量之间夹角的距离等,还要根据数据和任务选择合适的损失函数。

2)基于立方体卷积的空间混合像元分解

除了光谱信息,空间信息对高光谱遥感影像的分析也非常重要,CNN 擅长多维数据的分析,将高光谱遥感影像的光谱信息和空间信息结合起来,采用基于立方体卷积的空间混合像元分解方法,将会进一步提升深度学习混合像元分解的性能。

基于立方体卷积的空间混合像元分解方法描述如下。形式上,第 i 层中特征图 j 中位置 (x,y,z) 的值 v_{ij}^{xyz} 可表示为

$$v_{ij}^{xyz} = \text{ReLU}\Big(b_{ij} + \sum_{m}\sum_{p=0}^{P_i-1}\sum_{q=0}^{Q_i-1}\sum_{r=0}^{R_i-1} w_{ijm}^{pqr} v_{(i-1)m}^{(x+p)(y+q)(z+r)}\Big) \tag{4.57}$$

式中:ReLU(·)为激活函数;b_{ij} 为第 i 层中特征图 j 中的偏置值;m 为 $i-1$ 层中特征图的序号;P_i、Q_i 和 R_i 分别为空间卷积核的高度、宽度和大小;w_{ijm}^{pqr} 为与特征图 m 相连的卷积核中 (p,q,r) 位置的值。

选择一个以某个像素为中心的局部空间区域,利用该区域的光谱维数数据形成一个新的数据立方体。使用数据立方体作为 CNN 模型的输入,中心像元的丰度作为标签,进行混合像元分解。输入立方体的大小为 $K \times K \times B$,其中 $K \times K$ 为空间窗口大小,B 为光谱波段数。CNN 的每个层都包含三维卷积和下采样。为了避免过拟合,采用 dropout 策略,这也有助于提高混合像元分解的性能。

监督学习方法的优点在于通过对输入的光谱和对应丰度标签的学习,训练得到一个可以用来预测其他混合像元对应丰度的网络模型,随着监督学习模型的复杂化和对空间信息等的考虑,模型的精度可以不断得到提升。监督学习模型较高的准确率建立在大量的先验数据基础之上,而高光谱遥感影像恰恰缺少的就是大量准确的先验数据,这也成为制约监督学习下的混合像元分解的一个因素。

2. 无监督学习下的混合像元盲分解

由于缺乏足够的有标签的样本来进行监督学习,无监督学习下的混合像元盲分解方法在高光谱混合像元分解中也被广泛使用。

无监督学习下的混合像元盲分解方法一般采用自动编码器(autoencoder,AE)的方法(Su et al.,2019;Ozkan et al.,2019),自动编码器的结构一般如图 4.8 所示。

对于输入数据 $\boldsymbol{y}_i$,其重构的输出数据 $\hat{\boldsymbol{y}}_i$ 为

$$\hat{\boldsymbol{y}}_i = \text{Decoder}[\text{Encoder}(\boldsymbol{y}_i)] \tag{4.58}$$

式中:Encoder(·)为编码过程;Decoder(·)为解码过程,自动编码器的训练依靠最小化重构误差 Loss($\boldsymbol{y}_i,\hat{\boldsymbol{y}}_i$) 实现模型参数的更新,Loss(·)为损失函数,针对不同的任务可以选择不同的损失函数。

使用自动编码器进行混合像元分解时,输入网络的数据是高光谱影像中每个像元的光谱,经编码过程得到对应端元的丰度值,再依据丰度通过解码过程重构出混合光谱。整个网络模型通过最小化像元的重构误差来训练,待模型收敛,即可从网络模型中获取端元光谱,每个像元通过模型运算可获得其中每种端元的丰度值,从而实现混合像元分解。误差函数通常

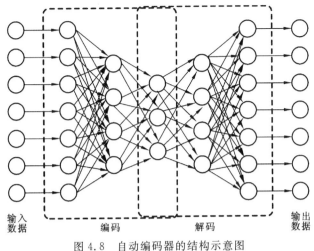

图 4.8 自动编码器的结构示意图

有均方根误差(mean square error,MSE)和光谱角距离(spectral angle distance,SAD)等。

为了加快模型的收敛速度,提高混合像元分解质量,可以通过 VCA 等传统端元提取算法首先获得端元光谱,将获得的端元光谱用作网络解码部分的权重的初始值,达到高质量并且快速分解的目的。此时,端元光谱初始值的质量成为制约无监督混合像元盲分解效果提升的一大因素,为了获得更好的效果,更加有效的端元提取方法需要被应用于基于深度学习理论的混合像元分解。

自动编码器通常使用的是全连接的神经网络,全连接的神经网络具有参数多、收敛速度慢的特点,作为其改进,用卷积神经网络来构建编码部分的网络,通过参数重用和重叠池化方法的使用,在减少网络模型参数的同时,提升网络的编码能力和效率,可以得到更为精确的混合像元分解结果。

4.4 高光谱遥感影像目标检测

高光谱遥感影像目标检测一直是高光谱遥感技术领域热门的研究方向,从高光谱遥感技术发展之初,就不断有学者对高光谱遥感影像中目标检测的算法进行研究。高光谱遥感影像目标检测算法应用广泛,涉及地表矿物识别、植被遥感、民事监察及军事等众多重要领域。随着信息时代科学技术的飞速发展,遥感技术的应用正进一步向多个领域不断拓展。目标检测算法根据是否确定影像中的目标信息可分为影像目标检测和影像异常目标信息检测,根据先验知识的有无可以分为监督目标检测算法和非监督目标检测算法。传统的高光谱遥感影像目标检测模型分为三大类:欧氏距离模型、概率统计模型与子空间模型。从高光谱遥感影像目标检测领域近 3 年的研究成果来看,高光谱遥感影像目标检测主要包含几大类:第一类是 RX 算法及基于 RX 的多种改进型算法,例如核 RX 算法(kernel-RX,KRX)(Zhao et al.,2016),其中包括基于快速算法的实时异常检测递归内核 RX 算法、基于快速递推核 RX 算法、基于双模现场可编程门阵列实现和实时高光谱成像的异常检测算法(Yang et al.,2015);第二类是马尔可夫随机场算法,相比 RX 算法,马尔可夫随机场算法在高光谱遥感影像处理方面具有独特的优势,它可以同时利用空间信息和光谱信息对高光谱遥感影像进行处理,同时还利用高阶的逆矩阵来简化矩阵运算的复杂程序,使得计算量大大降低,在高光谱奇异目标检测上解决实时性问题,主要包含基于三维 GMRF 的高光谱遥感影像融合目标检测算法(陈善静等,2016);第三类是基于稀疏理论的高光谱遥感影像算法,这一类算法文献较多,算法也很多,主要包含基于低秩和稀疏表示的高光谱异常检测算法、协同稀疏异常目标检测算法(成宝芝等,2017)、基于稀疏和统计的高光谱遥感影像混合检测算法(赵春晖等,2014)。此外近三年该类算法还包含基于约束能量最小化的目标探测算法(Wang et al.,2017)、基于张量分解的极化高光谱遥感影像目标检测算法(Tan et al.,2017)、基于张量匹配子空间目标检测算法(Liu et al.,2017a;Niu and Wang,2017)、混合梯度结构和混合梯度非结构检测算法(Zheng et al.,2016)、基于粒子群优化的高光谱目标检测算法、基于正演模型高光谱遥感影像目标检测算法(Xu et al.,2017)。

4.4.1 全像元目标检测

在某些特定目标检测应用中,对所需目标的光谱特性有先验知识。在这些情况下,目标光谱特性可以由单个目标光谱(Robey et al.,1992)或目标子空间(Scharf and Friedlander,1994)定义。类似地,可以通过高斯分布或子空间代表整个或局部背景统计数据来对背景进行统计建模。本小节回顾几种经典目标检测算法的概念,例如线性光谱匹配滤波器(spectral matched filter,SMF)、匹配子空间检测器(matched subspace detector,MSD)、自适应子空间检测器(adaptive subspace detector,ASD)和正交子空间投影(orthogonal subspace projection,OSP)。还将讨论与模型假设和参数相关的问题和挑战。对经典目标检测技术(特别是光谱匹配滤波器)及其包括替换模型在内的实际实现进行详细讨论。

SMF 的模型表示为

$$\begin{cases} H_0: \boldsymbol{x} = \boldsymbol{n}, \text{目标不存在} \\ H_1: \boldsymbol{x} = \alpha \boldsymbol{s} + \boldsymbol{n}, \text{目标存在} \end{cases} \quad (4.59)$$

式中:α 为未知目标丰度(当不存在目标时 $\alpha=0$,存在目标时 $\alpha>0$,$\boldsymbol{s}=[s_1,s_2,\cdots,s_p]^T$ 是目标的光谱特征;$\boldsymbol{n}$ 为零均值高斯随机加性背景杂波噪声。SMF 模型基于以下假设:背景杂波噪声具有高斯分布 $\mathcal{N}(0,\hat{\boldsymbol{C}}_b)$,目标分布也是高斯 $\mathcal{N}(\alpha \boldsymbol{s},\hat{\boldsymbol{C}}_b)$,具有相同的协方差统计量,但平均值为 $\alpha \boldsymbol{s}$,其中 α 为代表目标强度的标量丰度值。然后,使用广义似然比检验(generalized likelihood ratio test,GLRT),测试输入 $\boldsymbol{x}$ 的 SMF 的判定结果为

$$D_{\text{SMF}}(\boldsymbol{x}) = \frac{\boldsymbol{s}^T \hat{\boldsymbol{C}}_b^{-1} \boldsymbol{x}}{\sqrt{\boldsymbol{s}^T \hat{\boldsymbol{C}}_b^{-1} \boldsymbol{s}}} > \eta_{\text{SMF}} (\text{ture}: H_1, \text{false}: H_0) \quad (4.60)$$

式中:$\hat{\boldsymbol{C}}_b$ 为中心观测数据的估计协方差矩阵;η_{SMF} 为阈值。

在子空间匹配的模型中,目标像素矢量表示为目标光谱特征和背景光谱特征的线性组

合,分别由子空间目标光谱和子空间背景光谱表示。高光谱目标检测问题表示为两个对立假设 H_0 和 H_1

$$\begin{cases} H_0: x = B\zeta + n, \text{目标不存在} \\ H_1: x = S\theta + B\zeta + n, \text{目标存在} \end{cases} \quad (4.61)$$

式中:B 和 S 为矩阵,它们的 p 维独立列分别跨越已知目标和背景子空间;θ 和 ζ 为未知向量,分别为占 S 和 B 对应列向量的丰度的系数;n 为高斯随机噪声($n \in R^p$)分布满足 $\mathcal{N}(0, \sigma_b^2 I)$,其中 σ_b 为未知的标量值。

通过 GLRT 方法可以推导得到 MSD 方法:

$$D_{\eta_{\text{MSD}}}(x) = \frac{x^T(I - P_b)x}{x^T(I - P_{tb})x} > \eta_{\text{MSD}}(\text{ture}: H_1, \text{false}: H_0) \quad (4.62)$$

式中:$P_b = BB$ 为与背景子空间 $\langle B \rangle$ 相关联的投影矩阵;$P_{tb} = [S\ B][S\ B]$ 为与目标和背景子空间 $\langle S\ B \rangle$ 相关联的投影矩阵。将 $D_{\eta_{\text{MSD}}}(x)$ 与阈值 η_{MSD} 进行比较,以最终确定哪个假设与 x 最相关。

自适应子空间检测器(ASD)假设 H_0 和 H_1 为

$$\begin{cases} H_0: x = n, \text{目标不存在} \\ H_1: x = \mu S\theta + n, \text{目标存在} \end{cases} \quad (4.63)$$

式中:S 为跨越已知目标子空间;θ 为未知向量,其中 H_1 项为 S 对应列向量的丰度的系数;目标信号 $S\theta$ 被缩放 μ(目标强度);n 为 $N(0, \sigma_b^2 C_b)$ 的高斯随机噪声,其中 C_b 为从训练数据获得的背景噪声结构,σ_b 为与测试数据相关的未知标量值。

在式(4.63)中,假设 x 是在 $\mu = 0$ 的 H_0 下的背景噪声和目标子空间信号与在 H_1 下为 $\mu > 0$ 缩放后的背景噪声的线性组合,分布满足 $\mathcal{N}(\mu S\theta, \sigma_b^2 C_b)$。描述的问题的 GLRT 如下:

$$D_{\eta_{\text{ASD}}}(x) = \frac{x^T \hat{C}_b^{-1} S (S^T \hat{C}_b^{-1} S)^{-1} S^T \hat{C}_b^{-1} x}{x^T \hat{C}_b^{-1} x} > \eta_{\text{ASD}}(\text{ture}: H_1, \text{false}: H_0) \quad (4.64)$$

式中:$\hat{C}_b$ 为对数据的协方差 C_b 的最大似然估计,而 η_{ASD} 为阈值。式(4.64)具有恒定的误报率(constant false alarm rate, CFAR)属性,在一些文献中也称为子空间 CFAR ASD 或多列 CFAR ASD。当信号是相干信号(S 为一阶)时,式(4.64)被称为自适应相干/余弦估计器(adaptive coherence/cosine estimator, ACE),因为式(4.64)测量了白化的 $\tilde{X}$ 和 $\langle \tilde{S} \rangle$ 之间夹角的余弦值,其中 $\tilde{x} = \hat{C}_b^{-1/2} x$ 和 $\tilde{S} = \hat{C}_b^{-1/2} S$。

正交子空间投影 OSP 算法基于最大化与背景子空间正交的子空间中目标数据的信噪比(SNR)。根据所需目标 s 和已知背景子空间 B 将线性混合模型重写为

$$x = s\alpha_t + B\xi + n \quad (4.65)$$

式中:B 的列是不想要的背景端成员光谱;ξ 为未知列向量,其元素是与背景端成员相关的丰度;α_t 为与目标光谱相关的未知丰度量度;n 为加性噪声。OSP 分类器的判定式为

$$D_{\text{OSP}} = q_{\text{OSP}}^T x = s^T P_b^{\perp} x \quad (4.66)$$

式中:$q_{\text{OSP}}^T = s^T P_b^{\perp}$ 为 OSP 运算符,由背景光谱特征抑制器 $P_b^{\perp} = (I - BB^{\#})$ 与一个匹配滤波

器 s 组成。

基于核的目标检测器到目前为止,描述的经典目标检测技术都是基于一阶和二阶统计量的,并没有利用高阶统计量(非线性)。类似于基于内核的异常检测器,所有上述经典目标检测器都可以通过使用基于核的机器学习方法扩展到其相应的非线性版本。通过核对非线性特征的隐式利用可提供有关给定数据的关键信息,而基于线性模型的学习方法通常无法实现这些关键信息。在二维非线性简单数据集上所作的经典目标探测器及其核版本的决策边界的轮廓图和表面图,与传统目标检测器获得的线性轮廓相比,基于核的检测器生成的轮廓是高度非线性的,并且自然地捕获了数据的分散,更成功地分离了这两个类别。因此,与非高斯数据的常规检测器相比,基于核的检测器明显提高了辨别力。在基于核的检测器中,核 MSD(kernel MSD)和核 ASD(kernel ASD)优于核 OSP(kernel OSP)和核 SMF(kernel SMF),这主要是因为与通过 KOSP 和 KSMF 使用的单个目标光谱特征相比,通过关联的目标子空间更好地表示了 KMSD 和 KASD 中的目标。另一个基于内核的二进制分类器 SVM 已被广泛用于高光谱影像分类,其中一些来自高光谱影像本身的标记训练数据被用于训练 SVM 分类器。但是,由于缺乏数据,特别是对目标光谱,SVM 在目标检测应用中并不是很流行。对于背景杂波谱,通常会进行一段时间的无目标数据收集。一种获得足够的目标光谱训练数据的可能方法是使用 MODTRAN 大气建模工具,利用该工具来合成大量目标光谱特征。核方法的一个优点是,通过使用适当的复合核可以将目标上多个像素的上下文信息直接合并到分类器或内核检测器中,而无须进行任何后处理。

用于目标检测的稀疏表示分类器(sparse representation classifier,SRC)将信号表示为来自不完整字典的极少数原子的线性组合,该字典由来自所有类别的一组训练数据组成。如果来自不同类别的信号位于不同的子空间中,则生成的稀疏编码可以显示类别信息。

在基于稀疏表达的 HSI 分类模型中,假定属于同一类别的像素的光谱特征近似位于低维子空间中。假设测试频谱有 k 个不同的类,第 k 类有 N_k 个训练样本 $\{a_j^k\}_{j=1,2,\cdots,N_k}$,令 x 为 p 维高光谱像素观测值。如果 x 属于第 k 类,则其光谱近似位于第 k 类训练样本所跨越的低维子空间中。基于上述稀疏性假设,在 SRC 中,将未知的测试样本建模为与 k 个类别相关联的 k 个子空间的并集。通过组合类别子词典 $\{A^k\}_{k=1,2,\cdots,K}$ 样本 x 可以写成所有训练样本的稀疏线性组合

$$x = A^1\alpha^1 + A^2\alpha^2 + \cdots + A^K\alpha^K = \underbrace{[A^1 A^2 \cdots A^K]}_{A} \underbrace{\begin{bmatrix} \alpha^1 \\ \alpha^2 \\ \vdots \\ \alpha^K \end{bmatrix}}_{\alpha} = A\alpha \quad (4.67)$$

式中:A 为 $p \times N$ 的结构化字典,由来自所有类别的训练样本组成,其中 $N = \sum_{k=1}^{K} N_k$,并且 α 是通过将稀疏矢量 $\{\alpha^k\}_{k=1,2,\cdots,K}$ 级联而形成的 N 维稀疏矢量,理想情况下,如果 x 属于第 k 类,则 $\alpha^j = 0, \forall j = 1,2,\cdots,K, j \neq k$。

给定结构化字典 A,满足 $x = A\alpha$ 的未知稀疏向量 α 可以从以下稀疏驱动的优化中获得

$$\hat{\boldsymbol{\alpha}} = \text{argmin} \|\boldsymbol{\alpha}\|_0 \quad \text{s.t.} \quad \|\boldsymbol{x} - \boldsymbol{A}\boldsymbol{\alpha}\|_2 \leqslant \epsilon_0 \tag{4.68}$$

式中：$\|\boldsymbol{\alpha}\|_0$ 为 l_0 范数，其定义为向量 $\boldsymbol{\alpha}$ 中非零项的数量（在贝叶斯学习框架中，它表示 $\boldsymbol{\alpha}$ 的稀疏先验）；ϵ_0 为近似误差容限。这个优化问题可以用一些贪婪追踪算法来近似解决。此外，优化问题是 NP 难的。但是，可以通过用 l_1 范数 $\|\boldsymbol{\alpha}\|_1 = \sum_{i=1}^{N} |\boldsymbol{\alpha}_i|$ 代替 l_0 范数并通过标准凸优化技术来解决它。

$\boldsymbol{x}$ 的类别标签可以直接从恢复的稀疏向量 $\hat{\boldsymbol{\alpha}}$ 的特征获得，该特征由给出最小残留误差的类别确定：

$$r^k(\boldsymbol{x}) = \arg\min_{k=1,2,\cdots,K} \|\boldsymbol{x} - \boldsymbol{A}^k\hat{\boldsymbol{\alpha}}^k\|_2 \tag{4.69}$$

式中：$\hat{\boldsymbol{\alpha}}^k$ 为恢复的稀疏系数中与第 k 类原子相对应的部分。在目标检测的情况下，通常 SRC 的字典由目标和背景子字典的训练样本组成，由 $\boldsymbol{A} = [\boldsymbol{A}_t \ \boldsymbol{A}_b]$ 表示。稀疏表示向量 $\boldsymbol{\alpha} = [\boldsymbol{\alpha}_t^T \ \boldsymbol{\alpha}_b^T]^T$ 可以通过解决先前的优化问题获得满足 $\boldsymbol{x} = \boldsymbol{A}\boldsymbol{\alpha}$ 的表达式，其中 $\boldsymbol{\alpha}_t$、$\boldsymbol{\alpha}_b$ 分别为与目标词典和背景词典相对应的稀疏系数矢量。一旦获得稀疏系数向量 $\boldsymbol{\alpha}_t$，就可以通过比较残差 $r_t(\boldsymbol{x}) = \|\boldsymbol{x} - \boldsymbol{A}_t\hat{\boldsymbol{\alpha}}_t\|_2^2$ 和 $r_b(\boldsymbol{x}) = \|\boldsymbol{x} - \boldsymbol{A}_b\hat{\boldsymbol{\alpha}}_b\|_2^2$ 来确定测试像素 $\boldsymbol{x}$ 的类别。

通过将来自相邻像素的上下文信息合并到 SRC 分类器中，可以提高 SRC 的分类性能。如果目标上有多个像素，则可以通过在 SRC 优化中施加更丰富的稀疏先验（结构化稀疏先验）或结构惩罚约束，将上下文信息合并到 SRC 算法中。最简单的方法之一是使用联合稀疏（协作）模型。假定与相邻像素关联的基础稀疏矢量共享一个共同的稀疏模式。在联合稀疏模型中，对于给定的字典，可以将 T 个像素的块 $\boldsymbol{X} = [\boldsymbol{x}_1 \boldsymbol{x}_2 \cdots \boldsymbol{x}_T]$ 联合表示为

$$\hat{\boldsymbol{\Omega}} = \text{argmin} \|\boldsymbol{\Omega}\|_{\text{row},0} \quad \text{s.t.} \quad \|\boldsymbol{X} - \boldsymbol{A}\boldsymbol{\Omega}\|_F^2 \leqslant \epsilon_2 \tag{4.70}$$

式中：$\|\cdot\|_F$ 为 Frobenius 范数，符号 $\|\boldsymbol{\Omega}\|_{\text{row},0}$ 为 $\boldsymbol{X}$ 的非零行数，ϵ_2 为容错性。同时贪婪算法可用于获得对以上问题的近似。行稀疏范数 $\|\boldsymbol{\Omega}\|_{\text{row},0}$ 也可以用 $\|\boldsymbol{\Omega}\|_{1,2}$ 代替 $l_{1,2}$ 范式，其值为行向量 l_2 范式之和，以转换 NP 难问题变成凸优化任务。

需要仔细注意的问题的另一个方面是如何构建适当的字典 $\boldsymbol{A}_b$、$\boldsymbol{A}_t$。可以使用给定的训练数据设计目标和背景的全局词典。但是，在目标检测应用程序中，通常缺少训练数据，尤其是对于目标类别而言。通过使用物理模型和 MODTRAN 大气建模程序（Berk et al.，1999），可以生成目标光谱特征，该目标光谱特征可以捕获大范围大气条件下的目标特征外观。这些合成的光谱特征随后可用于为 SRC 分类器构建冗余目标字典，该字典可能不受环境变化的影响。通常通过从测试影像本身中随机选择一些像素来建模背景字典。此外，给定足够的背景和目标类别训练样本，可以使用字典训练算法（例如 KSVD 算法）来交替最小化表示的稀疏性并更新字典的原子以更好地拟合数据，构造 SRC 使用的字典。

4.4.2 亚像元目标检测

由于高光谱遥感影像包含的范围很大，影像中的某一个像元可能在实际环境中占据着很大的面积，这就可能造成一个像元中有多种地物或目标的存在，这种像元就是混合像元。与

之相对应的,若一个像元中只有一种地物,那么这个像元便可归为纯像元。但在真实的地理环境下,以纯像元形式存在的像元往往很少,大多数情况下都是混合像元。由于高光谱只在光谱范围内具有较好的分辨率,而在空间范围上其分辨率较低,这就导致了目标可能会以亚像元形式存在于混合像元中,这样在识别过程中必须针对混合像元这一不可避免的问题进行研究,以提高识别的准确度。

以上简要概述了 HSI 处理中的最新目标检测技术。目标检测技术的主要挑战仍然是需要开发更强大的分类技术,构建更好的模型及设计更有效的预处理方法,以在非常困难的情况下检测目标,例如亚像素目标、伪装目标及树下的隐藏目标。用有限的训练数据估计模型参数也是开发鲁棒目标检测器的主要障碍。当前,许多研究人员正在研究使用基于物理学的合成光谱特征来补充真实数据以设计更好的、有用的检测算法。从实验室实验到实际试验,需要更多的调查来全面评估基于机器学习的目标检测技术的性能。多种目标检测算法的融合及使用高光谱数据来补充其他传感器的研究仍在进行中。基于核的目标检测技术已显示出优于线性技术的改进,但是绝对有必要进一步研究非线性方法。

4.5 高光谱遥感影像异常探测

不同于目标检测,高光谱遥感影像异常探测是一种无监督的二分类问题。关于异常目标的定义现在没有一个统一的标准,通常认为异常目标的光谱特征严重偏离于参考的背景像素。异常目标具有光谱显著,出现概率低、比例小的特性。异常探测事先不需要异常目标和背景的光谱信息,能够定位出在背景像素中差异性较大的异常目标。在一些光谱难以获得的场景下(如战斗区域),异常探测能够发挥更大的实际应用价值。

当前主流的异常探测算法主要是基于两种思想。一种是对输入的高光谱数据,利用背景数据的特点对背景进行建模,然后定义差异度的计算方式,计算待测像元与背景建模信息的距离。对于距离较大的像素判定为异常目标。另一种则是同时依据背景与异常目标的特性,分别对背景和异常像素进行建模,使原始影像分为背景像素和异常目标两部分。无论是哪种思想,其探测的准确度都依赖于对背景信息的有效估计和建模。因此,参考背景的确定至关重要,背景的选取通常有局域和全局两种方式。局域异常探测是将待测像元的邻域区域看作是背景,全局异常探测则是直接选取一块较大的区域甚至是整个场景做背景。

4.5.1 全局异常探测

最经典的异常探测算法是 RX 算法。RX 算法由 Reed 和 Yu(1990)提出,该算法是异常探测的一个基准算法,属于一种基于广义似然比检验的恒虚警率异常目标检测算法。全局的 RX 算法认为整幅影像为背景并服从多元高斯分布,通过计算待测像元与背景的马氏距离来分析像素的偏离程度。

$$D_{RX}(\boldsymbol{x}) = (\boldsymbol{x} - \boldsymbol{\mu}_0)\boldsymbol{\Gamma}^{-1}(\boldsymbol{x} - \boldsymbol{\mu}_0)^{\mathrm{T}} \tag{4.71}$$

式中:$\boldsymbol{x} = [x_1, x_2, \cdots, x_L]^{\mathrm{T}}$ 为待测像元的光谱特征;$\boldsymbol{\mu}_0$ 为背景像素光谱的均值;$\boldsymbol{\Gamma}$ 为协方差矩

阵。设置不同阈值可以将异常度较高的像素筛选出来。虽然 RX 在多光谱和高光谱的异常探测中表现出不错的效果,但是 RX 估计的结果通常虚警率较高。一方面是因为复杂的高光谱影像的分布很难满足单一的多元高斯分布。另一方面,异常目标干扰了背景的统计,导致背景的统计量估计不准确。基于这两方面一些提高的 RX 算法被广泛研究。从前一个方面出发,一些局部背景假设的 RX 算法被提出,主要将在下一节介绍。同时针对异常值的干扰,背景纯化的思想被用来不断提纯背景而来突出背景与异常的差异。

在异常探测的任务中,背景部分代表着高光谱影像的绝大多数信息,而异常部分只占据小部分。因此,可以通过提取背景的特征信息来更好地分离出异常目标。子空间投影技术可以将高维的原始高光谱遥感数据映射到低维的子空间中,基于子空间特征变换的异常检测算法是对 RX 检测方法的改进,通过提取协方差矩阵的主成分实现背景光谱特征的有效抑制(Ranney and Soumekh,2006)。采用核技术在高维特征空间中增强原始数据的可分性是另一类重要的改进方式。经典 RX 算法以线性方式对高光谱数据进行描述,核技术通过非线性映射,将线性高斯转化为非线性高斯,对真实数据的描述更加准确(Zhou et al.,2016)。Kwon 和 Nasrabadi(2005)将核技术引入异常检测应用中,提出了核 RX 算法,将原始高光谱数据映射到高维空间以增强背景与目标之间的特性差异。很多异常检测算法都产生了其对应的核处理版本。例如,Goldberg 等(2007)提出了核特征空间分离变化的子空间异常检测算法。针对核算法中仍然存在异常目标干扰的问题,Zhao 等(2014)设计了一种回归检测方法,在核空间中不断纯化背景数据,抑制潜在异常对背景评估的影响。但是在此类参数化核方法中核参数的选择是非常关键的,决定着算法的检测性能,不过当前还没有统一的核参数选择准则。因此研究者通常是根据经验设定参数。Mei 等(2008)在分析高光谱遥感影像数据特性的基础上,以局部参考背景光谱的标准差值设定核参数。基于非参数化核的处理思路也是一类重要的高光谱异常目标检测算法。该类算法脱离了背景分布假设模型,对复杂数据具有更好的适应能力,取得了较好的检测结果。最具代表性的工作是由 Banerjee 等(2006)提出的基于支持向量数据描述(support vector data description,SVDD)的异常目标检测算法。通过寻找能够包围背景数据的最小超球体,实现异常目标的有效分离。Khazai 等(2011)提出了一种基于高斯核 SVDD 几何特性理解的确定性参数评估方法,以提高 SVDD 算法的参数适应性。为了缓解 SVDD 算法的高计算量问题,研究者提出了一种快速自适应 SVDD 异常检测算法,通过数据降维与聚类操作,并采用快速标准化的 SVDD 统计进行背景建模。

基于稀疏表示(sparse representation-based detector,SRD)检测在基于几何建模的异常检测算法中占据了重要的位置(Zhang et al.,2016)。Yuan 等(2014)提出了基于稀疏离散度的高光谱异常检测算法,根据待检测像素稀疏系数的分布差异实现异常的判定。为了获得更具背景表达能力的字典基向量,研究者提出了背景联合稀疏表示的异常目标检测算法,挑选出最活跃的基向量进行背景表征。考虑稀疏系数矩阵能够反映出字典基的使用频率,可以进一步反映异常信息,因此 Zhao 等(2017)提出了一种稀疏得分评估框架,联合稀疏系数与基向量使用频率计算待检测像素的异常程度。Ling 等(2019)提出了约束稀疏表示模型,通过施加和为一约束及非负约束增强算法对异常目标的检测能力。为了充分利用数据的底层结构信息,Li 等(2018)提出了结构化稀疏表示异常检测算法,通过利用权重拉普拉斯先验信息对稀疏表示进行约束,能够更加准确地重构背景数据。考虑异常目标的判定容易受到参考背景设定的影响,Soofbaf 等(2018)提出了基于滑动窗口联合稀疏表示的异常目标检测算法,综合考虑不同方向上参考背景对异常的决策结果以提高其检测性能。近年来研究者也将低秩稀疏矩阵分解技术应用到了高光谱异常目标检测任务中,提出了系列算法。该类算法通常将原始高光谱数据分解为低秩矩阵、稀疏矩阵和噪声矩阵(Zhang et al.,2018;Chartrand,2012)。低秩矩阵能够捕获主要的背景信息,而稀疏矩阵则能反映一定的异常信息。Xu 等(2016)提出了基于低秩稀疏表示的异常检测算法,对背景字典的表示系数矩阵进行低秩约束。Zhang 等(2015)则直接利用分解后的低秩矩阵进行了背景统计特性的评估,再通过马氏距离检测场景中的异常目标。为了充分利用异常目标信息,Zhu 等(2018)重点关注分解后的稀疏矩阵,同时利用异常目标的光谱信息和空间信息提出了聚类加权策略,能够有效抑制背景区域。Altmann 等(2015)和 Nakhostin 等(2016)将光谱解混与异常检测相结合,考虑丰度向量包含更多辨别性的信息能够有效区分异常目标与背景之间的差异,因此对丰度矩阵进行低秩分解以实现背景建模。

4.5.2 局域异常探测

另外一种思路是从局部相似性出发,在局部小范围内,背景中包含的物质属性相对较为单一,数据的一致性更强,此时高斯分布假设对数据的描述相对较为准确,因此 RX 算法通常是采用局部滑窗策略进行具体实施。背景纯化方法则是通过不断地提纯背景以增强异常目标与背景之间的差异。Taitano 等(2010)提出了局部自适应迭代 RX 算法,通过迭代使用 RX 算法并根据其检测结果对背景进行纯化,直到所检测到的异常目标不再发生变化为止。分块自适应异常点计算(blocked adaptive computationally efficient outlier nominators,BACON)算法(Billor et al.,2000)是基于传统 RX 的迭代异常检测算法,通过迭代使用 RX 算法对所获取的背景集不断进行扩充、更新,直到背景数据集的规模不再发生变化为止。基于随机选择的异常目标检测(random-selection-ased anomaly detector,RSAD)算法(Du and Zhang,2011)与 BACON 算法的思想类似,不同之处在于该算法采用伪随机迭代的方式实现背景数据集的获取,通过融合多次结果最终从原始高光谱数据集中选择出更具鲁棒性的像素样本代表背景物质,同时排除潜在异常目标的干扰。Gao 等(2014)提出了基于概率统计模型的高光谱异常目标检测算法。该算法根据 RX 算法的检测结果,采用自适应阈值选择策略将高光谱遥感数据分割成背景数据和异常目标两部分。考虑局部 RX 难以有效检测具有不同尺寸大小的目标,而且存在检测性能依赖于窗口尺寸选择的问题,Li 和 Du(2015a)提出了基于双窗口融合策略的异常检测算法,采用决策融合方式缓解传统 RX 算法对窗口尺寸的敏感性问题。Liu 和 Chang(2013)提出了基于多窗口的 RX 检测算法,通过设定不同尺寸的检测窗口获取局部物质光谱在不同水平的变化特性,从而实现对不同尺寸异常目标的准确检测。Wang 等(2017)则提出了基于滑动因果窗口的异常检测算法,考虑在协方差矩阵计算过程中计算样本的因果关系(Chen et al.,2014),以提高算法的处理效率。Li 和 Du(2015b)提出了基于协同表示检测(collaborative-representation-based detector,CRD)算法,利用相似度矩阵对协同表示进行正则化约束,实现对异常目标的有效抑制。针对CRD算法计算复杂度较高的问题,Ma等(2019)提出了一种基于快速递归的协同表示高光谱异常目标检测算法。

4.6 高光谱遥感影像变化检测

由于轨道卫星的重访性质,有可能多次获得同一地理区域的影像。利用在不同时间获得的遥感数据来进行变化检测已被证明是与监测陆地表面动态有关的许多应用的一种宝贵工具。目前,卫星上安装的遥感传感器大多为多光谱和合成孔径雷达(SAR)系统,因此多光谱和SAR影像成为对地观测应用(Du et al.,2012b)的主要数据源。与现有多光谱和SAR影像相比,多时相高光谱遥感影像的可用性仍然较差。2017年3月,由NASA研制发射的EO-1卫星(安装有Hyperion高光谱传感器)在完成2016年的地球观测之后全面退役。目前,仍在运行的高光谱卫星上的遥感传感器包括欧洲宇航局安装在PROBA-1卫星的高分辨率成像光谱仪、安装在我国HJ-1B卫星上的高光谱成像传感器、印度IMS-1卫星的HS成像仪及我国高分五号卫星的视觉和红外HS传感器。因此,可获得的多时相高光谱数据有限,这导致目前变化检测方法的发展有限。然而,意大利PRISMA卫星在2019年3月21日发射,其他载有高光谱传感器的卫星任务紧随其后,包括安装了高光谱成像仪套件[德国的EnMAP、HSIF成像仪(HyspIRI)、HS X影像(HypXIM)等]的卫星将相继发射。

变化检测技术可比较在不同时间获得的影像,以确定遥感传感器测量的土地覆盖变化(例如被动光学传感器的反射亮度)。近几十年来,变化检测一直是最重要的遥感研究活动(关于方法和应用)之一,开发并成功应用于农林监测、自然灾害测绘等遥感应用,以及城市景观和蔓延分析(Huang et al.,2017)。过去的变化检测研究主要集中在设计多时相多光谱影像(multispectral image)和SAR影像(包括中、高空间分辨率)中的变换检测技术,因为它们具有很大的可用性。只有很少的研究在高光谱遥感影像中涉及变化检测。由于多时相高光谱遥感数据的超预期增长,多时相高光谱遥感影像中的变化检测将成为未来最有趣的研究和应用方向之一。传感器在给定的高光谱分辨率(例如10 nm)对反射辐射进行采样。这种密集的光谱采样可以精确地表示每个像素的反射率,从而得到光谱特征的精确测量。图4.9显示了美国华盛顿州本顿县HS影像立方体与不同陆地覆盖材料的光谱特征的示例。不同材料的光谱特征具有不同的光谱形状,可以用来区分它们,甚至可以根据一般类(即植被类型)的亚类来区分它们。由于多光谱传感器在一些离散的光谱波段中采样的光谱比较粗,所以这些影像的变化检测技术发展初期主要集中在强突变的识别上。这种陆地覆盖变化呈现出光谱特征的显著变化(例如,植被到建成区,水到土壤)。利用高光谱遥感传感器的详细光谱采样,变化检测在高光谱遥感影像中的目的是检测与大光谱变化相关的变化及与小光谱变化相关的变化(通常无法从多光谱遥感影像中检测到)。这些变化通常只影响光谱特征的某些部分。

因此,需要特殊技术来识别频谱时域中的这些微小频谱变化。本节将分析高光谱遥感影像中的异常探测问题,并对现有方法进行全面概述,包括最广泛使用和最新发布的方法。

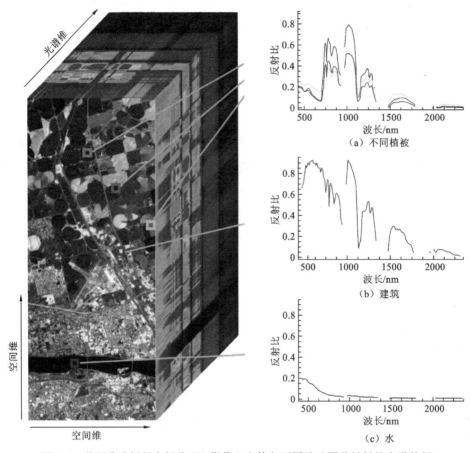

图 4.9 美国华盛顿州本顿县 HS 影像立方体与不同陆地覆盖材料的光谱特征

4.6.1 异常变化检测

异常变化检测的目的是通过抑制背景和强调变化来识别影像之间的异常变化。一般来说,针对高光谱遥感影像的异常变化检测方法可以分为单实例目标检测和多实例目标检测。关键在于对影像进行统计研究,提高对人类活动引起的变化的检测概率,抑制影像场景序列中的背景。对于异常变化检测来说,通常特别关注的是对人造小物体的插入、删除或移动所产生的小变化的检测,以及对影像间光谱变化的静止小物体的检测,如伪装、隐藏和欺骗。

Chronochrome 和协方差均衡等方法是变化检测的经典算法,利用前时和后时数据集的统计数据对后时数据进行线性预测,以发现和突出未改变背景下异常变化的像素。具体地,在 Chronochrome 中,计算了光谱特征在 t_1、t_2 时刻的协方差矩阵和跨时间协方差矩阵。然后,计算在 t_2 时相真实光谱与使用 t_1 时相线性映射预测的 t_2 光谱之间的时标预测误差,最后利用预测误差在 RX 异常检测器中识别变化。在协方差均衡异常变化检测方法研究中,研究人员利用基于目标的平均光谱特征进行异常变化检测。同时,组合使用 Chronochrome 方法和匹配滤波。研究人员使用了 3 种迭代聚类方法,即类条件协方差均衡(quasi-conditional covariance equilibrium,QCE)、双尺度 QCE 和依赖波长的分割,来检测可见光/近红外和热红外影像中的人为变化。结果表明,空间自适应检测器的使用大大提高了目标变化检测的异常变化检测性能,减少了虚警率。最近研究学者提出了一些侧重于从不同角度建模数据变量的技术。例如,热红外影像的异常变化是根据椭圆轮廓分布建模来检测(Theiler et al.,2010)。其思想动机是,由于检测的异常变化是少量的,这些变化很有可能出现在统计分布的尾部。因此,椭圆轮廓分布比高斯分布更适合异常分布检测。Wu 等(2015)基于慢速特征分析(slow feature analysis,SFA)计算变化残差影像,使用 RX 异常检测器检测变化。SFA 用于计算变化残差影像,其中不变区域和受变化影响较大区域的值较小,从而将异常变化检测问题转变为经典的异常检测问题,这时可使用 RX 算法来解决。Zhou 等(2016)提出了一种利用聚类中心对背景样本进行聚类的聚类核 RX 算法。聚类步骤是对背景像素进行聚类,然后用相应的聚类中心替换背景像素。RX 随后应用于新样本,减少了计算负载。Meola 等(2012)提出了一种改进的基于模型的异常变化检测方法。它被扩展用于相对校准和未校准的高光谱遥感影像,并应用于航空高光谱遥感影像。Wu 等(2013)提出了一种基于子空间的变化检测方法,使用不期望的类信息作为先验知识。通过计算子空间距离来确定异常像素与背景子空间相比是否发生了变化。最近,一个关于在理论高斯框架下的高光谱遥感影像的异常变化检测问题的教程(Acito et al.,2017)被提出。该教程通过将异常变化检测定义为二进制决策问题,介绍了基于统计决策理论的几种解决方案。利用多元高斯模型,通过改变决策规则(双曲线或椭圆)、观测向量模型、局部切换到全局高斯模型,提出了一个严谨的统计框架来解释检测器。Eismann 等(2008)提供了一些其他有用的理论信息,包括免费提供的验证数据集,并进行了全面实验比较,以显示不同的异常变化检测算法的性能,还通过解决具体问题来检测具体的变化,例如消除影像视差误差、配准误差、植被和光照变化,以及昼夜和季节变化。

4.6.2 二值变化检测

二值变化检测是近几十年来最典型、最流行的变化检测应用之一,主要用于检测和分离变化类和无变化类。因此,从光谱的角度来看,在不同时相间具有显著光谱变化的像素有更高的可能性被改变,反之亦然。常见的基于比较运算符的方法来识别二元信息,如变化矢量分析(change vector analysis,CVA)构建压缩变化信息。其他方法专注于建设基于相似性量的二值表示形式,如光谱角制图(spectral angle mapper,SAM)或光谱信息散度(Du et al.,2004)。因此,可以使用类似于多光谱中二值变化检测的方法,数据的全维被压缩到一个量级的特征空间中。然而,Liu 等(2017a)指出相邻波段的信息冗余可能会影响变化幅度,从而影响二值变化检测的性能,因此选择信息最丰富的波段子集是至关重要的。基于幅度影像,可以在贝叶斯框架下对两类[如高斯混合(Marinelli et al.,2019)或瑞利-米混合(Meola et al.,2012)]的具体统计分布建模,然后使用阈值化技术生成变化检测图。Bruzzone 和 Prieto (2000)和 Zanetti 等(2015)使用期望最大化(expectation maximum,EM)算法估计统计分布参数。

基于数据变换技术提取的特征,另一类经典的二值变化检测方法出现在高光谱遥感影像解译中。原始的高维高光谱数据被转换为几个特征,在这些特征中可以压缩和突出显示变化的信息。在此背景下,Nielsen 等(1998)提出了基于典型相关分析的多变量变化检测(multivariate alteration detection,MAD),用于检测高光谱遥感影像中的植被变化。MAD 的目标是找到两个高光谱遥感影像的线性变换,从而使变化的度量最大化。其中线性变换的目的是使变换后的多时相数据的差异方差最大。其扩展版本称为迭代重加权 MAD(iterative reweighting multivariate alteration detection,IR-MAD),通过迭代重加权以更好地建模变化和无变化的背景表示。IR-MAD 是 MAD 的一个迭代版本,是基于对单个样本的重新加权。特别地,在每次迭代中,每个像素都是根据 MAD 变量的平方和(卡方分布)进行加权的。

2006 年提出的时间主成分分析(PCA)分别对差分和叠加后的多时相影像进行主成分变换,然后计算其主成分中的方差。因此,其中无变化的类和有变化的类会分别与特定的主成分相关联。Nielsen(2011)在变化检测中引入了最大自相关因子(maximum autocorrelation factor,MAF)分析和最小噪声分离(minimum noise fraction,MNF)分析两种核版本,实验结果表明,核版本的 MAF 和 MNF 的性能优于线性版本和核主成分分析。这种基于转换的方法需要与最终用户进行强大的交互,以选择信息最丰富的多时相成分来突出特定的变化。这一步骤通常很耗时,特别是当高光谱遥感影像中的变化数量很大时。基于变换的方法虽然可以增强高光谱波段的变化信息,减少冗余,但不能自动识别多类变化的实数,可能限制这些方法在实际应用中的使用。以下的几篇文章介绍了高光谱遥感影像中二值异常变化问题的解决方案。Hemissi 等(2011)设计了一种时空独立分量分析(space-time independent component analysis,STICA)的方法,用于从不同的高光谱传感器或从不同的采集条件和日期提取时空模式,同时实现了信号数据在时域和空域的独立性。Du 等(2007)提出了变化分析的概念,并且用最大距离等来实现不同变化类别的分析。Chen 和 Wang 等(2017)提出了一种用于二值变化检测的光谱空间正则化低秩稀疏分解模型。该方法将光谱变化向量(spectral change vector,SCV)影像分解为 3 个不同的分量:局部平滑的低秩矩阵,用于消除变化特征;离群值的稀疏矩阵;高斯小噪声的误差矩阵。对提取的变化特征进行 K-means 聚类,得到最终的变化图。

还有一些文章从亚像素的角度讨论了高光谱遥感影像中的二值变化检测问题。Du 等(2014)使用非线性光谱混合模型来分析获取像元内部亚像元层次上的端元和丰度情况,并将其输入亚像元变化检测模型中以获得变化检测问题。Ertürk 和 Plaza(2015)基于叠加多时相高光谱遥感影像,研究了二值变化检测的解混潜力。Ertürk 等(2017,2016)提出了基于稀疏解混的变化检测方法,结果显示了这些方法在增强二值变化检测性能方面的优势。尽管基于稀疏解混的变化检测方法也可以根据端元光谱的丰度提供结果,但是这些文章仅提供了二值变化检测的结果。

4.6.3 多类变化检测

多类变化检测在高光谱遥感影像中起着非常重要的作用(Liu et al.,2019)。它的目标是检测和确定与不同的陆地覆盖变化、物质组成变化或其他动态变量(如湿度条件)有关的不同种类的变化。与异常变化检测和二值变化检测任务相比,多类变化检测任务不仅要检测变化,而且要区分不同的变化类,因此具有更大的挑战性和复杂性。如果具备综合的多时相地面参考数据,多类变化检测可以首先进行单时相的独立分类后比较(post-classification comparison,PCC)或直接多时相影像分类(Dai and Khorram,1999;Jeon and Landgrebe,1992),然后叠加多时相高光谱遥感影像进行多类变化检测来实现。这些具备多时相地面参考的监督方法的主要优点是它们可以提供详细的陆地覆盖过渡信息。然而,通常很难(甚至不可能)获得全面的多时间地面参考数据。因此,设计与地面参考数据尽可能独立的无监督或半监督变化检测技术是高光谱影像中多类变化检测的重要任务之一(Liu et al.,2019)。

在高光谱遥感多类变化检测任务中,需要解决3个问题:二值变化检测、变化数量的确定和多类变化识别。每个问题都值得详细分析,并设计适当的技术方案以产生可靠的输出。在文献中,最近的一些工作已经解决了这个问题。Liu 等(2015b)考虑了高光谱遥感变化检测固有的复杂性和变化检测结构,从 SCV 角度给出了高光谱遥感影像中变化概念的定义,其中主要的变化和细微的变化均以光谱变化的程度来定义。层次光谱变化分析是通过研究光谱从粗处理到细处理层次的变化,从而更好地模拟复杂的变化结构。Liu 等(2015a)提出了一种无监督层次光谱变化矢量分析(hierarchical spectral change vector analysis,HSCVA)方法,用于分析不同光谱变化水平下的变化簇。在每个层次上,通过初始化驱动自动变更模型选择来发现多个变更的数量,然后通过聚类过程来识别多类变更信息。Liu 等(2015b)提出了一种半监督序列光谱变化矢量分析(semisupervised sequential spectral change vector analysis,SSCVA)技术,用于发现和识别高光谱的多类变化。基于最初的压缩变化矢量分析(compressed change vector analysis,CCVA)技术(针对多光谱变化检测而提出),SSCVA 遵循自上而下的结构顺序迭代分析异构变化信息。因此,将原高维特征空间中的复杂变化信息自适应地迭代压缩并投影到二维特征空间序列中,而该二维特征空间中的每一个特征均与整个光谱变化矢量空间的特定部分相关联。在每一级检测中(以第一级为例),变化模式在二维极域极坐标下表示,该极域由式(4.72)中的变化幅度 ρ 和方向 θ 构成,具体如下:

$$\begin{cases} \rho = \sqrt{\sum_{b=1}^{B} (\boldsymbol{I}_D^b)^2} \\ \theta = \arccos\left[\left(\sum_{b=1}^{B} (\boldsymbol{I}_D^b \boldsymbol{r}^b)\right) \bigg/ \sqrt{\sum_{b=1}^{B} (\boldsymbol{I}_D^b)^2 \sum_{b=1}^{B} (\boldsymbol{r}^b)^2}\right] \end{cases} \quad (4.72)$$

定义参考向量 $\boldsymbol{r}$ 为 $\boldsymbol{I}_D$ 的协方差矩阵特征分解后得到的最大特征值的对应的第一个特征向量。通过将光谱变化向量样本投影到最大化测量值方差的方向,自适应参考向量可以提升变化的表达,同时保留变化的判别信息。在变化幅度轴上可以分离出已变和未变像素,而在方向轴上可以识别出与多类变化数量相关的同质变化簇(图4.10)。从关注的每个特定的已标识的变化簇开始,可按顺序逐步分析,逐渐从主要的变化类延伸到细微的变化类。

基于二值光谱变化矢量(binary spectral change vectors,BSCVs)法,Marinelli 等(2019)提出了一种无监督多类变化检测(unsupervised multiclass change detection)方法,通过将原始光谱变化向量转换为二值编码来突出变化信息。光谱变化向量的二值化操作将数据从原始复杂的数域空间转移到一个更简单的域中,从而更容易获取用于判别不同类别变化的信

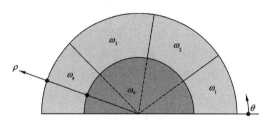

图 4.10 用于表示多类信息的二维压缩极坐标域示意图

息。考虑变化类的分层结构,二值光谱变化矢量法又被称为树状图(即树结构),用以分离变化类。与真实数值的光谱变化矢量相比,二值光谱变化矢量法利用零一这样的二值图即可高效地挖掘树状层次结构,简单清楚地表征变化类信息。Liu 等(2017a)通过从原始高维高光谱数据空间中选择信息最丰富的波段子集,详细分析了变化检测在高光谱遥感影像上的表现,研究了多类变化的类别估计数、二进制变化检测性能、多重变化检测性能、波段选择中的最优波段数及计算效率等问题。特别地,研究了有监督和无监督变化检测方法。在不同数据集上的实验结果表明,在降维之后的特征空间中对高光谱遥感影像进行变化检测是可行的,而且变化检测算法没有丧失判别能力。Liu 等(2017b)提出了一种半监督多类变化检测(semisupervised multiclass change detection,SSMCD)技术来提高高光谱遥感影像中多类变化检测性能。该工作首先利用无监督变化表达,在二维极坐标域中进行压缩自适应光谱变化矢量表达,提供了多类变化信息的先验知识。然后利用分层随机抽样策略为无变化类和每个变化类生成伪训练样本。最后利用生成的伪训练样本和先进的监督分类器(如 SVM 或随机森林)对原始的光谱变化向量或变换后的特征进行分类,最终以较高的检测准确率完成了多类变化检测任务。

主要参考文献

陈晋,马磊,陈学泓,等,2016.混合像元分解技术及其进展[J].遥感学报,20(5):1102-1109.

陈善静,康青,顾忠征,等,2016.基于三维 GMRF 的高光谱图像空天融合目标检测[J].红外与激光工程,45(S2):137-144.

成宝芝,赵春晖,张丽丽,等,2017.联合空间预处理与谱聚类的协同稀疏高光谱异常检测[J].光学学报,37(4):296-306.

杜培军,夏俊士,薛朝辉,等,2016.高光谱遥感影像分类研究进展[J].遥感学报,20(2):236-256.

李二森,2011.高光谱遥感图像混合像元分解的理论与算法研究[D].郑州:解放军信息工程大学.

李雪轲,王晋年,张立福,等,2014.面向对象的航空高光谱图像混合分类方法[J].地球信息科学学报,16(6):941-948.

刘建军,吴泽彬,韦志辉,等,2012.基于空间相关性约束稀疏表示的高光谱图像分类[J].电子与信息学报,34(11):2666-2671.

宋琳,程咏梅,赵永强,2012.基于稀疏表示模型和自回归模型的高光谱分类[J].光学学报,32(3):322-328.

宋相法,2013.基于稀疏表示和集成学习的若干分类问题研究[D].西安:西安电子科技大学.

宋相法,焦李成,2012.基于稀疏表示及光谱信息的高光谱遥感图像分类[J].电子与信息学报,34(2):268-272.

孙伟伟,刘春,施蓓琦,等,2013.基于随机矩阵的高光谱遥感影像非负稀疏表达分类[J].同济大学学报(自然科学版),41(8):1274-1280.

童庆禧,张兵,郑兰芬,2006.高光谱遥感:原理、技术与应用[M].北京:高等教育出版社.

王明常,邢立新,张学明,等,2005.人工免疫系统在遥感信息提取中的应用[J].吉林大学学报(信息科学版),23(2):190-194.

魏立飞,余铭,钟燕飞,等,2020.空-谱融合的条件随机场高光谱影像分类方法[J].测绘学报,49(3):343-354.

武辰,2015.遥感影像多层次信息变化检测研究[D].武汉:武汉大学.

张兵,2016.高光谱图像处理与信息提取前沿[J].遥感学报,20(5):1062-1090.

赵春晖,李晓慧,王玉磊,2014.高光谱图像异常目标检测研究进展[J].电子测量与仪器学报,28(8):803-811.

钟燕飞,张良培,李平湘,2007.基于多值免疫网络的多光谱遥感影像分类[J].计算机学报,30(12):2181-2188.

钟燕飞,张良培,龚健雅,等,2005.基于克隆选择的多光谱遥感影像分类算法[J].中国图象图形学报,10(1):18-24.

钟燕飞,张良培,龚健雅,等,2006.基于资源限制性人工免疫系统的多光谱遥感影像分类方法[J].武汉大学学报(信息科学版),31(1):47-50.

朱述龙,朱宝山,王红卫,2006.遥感图像处理与应用[M].北京:科学出版社.

ACITO N, DIANI M, CORSINIG, et al. , 2017. Introductory view of anomalous change detection in hyperspectral images within a theoretical Gaussian framework[J]. IEEE Aerospace and Electronic Systems Magazine,32(7):2-27.

ALTMANN Y, MCLAUGHLIN S, HERO A, 2015. Robust linear spectral unmixing using anomaly detection[J]. IEEE Transactions on Computational Imaging,1(2):74-85.

BAKOS K L, GAMBA P, 2011. Hierarchical hybrid decision tree fusion of multiple hyperspectral data processing chains[J]. IEEE Transactions on Geoscience and Remote Sensing,49(1):388-394.

BALDRIDGE A M, HOOK S J, GROVE C I, et al. , 2009. The ASTER spectral library version 2. 0[J]. Remote Sensing of Environment,113(4):711-715.

BANERJEE A, BURLINA P, DIEHL C, 2006. A support vector method for anomaly detection in hyperspectral imagery[J]. IEEE Transactions on Geoscience and Remote Sensing,44(8):2282-2291.

BENEDIKTSSON J A, CHANUSSOT J, FAUVEL M, 2007. Multiple classifier systems in remote sensing:From basics to recent developments[C]//International Workshop on Multiple Classifier Systems. Berlin. New York:Springer,4472:501-512.

BERK A, ANDERSON G P, BERNSTEIN L S, et al. , 1999. MODTRAN4 radiative transfermodeling for atmospheric correction[C]//Proceedings of SPIE-The International Society for Optical Engineering,Denver, CO, United States:348-353.

BILLOR N, HADI A S, VELLEMAN P F, 2000. BACON:Blocked adaptive computationally efficient outlier nominators[J]. Computational Statistics and Data Analysis,34(3):279-298.

BIOUCAS-DIAS J M, FIGUEIREDO M A T, 2010. Alternating direction algorithms for constrained sparse regression: Application to hyperspectral unmixing[C]//2010 2nd Workshop on Hyperspectral Image and Signal Processing: Evolution in Remote Sensing, Reykjavik, Iceland. Denver, CO, United States. New York: IEEE: 1-4.

BIOUCAS-DIAS J M, PLAZA A, CAMPS-VALLSG, et al., 2013. Hyperspectral remote sensing data analysis and future challenges[J]. IEEE Geoscience and Remote Sensing Magazine, 1(2): 6-36.

BLASCHKE T, 2010. Object based image analysis for remote sensing[J]. ISPRS Journal of Photogrammetry and Remote Sensing, 65(1): 2-16.

BOARDMAN J W, KRUSE F A, GREEN R O, 1995. Mapping target signatures via partial unmixing of AVIRIS data[C]//Summaries of the Fifth JPL Airborne Earth Science Workshop, Pasadena California. JPL: 23-26.

BRUZZONE L, PRIETO D F, 2000. Automatic analysis of the difference image for unsupervised change detection[J]. IEEE Transactions on Geoscience and Remote Sensing, 38(3): 1171-1182.

CAMPS-VALLS G, GOMEZ-CHOVA L, MUÑOZ-MARÍ J, et al., 2006. Composite kernels for hyperspectral image classification[J]. IEEE Geoscience and Remote Sensing Letters, 3(1): 93-97.

CAMPS-VALLS G, MARSHEVA T V B, ZHOU D Y, 2007. Semi-supervised graph-based hyperspectral image classification[J]. IEEE Transactions on Geoscience and Remote Sensing, 45(10): 3044-3054.

CAMPS-VALLS G, TUIA D, BRUZZONE L, et al., 2014. Advances in hyperspectral image classification: Earth monitoring with statistical learning methods[J]. IEEE Signal Processing Magazine, 31(1): 45-54.

CHANG C I, 2003. Hyperspectral imaging: Techniques for spectral detection and classification[M]. New York: Kluwer Academic Publishers.

CHANG C I, 2013. Hyperspectral data processing: Algorithm design and analysis[M]. New York: Wiley.

CHARTRAND R, 2012. Nonconvex splitting for regularized low-rank + sparse decomposition[J]. IEEE Transactions on Signal Processing, 60(11): 5810-5819.

CHEN Z, WANG B, 2017. Spectrally-spatially regularized low-rank and sparse decomposition: A novel method for change detection in multitemporal hyperspectral images[J]. Remote Sensing, 9(10): 1044.

CHEN S Y, WANG Y L, WU C C, et al., 2014. Real-time causal processing of anomaly detection for hyperspectral imagery[J]. IEEE Transactions on Aerospace and Electronic Systems, 50(2): 1511-1534.

CHI M M, BRUZZONE L, 2007. Semisupervised classification of hyperspectral images by SVMs optimized in the primal[J]. IEEE Transactions on Geoscience and Remote Sensing, 45(6): 1870-1880.

COTTER S F, RAO B D, ENGAN K, et al., 2005. Sparse solutions to linear inverse problems with multiple measurement vectors[J]. IEEE Transactions on Signal Processing, 53(7): 2477-2488.

DAI X L, KHORRAM S, 1999. Remotely sensed change detection based on artificial neural networks[J]. Photogrammetric Engineering and Remote Sensing, 65(10): 1187-1194.

DALLA MURA M, VILLA A, BENEDIKTSSON J A, et al., 2011. Classification of hyperspectral images by using extended morphological attribute profiles and independent component analysis[J]. IEEE Geoscience and Remote Sensing Letters, 8(3): 542-546.

DÓPIDO I, LI J, MARPU P R, et al., 2013. Semisupervised self-learning for hyperspectral image classification[J]. IEEE Transactions on Geoscience and Remote Sensing, 51(7): 4032-4044.

DU B, ZHANG L P, 2011. Random-selection-based anomaly detector for hyperspectral imagery[J]. IEEE

Transactions on Geoscience and Remote Sensing,49(5):1578-1589.

DU P J, XIA J S, ZHANG W, et al. , 2012a. Multiple classifier system for remote sensing image classification: A review[J]. Sensors,12(4):4764-4792.

DU P J,LIU S C,GAMBA P,et al. ,2012b. Fusion of difference images for change detection over urban areas[J]. IEEE Journal of Selected Topics in Applied Earth Observations and Remote Sensing,5(4):1076-1086.

DU P J, LIU S C, LIU P, et al. , 2014. Sub-pixel change detection for urban land-cover analysis via multi-temporal remote sensing images[J]. Geo-spatial Information Science,17(1):26-38.

DU Q, YOUNAN N, KING R, 2007. Change analysis for hyperspectral imagery[C]//2007 International Workshop on the Analysis of Multi-temporal Remote Sensing Images,Leuven,Belgium. New York:IEEE:1-4.

DU Y Z, CHANG C I, REN H, et al. , 2004. New hyperspectral discrimination measure for spectral characterization[J]. Optical Engineering,43(8):1777-1786.

DUNDAR M M, LANDGREBE D A, 2004. A cost-effective semi-supervised classifier approach with kernels[J]. IEEE Transactions on Geoscience and Remote Sensing,42(1):264-270.

EISMANN M T, MEOLA J, HARDIE R C, 2008. Hyperspectral change detection in the presenceof diurnal and seasonal variations[J]. IEEE Transactions on Geoscience and Remote Sensing,46(1):237-249.

ERTÜRK A, PLAZA A, 2015. Informative change detection by unmixing for hyperspectral images[J]. IEEE Geoscience and Remote Sensing Letters,12(6):1252-1256.

ERTÜRK A, IORDACHE M D, PLAZA A, 2016. Sparse unmixing-based change detection for multitemporal hyperspectral images[J]. IEEE Journal of Selected Topics in Applied Earth Observations and Remote Sensing,9(2):708-719.

ERTÜRK A, IORDACHE M D, PLAZA A, 2017. Sparse unmixing with dictionary pruning for hyperspectral change detection[J]. IEEE Journal of Selected Topics in Applied Earth Observations and Remote Sensing,10(1):321-330.

FAUVEL M,BENEDIKTSSON J A,CHANUSSOT J,et al. ,2008. Spectral and spatial classification of hyperspectral data using SVMs and morphological profiles[J]. IEEE Transactions on Geoscience and Remote Sensing,46(11):3804-3814.

GAO L R, GUO Q D, PLAZA A, et al. , 2014. Probabilistic anomaly detector for remotely sensed hyperspectral data[J]. Journal of Applied Remote Sensing,8(1):083538.

GOLDBERG H, KWON H, NASRABADI N M, 2007. Kernel eigenspace separation transform for subspace anomaly detection in hyperspectral imagery[J]. IEEE Geoscience and Remote Sensing Letters,4(4):581-585.

HARSANYI J C,CHANG C I,1994. Hyperspectral image classification and dimensionality reduction:An orthogonal subspace projection approach[J]. IEEE Transactions on Geoscience and Remote Sensing,32(4):779-785.

HEINZ D C,CHANG C I,2001. Fully constrained least squares linear spectral mixture analysis method for material quantification in hyperspectral imagery[J]. IEEE Transactions on Geoscience and Remote Sensing,39(3):529-545.

HEMISSI S,ETTABAA K S,FARAH I R,et al. ,2011. A new spatio-temporal ICA for multi-temporal endmembers extraction and change trajectory analysis[C]//Progress in Electromagnetics Research Symposium,Marrakesh,Morocco. Cambridge:1289-1293.

HUANG X, WEN D W, LI J Y, et al., 2017. Multi-level monitoring of subtle urban changes for the megacities of China using high-resolution multi-view satellite imagery[J]. Remote Sensing of Environment, 196:56-75.

IORDACHE M D, BIOUCAS-DIAS J M, PLAZA A, 2011. Sparse unmixing of hyperspectral data[J]. IEEE Transactions on Geoscience and Remote Sensing, 49(6):2014-2039.

IORDACHE M D, BIOUCAS-DIAS J M, PLAZA A, 2012. Total variation spatial regularization for sparse hyperspectral unmixing[J]. IEEE Transactions on Geoscience and Remote Sensing, 50(11):4484-4502.

JACKSON Q, LANDGREBE D A, 2002. Adaptive Bayesian contextual classification based on Markov random fields[J]. IEEE Transactions on Geoscience and Remote Sensing, 40(11):2454-2463.

JEON B, LANDGREBE D A, 1992. Classification with spatio-temporal interpixel class dependency contexts[J]. IEEE Transactions on geoscience and remote sensing, 30(4):663-672.

KARSMAKERS P, PELCKMANS K, SUYKENS J A K, 2007. Multi-class kernel logistic regression: A fixed-size implementation[C]//2007 International Joint Conference on Neural Networks, Orlando, FL, USA. New York: IEEE:1756-1761.

KHAZAI S, HOMAYOUNI S, SAFARI A, et al., 2011. Anomaly detection in hyperspectral images based on an adaptive support vector method[J]. IEEE Geoscience and Remote Sensing Letters, 8(4):646-650.

KRISHNAPURAM B, CARIN L, FIGUEIREDO M A T, et al., 2005. Sparse multinomial logistic regression: Fast algorithms and generalization bounds[J]. IEEE Transactions on Pattern Analysis and Machine Intelligence, 27(6):957-968.

KUNCHEVA L I, 2014. Combining pattern classifiers: Methods and algorithms[M]. 2nd ed. New York: Wiley.

KWON H, NASRABADI N M, 2005. Kernel RX-algorithm: A nonlinear anomaly detector for hyperspectral imagery[J]. IEEE Transactions on Geoscience and Remote Sensing, 43(2):388-397.

LECUN Y, BENGIO Y, HINTON G, 2015. Deep learning[J]. Nature, 521(7553):436-444.

LI F, ZHANG X W, ZHANG L, et al., 2018. Exploiting structured sparsity for hyperspectral anomaly detection[J]. IEEE Transactions on Geoscience and Remote Sensing, 56(7):4050-4064.

LI J, BIOUCAS-DIAS J M, PLAZA A, 2010. Semisupervised hyperspectral image segmentation using multinomial logistic regression with active learning[J]. IEEE Transactions on Geoscience and Remote Sensing, 48(11):4085-4098.

LI W, DU Q, 2015a. Decision fusion for dual-window-based hyperspectral anomaly detector[J]. Journal of Applied Remote Sensing, 9(1):097297.

LI W, DU Q, 2015b. Collaborative representation for hyperspectral anomaly detection[J]. IEEE Transactions on Geoscience and Remote Sensing, 53(3):1463-1474.

LING Q, GUO Y L, LIN Z P, et al., 2019. A constrained sparse representation model for hyperspectral anomaly detection[J]. IEEE Transactions on Geoscience and Remote Sensing, 57(4):2358-2371.

LIU S C, BRUZZONE L, BOVOLO F, et al., 2015a. Hierarchical unsupervised change detection in multitemporal hyperspectral images[J]. IEEE Transactions on Geoscience and Remote Sensing, 53(1):244-260.

LIU S C, BRUZZONE L, BOVOLO F, et al., 2015b. Sequential spectral change vector analysis for iteratively discovering and detecting multiple changes in hyperspectral images[J]. IEEE Transactions on

Geoscience and Remote Sensing,53(8):4363-4378.

LIU S C,DU Q,TONG X H,et al.,2017a. Band selection-based dimensionality reduction for change detection in multi-temporal hyperspectral images[J]. Remote Sensing,9(10):1008.

LIU S C,TONG X,BRUZZONE L,et al.,2017b. A novel semisupervised framework for multiple change detection in hyperspectral images[C]//2017 IEEE International Geoscience and Remote Sensing Symposium, Fort Worth,TX,USA. New York:IEEE:173-176.

LIU S C,MARINELLI,BRUZZONE L,et al.,2019. A review of change detection in multitemporal hyperspectral images: Current techniques, applications, and challenges[J]. IEEE Geoscience and Remote Sensing Magazine,7(2):140-158.

LIU W M,CHANG C I,2013. Multiple-window anomaly detection for hyperspectral imagery[J]. IEEE Journal of Selected Topics in Applied Earth Observations and Remote Sensing,6(2):644-658.

LIU Y J,GAO G M,GU Y F,2017b. Tensor matched subspace detector for hyperspectral target detection [J]. IEEE Transactions on Geoscience and Remote Sensing,55(4):1967-1974.

MA N,PENG Y,WANG S J,2019. A fast recursive collaboration representation anomaly detector for hyperspectral image[J]. IEEE Geoscience and Remote Sensing Letters,16(4):588-592.

MARINELLI D,BOVOLO F,BRUZZONE L,2019. A novel change detection method for multitemporal hyperspectral images based on binary hyperspectral change vectors[J]. IEEE Transactions on Geoscience and Remote Sensing,57(7):4913-4928.

MEI F,ZHAO C H,HUO H J,et al.,2008. An adaptive kernel method for anomaly detection in hyperspectral imagery[C]//2008 Second International Symposium on Intelligent Information Technology Application,Shanghai,China. New York:IEEE:874-878.

MEOLA J,EISMANN M T,MOSES R L,et al.,2012. Application of model-based change detection to airborne VNIR/SWIR hyperspectral imagery[J]. IEEE Transactions on Geoscience and Remote Sensing,50 (10):3693-3706.

MIKA S,RATSCHG,WESTON J,et al.,1999. Fisher discriminant analysis with kernels[C]//Neural Networks for Signal Processing IX: Proceedings of the 1999 IEEE Signal Processing Society Workshop, Madison,WI,USA. New York:IEEE:41-48.

MOSERG,SERPICO S B,2013. Combining support vector machines and Markov random fields in an integrated framework for contextual image classification[J]. IEEE Transactions on Geoscience and Remote Sensing,51(5):2734-2752.

MUNOZ-MARI J,TUIA D,CAMPS-VALLS G,2012. Semisupervised classification of remote sensing images with active queries[J]. IEEE Transactions on Geoscience and Remote Sensing,50(10):3751-3763.

NAKHOSTIN S,CLENET H,CORPETTI T,et al.,2016. Joint anomaly detection and spectral unmixing for planetary hyperspectral images[J]. IEEE Transactions on Geoscience and Remote Sensing,54(12): 6879-6894.

NASCIMENTO J M P,BIOUCAS-DIAS J M,2005. Vertex component analysis: A fast algorithm to unmix hyperspectral data[J]. IEEE Transactions on Geoscience and Remote Sensing,43(4):898-910.

NIELSEN A A,2011. Kernel maximum autocorrelation factor and minimum noise fraction transformations[J]. IEEE Transactions on Image Processing,20(3):612-624.

NIELSEN A A,CONRADSEN K,SIMPSON J J,1998. Multivariate alteration detection(MAD) and

MAF postprocessing in multispectral, bitemporal image data: New approaches to change detection studies[J]. Remote Sensing of Environment, 64(1):1-19.

NIU Y B, WANG B, 2017. Extracting target spectrum for hyperspectral target detection: An adaptive weighted learning method using a self-completed background dictionary[J]. IEEE Transactions on Geoscience and Remote Sensing, 55(3):1604-1617.

OZKAN S, KAYA B, AKAR G B, 2019. EndNet: Sparse autoencoder network for endmember extraction and hyperspectral unmixing[J]. IEEE Transactions on Geoscience and Remote Sensing, 57(1):482-496.

PATRA S, BRUZZONE L, 2014. A novel SOM-SVM-based active learning technique for remote sensing image classification[J]. IEEE Transactions on Geoscience and Remote Sensing, 52(11):6899-6910.

PERSELLO C, BRUZZONE L, 2014. Active and semisupervised learning for the classification of remote sensing images[J]. IEEE Transactions on Geoscience and Remote Sensing, 52(11):6937-6956.

PLAZA A, BENEDIKTSSON J A, BOARDMAN J W, et al., 2009. Recent advances in techniques for hyperspectral image processing[J]. Remote Sensing of Environment, 113(1):S110-S122.

RANNEY K I, SOUMEKH M, 2006. Hyperspectral anomaly detection within the signal subspace[J]. IEEE Geoscience and Remote Sensing Letters, 3(3):312-316.

RATLE F, CAMPS-VALLSG, WESTON J, 2010. Semisupervised neural networks for efficient hyperspectral image classification[J]. IEEE Transactions on Geoscience and Remote Sensing, 48(5):2271-2282.

REED I S, YU X, 1990. Adaptive multiple-band CFAR detection of an optical pattern with unknown spectral distribution[J]. IEEE Transactions on Acoustics, Speech, and Signal Processing, 38(10):1760-1770.

ROBEY F C, FUHRMANN D R, KELLY E J, et al., 1998. A Cfar adaptive matched filter detector[J]. IEEE Transactions on Aerospace and Electronic Systems, 1992, 28(1):208-216.

SCHARF L L, FRIEDLANDER B, 1994. Matched subspace detectors[J]. IEEE Transactions on Signal Processing, 42(8):2146-2157.

SHAHSHAHANI B M, LANDGREBE D A, 1994. The effect of unlabeled samples in reducing the small sample size problem and mitigating the Hughes phenomenon[J]. IEEE Transactions on Geoscience and Remote Sensing, 32(5):1087-1095.

SINGH A, 1989. Review article digital change detection techniques using remotely-sensed data[J]. International Journal of Remote Sensing, 10(6):989-1003.

SOOFBAF S R, SAHEBI M R, MOJARADI B, 2018. A sliding window-based joint sparse representation (SWJSR) method for hyperspectral anomaly detection[J]. Remote Sensing, 10(3):434.

SU Y C, LI J, PLAZA A, et al., 2019. DAEN: Deep autoencoder networks for hyperspectral unmixing[J]. IEEE Transactions on Geoscience and Remote Sensing, 57(7):4309-4321.

TAITANO Y P, GEIER B A, BAUER JR K W, 2010. A locally adaptable iterative RX detector[J]. Journal on Advances in Signal Processing, (11):341980.

TAN J, ZHANG J P, ZHANG Y, 2017. Target detection for polarized hyperspectral images based on tensor decomposition[J]. IEEE Geoscience and Remote Sensing Letters, 14(5):674-678.

TAN K, LI E Z, DU Q, et al., 2014. An efficient semi-supervised classification approach for hyperspectral imagery[J]. ISPRS Journal of Photogrammetry and Remote Sensing, 97:36-45.

THEILER J, SCOVEL C, WOHLBERG B, et al., 2010. Elliptically contoured distributions for anomalous change detection in hyperspectral imagery[J]. IEEE Geoscience and Remote Sensing Letters, 7(2):271-275.

TUIA D, RATLE F, PACIFICI F, et al., 2009. Active learning methods for remote sensing image classification[J]. IEEE Transactions on Geoscience and Remote Sensing,47(7):2218-2232.

WANG Y T,HUANG S Q,LIU D Z,et al.,2017. A target detection method for hyperspectral imagery based on two-time detection[J]. Journal of the Indian Society of Remote Sensing,45(2):239-246.

WEN D W,HUANG X,ZHANG L P,et al.,2016. A novel automatic change detection method for urban high-resolution remotely sensed imagery based on multiindex scene representation[J]. IEEE Transactions on Geoscience and Remote Sensing,54(1):609-625.

WINTER M E,1999. N-FINDR:An algorithm for fast autonomous spectral end-member determination in hyperspectral data[J]. Proceedings of SPIE-The International Society for Optical Engineering,3753:266-275.

WOŹNIAK M,GRAÑA M,CORCHADO E,2014. A survey of multiple classifier systems as hybrid systems[J]. Information Fusion,16:3-17.

WU C,DU B,ZHANG L P,2013. A subspace-based change detection method for hyperspectral images [J]. IEEE Journal of Selected Topics in Applied Earth Observations and Remote Sensing,6(2):815-830.

WU C,ZHANG L P,DU B,2015. Hyperspectral anomaly change detection with slow feature analysis[J]. Neurocomputing,151:175-187.

XU X,SHI Z W,PAN B,2018. A supervised abundance estimation method for hyperspectral unmixing [J]. Remote Sensing Letters,9(4):383-392.

XU Y,DU Q,YOUNAN N H,2017. Particle swarm optimization-based band selection for hyperspectral target detection[J]. IEEE Geoscience and Remote Sensing Letters,14(4):554-558.

XU Y,WU Z B,LI J,et al.,2016. Anomaly detection in hyperspectral images based on low-rank and sparse representation[J]. IEEE Transactions on Geoscience and Remote Sensing,54(4):1990-2000.

YANG B,YANG M H,PLAZA A,et al.,2015a. Dual-mode FPGA implementation of target and anomaly detection algorithms for real-time hyperspectral imaging[J]. IEEE Journal of Selected Topics in Applied Earth Observations and Remote Sensing,8(6):2950-2961.

YANG S,SHI Z W,TANG W,2015b. Robust hyperspectral image target detection using an inequality constraint[J]. IEEE Transactions on Geoscience and Remote Sensing,53(6):3389-3404.

YUAN Z Z,SUN H,JI K F,et al.,2014. Local sparsity divergence for hyperspectral anomaly detection [J]. IEEE Geoscience and Remote Sensing Letters,11(10):1697-1701.

ZANETTI M,BOVOLO F,BRUZZONE L,2015. Rayleigh-Rice mixture parameter estimation via EM algorithm for change detection in multispectral images[J]. IEEE Transactions on Image Processing,24(12):5004-5016.

ZHANG L L, ZHAO C H, 2016. Sparsity divergence index based on locally linear embedding for hyperspectral anomaly detection[J]. Journal of Applied Remote Sensing,10(2):025026.

ZHANG L L, ZHAO C H, 2017. A spectral-spatial method based on low-rank and sparse matrix decomposition for hyperspectral anomaly detection[J]. International Journal of Remote Sensing,38(14):4047-4068.

ZHANG X R,SONG Q,LIU R C,et al.,2014. Modified co-training with spectral and spatial views for semisupervised hyperspectral image classification[J]. IEEE Journal of Selected Topics in Applied Earth Observations and Remote Sensing,7(6):2044-2055.

ZHANG X R,SUN Y J,ZHANG J Y,et al.,2018. Hyperspectral unmixing via deep convolutional neural networks[J]. IEEE Geoscience and Remote Sensing Letters,15(11):1755-1759.

ZHANG Y X, DU B, ZHANG L P, et al., 2016. A low-rank and sparse matrix decomposition-based Mahalanobis distance method for hyperspectral anomaly detection[J]. IEEE Transactions on Geoscience and Remote Sensing,54(3):1376-1389.

ZHANG Z, XU Y, YANG J, et al., 2015. A survey of sparse representation: Algorithms and applications [J]. IEEE Access,3:490-530.

ZHAO C H, YAO X F, HUANG B, 2016. Real-time anomaly detection based on a fast recursive kernel RX algorithm[J]. Remote Sensing,8(12):1011.

ZHAO R, DU B, ZHANG L P, 2014. A robust nonlinear hyperspectral anomaly detection approach[J]. IEEE Journal of Selected Topics in Applied Earth Observations and Remote Sensing,7(4):1227-1234.

ZHAO R, DU B, ZHANG L P, 2017. Hyperspectral anomaly detection via a sparsity score estimation framework[J]. IEEE Transactions on Geoscience and Remote Sensing,55(6):3208-3222.

ZHAO Z Q, ZHENG P, XU S T, et al., 2019. Object detection with deep learning: A review[J]. IEEE Transactions on Neural Networks and Learning Systems,30(11):3212-3232.

ZHENG X T, YUAN Y, LU X Q, 2016. A target detection method for hyperspectral image based on mixture noise model[J]. Neurocomputing,216:331-341.

ZHOU J, KWAN C, AYHAN B, et al., 2016. A novel cluster kernel RX algorithm for anomaly and change detection using hyperspectral images[J]. IEEE Transactions on Geoscience and Remote Sensing, 54 (11):6497-6504.

ZHU L X, WEN G J, QIU S H, 2018. Low-rank and sparse matrix decomposition with cluster weighting for hyperspectral anomaly detection[J]. Remote Sensing,10(5):707.

ZOU Q, NI L H, ZHANG T, et al., 2015. Deep learning based feature selection for remote sensing scene classification[J]. IEEE Geoscience and Remote Sensing Letters,12(11):2321-2325.

第 5 章 地质环境中高光谱遥感道路提取

道路是人们生活空间的支柱和必不可少的基础设施,连接不同的功能区域,并且在人类文明中起着重要作用。道路网作为基础地理信息,它的识别和精确定位对影像理解、制图等具有重要意义,而高光谱遥感道路提取在军事上也具有重要的战略价值。

5.1 道路的影像特征

影像特征是由物体的物理与几何特性使影像中局部区域的灰度产生明显变化而形成的。具有特征的局部区域意味着有较大的信息量,而在没有特征的区域,应当只有较小的信息量。对遥感影像地物目标进行提取时,首先要明确提取目标的定义及特征。线状地物或线特征与其他类型的地物区分主要是几何上的,像道路、河流等都是具有线特征的目标,其中道路的提取最为重要。

对遥感影像进行道路提取,首先要采用各种特征提取算法对边缘等有用特征进行提取,然后从影像中找出满足道路特征的区域作为道路,最后对所提取的道路区域采用不同的后处理方法(形态学、条件随机场等)进行优化,从而得到最终的道路提取结果。而从遥感影像中提取道路的主要困难在于影像道路特征的提取会受到传感器类型、光谱分辨率和空间分辨率、天气、光照变化及地面特征等诸多因素的影响。考虑道路特征的提取对道路最终检测结果的好坏有着直接的影响,所以在道路提取的过程中,要求道路所提取特征尽可能具备高鲁棒性,以提升道路提取的准确性和适应性。因此,在遥感影像道路提取任务中,对道路的特征进行分析尤为重要。

遥感影像中道路的基本特征可以从如下 5 个不同的方面进行总结。

5.1.1 光谱特征

道路由于其材质原因,灰度比较均匀,纹理较为一致,与邻接区域的灰度形成较大对比度。通常情况下道路路面更为明亮,且与相邻区域有较大的反差,故而可以通过像素点灰度的阈值分割进行道路提取。

5.1.2 几何特征

道路因等级因素可以有不同的宽度,但同一支路的道路宽度基本不变,有明显的方向特征,并且通常呈现长条带形。此外,道路的两条边缘互相平行,方向变化比较慢,弯曲程度变化不大,道路交叉口会形成"T"形或"Y"形等几何形状。

5.1.3 拓扑特征

道路间连接交叉形成连通的网络,不会突然中断,交叉点是网络的节点。

5.1.4 背景特征

背景特征也称上下文特征,指与道路相关的局部上下文特征和全局上下文特征。道路周围的目标如建筑物、行道树、路面的汽车及交通标识等,为道路的辅助提取提供了局部上下文特征。此外,全局上下文特征提供了遥感影像的全局信息,影像中道路整体背景是乡村还是城市,都会影响道路原有特征从而造成不同的道路提取难度。

5.1.5 纹理特征

纹理在影像中具有区域性特征,是反映影像同质现象的一种视觉特征。它与颜色和强度信息无关。纹理特征的本质是寻找邻域内像素灰度级的空间分布(曹云刚等,2016)。

影像中不同的道路特征对道路提取具有不同的性质。几何特征与道路形状有直接关系。光谱特征是接近道路的灰度或颜色。拓扑特征和功能特征相对简单,但在实际中很难应用。在实际的遥感影像道路提取研究中,道路提取方法往往综合使用多个道路特征而不是某个单一特征。然而,由于受光照、阴影和遮挡等情况的影响,影像中道路的某些特征往往不完整或者有缺失,从遥感影像中提取道路变得困难。因此,在高光谱遥感影像道路提取任务中,如何有效地利用与结合影像中道路的各种特征来提取道路,一直是众多学者研究的热点与方向。

5.2 道路提取方法

根据影像处理的框架不同,道路提取任务可以分为3种风格。第一种是基于像元的方法,通过充分利用影像灰度值实现边缘等有效纹理特征提取,从而能够迅速找出道路边缘的一对平行线,并实现道路区域的提取。该方法直观易懂但是提取道路的精度不高。第二种是面向对象的方法,通过采用影像分割算法或聚类思想来提取影像中同质部分的小块并实现道路目标区域的有效提取。该方法容易与其他类道路目标混合,如河流、飞机跑道、山脊等。第三种是基于深度学习的方法,深度学习是一种从大量样本中分层挖掘数据本质特征的表达框架,能够实现像素级遥感道路数据的高层次特征提取,一定程度上能够避免类道路目标的错误提取且对遮挡效果更具鲁棒性,从而实现道路更加准确高效的提取,但此方法仍有待进一步提升。

基于像元的方法主要利用波谱特征的差异;基于对象的方法意在将数据和操作封装于对象的统一体中;而基于深度学习的方法则结合了像元与对象的优点,根据机器自主学习的特点,先对目标特征进行学习,再将提取的特征反馈到分类器中执行分割,最后由后处理得到目标物体,该方法对道路提取的准确性和完整性都有很大的提升。

5.2.1 基于像元的高光谱遥感道路提取

像元作为高分辨率遥感影像中的最小基本单元,往往能够很好地反映出遥感影像的各种特征。此外,像元也是一种同时兼具光谱特征和空间特征的最小基本单元。在高分辨率遥感影像道路提取中,基于像元的方法虽然传统但都足够经典,主要有阈值分割法和边缘检测法。

1. 阈值分割法道路提取

阈值分割法的主要目的是通过计算影像的灰度特征从而得到一个或多个灰度阈值,并通过将影像中每个像元的灰度值与计算所得的阈值进行比较,然后依据最终的对比结果将各像素点进行准确的分类。因此这种方法的关键是要选定最优灰度阈值。为了提升算法模型对道路区域的检测效率,并在一定程度上缓解阈值选择困难这一问题,阙昊懿等(2014)针对阈值选择的复杂性提出了双阈值序列相似度检测算法(sequence similarity detection algorithm,SSDA),该算法主要采用双阈值策略以增加阈值选取时的弹性空间。但该算法对弯曲且复杂程度较高的道路边缘信息提取准确度较差。为了权衡道路区域提取的实时性和有效性,周家香等(2013)首先引用均值平移算法(mean-shift)来初步分割与平滑影像,然后加入直方图双阈值方法以降低原始算法对边缘的敏感性,并最终实现了对道路的分割。但是该方法同样对弯曲程度较高的道路段提取结果不理想,易造成道路中心的偏移。Shanmugam 和 Kaliaperumal(2016)提出了一种基于水流的半自动道路网络提取方法,通过采用动态阈值更新的方法,在不需要人工干预的情况下,用较少的自动生成的锚点来识别复杂的道路交叉点,可以用较少的计算时间检测沿着道路的宽度、方向和长度连接到该交叉点的道路的数量,从而对不同形状的交叉点(不同锐角的 y 形)、交叉点和重叠的高架弯道提取实现较好的性能提升。Mu 等(2016)通过对影像进行预处理以减小斑点的影响,利用 Otsu 阈值法获得只有背景和目标的二值影像信息,并通过数学形态学的开孔操作去除无用的非道路信息从而实现最终的道路提取。但该方法的道路提取速度有待提升,且对无关特征的识别仍待改进。李建和张其栋(2017)针对影像首先采用自适应阈值法进行锐化,再基于道路的拓扑特征,通过利用霍夫圆检测和直线检测实现影像中的道路区域提取,但是霍夫圆检测对具备一定弯曲程度的道路提取效果不佳。

2. 边缘检测法道路提取

考虑道路与非道路背景边缘的灰度值往往会呈现阶跃型或屋顶型变化，因此边缘检测法的本质原理就是基于像素灰度值的边缘检测。Yin 等(2015)首先对高分辨遥感道路影像采用了区域分割和边缘检测的方法，得到了相应的几何信息和边缘信息，并将这些信息进行特征融合，最后将融合后的特征采用蚁群优化算法实现了道路的提取。曾发明等(2013)利用高分辨率矿区遥感道路影像，提出了一种基于 Canny 边缘检测算子，通过采用所提算子对影像进行边缘检测并进行相应的边缘匹配以得到道路边缘，实现对矿区道路的定位和矢量化，该算法对道路区域提取的结果准确性强关联于边缘检测算子的适当选择。此外，考虑传统算子对方向特征的不敏感易造成道路边缘细节的丢失，该方法在复杂背景下的道路区域提取性能还有待提高。考虑传统边缘检测算子在方向和模板尺寸上的局限性及道路边缘连续且完整的特点，谭媛等(2016)提出了一种改进的 Sobel 算子(5×5 的 8 方向模板)，通过杨辉三角形理论完成各方向最优模板的推导，实现了多方向上的道路边缘检测，最终提取得到了完整、平滑且连续的道路，但是该方法步骤比较烦琐，效率有待提高。针对道路受到建筑和树木遮挡导致影像道路边缘线提取效果较弱这一问题，徐南和周绍光(2015)提出了一种新的遥感影像道路边缘线提取方法，首先利用方向模板检测边缘点并得到各分块影像中的子线段，然后对子线段进行投票并延伸，取各方向大于特定阈值的边缘线进行并集处理，以得到最终的道路网，该方法对带有一定曲率且噪声影响严重的道路边缘线有很好的提取效果。

5.2.2　面向对象的高光谱遥感道路提取

面向对象的道路提取方法就是直接将道路对象作为一个整体进行建模。基于对象的方法一般先通过聚类或相关影像分割算法将影像分割成一块块具有同质性的小区域，然后再以小区域为基本单元进行道路区域的提取。在高光谱遥感道路提取中主要基于对象的方法有区域法、知识模型法和纹理分析法。

1. 区域法道路提取

顾名思义，区域法就是依据相似度原则将影像分成不同的区域块。潘婷婷和李朝锋(2008)提出了一种基于区域生长型分水岭算法的道路提取方法，首先使用高通滤波器对影像进行平滑和去噪处理，并基于提出的分水岭算法实现道路信息提取，最后通过面积特征后处理以去除误提斑点区域。Cai 和 Yao(2013)基于数学形态学理论提出了一种改进的分水岭分割算法，将影像分割成互相连通的区域块，通过选取适当的局域同质性阈值、去除小斑块和区域合并来进行优化，并最终实现了道路的提取。该方法能够有效缓解过度分割的现象，但该方法在合并规则和运行速度上有待提高，道路的上下文特征也有待进一步挖掘。金静等(2017)提出了区域增长算法，即搜索已提种子点 4 邻域范围内的像素，将满足条件的像素作为增长后的区域，并作为新的种子点迭代下去，直到所有种子点不满足条件为止，当路面存在较大干扰信息或者出现遮挡时，该方法分割效果较差。周爱霞等(2017)采用了区域多尺度分割的方法,通过确保合并后对象的异质性小于给定的阈值,从而提升对象分割效果,该方法较好地克服了道路与阴影混淆及图斑不完整的问题,但具体操作复杂、步骤较多。余长慧和易尧华(2011)利用标记点分水岭将影像分割为小区域,引入基于对象的马尔可夫随机场(Markov random field,MRF)方法来提取道路,但算法对道路的提取和分析结果依赖于影像的分割结果,提取精度也有待提高。Li 等(2016a)通过模糊集理论进行道路小区域合并,以达到提取道路区域的目的。根据道路区域具有连通区域长、曲率变化缓慢等特点,曹云刚等(2016)提出了二值影像自适应阈值法去除经过粗提取后的影像的非道路区域,该方法较好地改善了椒盐噪声和黏连现象,但是需要借助地表真实值作为训练样本,具有一定的难度。

2. 知识模型法道路提取

高分辨率遥感影像中包含了丰富的空间细节信息,使地物的内部结构清晰可见,为此王建华等(2016)提出了加入空间纹理信息的方法,并通过建立知识模型提取假设道路并验证,但该方法容易受到混合像元的影响,导致道路边界不清楚,因此适用于中高等级城市道路提取。张曦等(2016)针对传统的遥感影像道路提取算法存在错漏率较高的问题,提出了一种基于时频特征和域自适应学习分类器的高分辨率航空遥感影像道路提取新算法,利用地统计学与三维小波变换分别提取道路的时域纹理特征和频域光谱特征,并将获取的时域纹理特征与频域光谱特征构成道路特征,用于训练由支持向量机模型构建的域自适应分类器以实现道路的初步提取。但是该方法对通用的线性特征获取存在一定的问题,从而较难应用于多尺度影像。裔阳等(2017)提出了一种将 SVDD 与 SVM 相结合的模型,由路径开运算和形态学后处理得到最终的道路,该方法的参数选定需要大量的实验,从而降低了效率。针对传统马尔可夫随机场不能充分利用上下文信息的特点,谭红春等(2016)结合条件随机场(conditional random field,CRF)和对象级影像分析法,利用各个对象构建的邻接关系,建立基于对象的条件随机场模型,并采用相应特征进行模型训练和推断,实现了道路的分离,但该方法存在一定程度的冗余,且提取相邻道路之间的连通性也不完整。

3. 纹理分析法道路提取

纹理分析就是通过影像处理技术提取纹理特征,通常可分为统计分析和结构分析。Zang 等(2017)提出了采用联合增强滤波抑制高对比度纹理的干扰,同时增强路面区域,再由自适应平滑来抑制噪声,平滑重质纹理,保留潜在路面结构。吴学文和徐涵秋(2010)在水平集框架下结合遥感影像的梯度、绿光和近红外波段的差值数据及 Gabor 小波纹理特征,利用快速行进的方法提取道路,但该方法对有较多云覆盖的区域提取效果一般且算法相对复杂。Cheng 等(2016)根据影像的纹理特征和几何特征提出了基于对象的特征提取,所提出的方法在农村道路和郊区道路上表现良好,但在城市道路影像上表现可能会下降,并且不能有效地推断或连接长的不连续性的道路。仅仅依靠灰度值不能很好地区分道路。周绍光等(2013)提出了基于形状先验和图割(graph cut)法原理的方法,主要由 Gabor 滤波提取纹理特征,将基于无符号距离函数的矩形模板和星形约束加入能量函数中,并结合图割法解算,从而形成新的动态分割方法来获取道路图,但动态外推方法较为复杂,需要依次选取每一条道路段,增加了提取的时间。Chen 等(2014)提出了根据方向纹理特征的统计分组的半自动道路提取方法。该方法首先采用多方向多尺度 Gabor 滤波器来检测道路纹理的方向;然后同一方向像素在约束矩形模板下分组,生成道路基本元素;最后,使用模拟退火算法优化连接的道路。

5.2.3 基于深度学习的高光谱遥感道路提取

近年来深度学习革命在计算机视觉和人工智能领域有着显著的成就,深度学习与传统的识别方法最大的不同在于从大数据中自动学习所需要的特征。深度学习提供的是分布式的特征表示,其模型具有强大的学习能力和高效的特征表达能力,能够从像素级原始数据到抽象的语义概念逐层提取信息,这使得它在提取影像的全局特征和上下文信息方面具有突出的优势。由于深度学习能够直接作用于原始数据,自动逐层地进行特征学习,减少大量的人力劳动,是一种先进又高效的方法,很适合对道路特征进行学习从而自动提取道路。在遥感影像道路提取的方法中主要用到的深度学习算法有卷积神经网络(CNN)及全卷积网络(full convolutional network,FCN)。

1. 卷积神经网络道路提取

近年来,深度卷积神经网络(deep convolutional neural network,DCNN)(Szegedy et al.,2017;He et al.,2016;Simonyan and Zisserman,2014;Krizhevsky et al.,2012)在许多视觉识别任务中都表现出了优势。在道路提取领域,Mnih 和 Hinton(2010)首次尝试应用深度学习技术,提出了一种利用受限玻尔兹曼机从高分辨率航空影像中检测道路区域的方法。不同于受限玻尔兹曼机作为基本模块构建深度神经网络,Saito 等(2016)使用卷积神经网络直接从原始遥感影像中提取建筑物和道路,该方法在马萨诸塞州(Massachusetts)公路数据集上取得了更好的结果。刘如意等(2017)使用 CNN 进行像素的分类,将其分为道路类和非道路类,然后对影像进行孔洞填充,得到比较纯净的道路,但该方法的参数设定是建立在大量实验基础上的,费时费力。Li 等(2016b)提出了基于深度学习和线性整合卷积的道路提取方法,CNN 可以训练足够的数据集,用于预测像素属于道路区域的概率,并为每个像素分配标签来描述它是否为道路,线性积分卷积算法用于开发平滑粗糙的地图连接小间隙,保留边缘信息,加强道路网络结构,该方法性能较高,但是还需要结合其他对潜在路段敏感的有效算法,实现更高的质量性能。Xia 等(2017)提出了基于深度卷积网络的道路提取方法,通过对不同的道路使用弱监督标签,然后采用 Deep Lab 构建深度学习模式,由深层次的 ResNet 对标签进行训练,并对数据进行测试,最后由完全连接的条件随机场使边界恢复,并在滑动窗口中应用光谱角度距离计算相邻像素之间的差异,用于连接相邻的路段,但是网络由于模型较深,其消耗的时间也较多。John 等(2016)采用反卷积神经网络(DeconvNet)对道路场景进行初始语义分割估计,根据道路的场景外观、深度和几何特征对这些初步估计进行细化,从而提取最终的道路,该方法在类间边界处的语义分割效果较好,但算法还需使用更多对象类的更大数据集来评估,算法的实时性还需提高。

2. 全卷积网络道路提取

基于 CNN 的分割方法通常采用影像块对像素点进行预测分类，在一定程度上会忽略空间一致性从而影响提取效果。加之使用像素块带来了大量重复存储和计算卷积问题，对内存要求较高的同时极大地降低了网络训练速度，因而出现了全卷积网络。最早的全卷积网络(Long et al.,2015)是由伯克利(Berkeley)团队提出的用以代替传统基于 CNN 的语义分割方法，实现了端对端(end-to-end)的影像语义分割，因而被广泛应用于高分辨率遥感影像领域。Zhong 等(2016)使用 FCN 对高分辨率遥感影像数据集中的道路及建筑物进行提取，并选择马萨诸塞州道路和建筑数据集用于模型的训练、验证和测试，最终将模型道路提取准确率显著提升至 78%，从而对道路实现更精准的分割与提取。Caltagirone 等(2017)提出了对 FCN 进行训练，以在顶视图中进行道路检测，优点在于能够对动态改变的感兴趣区域(regions of interest,ROI)中实现道路提取，最后返回道路可信度映射，但此算法需要较高的图形处理单元(graphics processing unit,GPU)配置及相应的高性能的中央处理器(central processing unit,CPU)。考虑 FCN 上采样过程中存在着边缘细节分割不准确的问题，Badrinarayanan 等(2017)提出了一个深度卷积的编码-解码结构的语义分割模型，该模型采用 VGG16 前 10 层作为编码部分，并结合自提出的最大池化索引(max-pooling index)策略，实现目标边缘信息更为准确的分割。此外，区别于一般的 FCN，Ronneberger 等(2015)提出了 U-net，通过将不同层次的特征映射连接(concatenate)起来替代 FCN 中不同池化层的相加，实现了模型低层次细节信息与高级语义信息的融合，并最终提高了相应医疗影像的分割精度。U-net 因其对训练样本数目低要求性及网络参数少的轻架构性，之后被广泛应用于遥感影像道路提取任务(Buslaev et al.,2018)。Shi 等(2017)提出了一个新颖的端对端生成对抗网络(generative adversarial network,GAN)，其通过构建一个基于对抗训练的卷积神经网络，能够判别分割图是来自 ground truth 还是分割模型生成的结果，从而极大地提升了遥感影像道路提取的性能。此外，最近结合深度残差学习和 U-net 架构优点构建的各类语义分割网络，已应用到高分辨率航空影像中的道路提取任务，并取得了当前最优的分类性能(Zhang et al.,2018;Zhou et al.,2018;Chaurasia and Culurciello,2017)。

5.3 道路提取典型案例

传统道路提取任务中基于像元的方法充分利用影像灰度值，但易产生噪声，对复杂道路口提取效果不佳，需要结合道路几何特征进行大量的后处理来修复初提取的道路。面向对象的道路提取方法具有良好的抗噪性和适用性，但易造成误分，从而产生黏连现象，并且设计相对复杂，提取精度有待提高。随着近年来深度学习技术的发展，通过深层神经网络能够实现道路本质特征自动学习提取，实现更加精确的道路提取，适用分辨率更高且数据规模更大的道路提取任务。因此，本节将主要介绍几种经典深度学习语义分割网络，并分别通过实验对真实遥感影像进行道路提取，分析实验结果对比它们的分割性能。

通常 FCN 特指由加利福尼亚大学伯克利分校的 Long 等(2015)提出的 fully convolutional

network。FCN 的目标是直接从特征影像得到每个像素所属类别,将影像的分类识别直接从影像级别的分类细化到像素级别分类,这种模型正是高光谱遥感影像道路提取所希望的结构。其网络结构如图 5.1 所示。

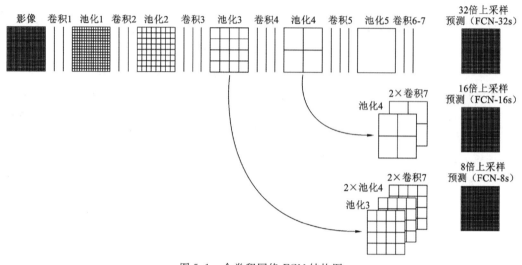

图 5.1　全卷积网络 FCN 结构图

由图 5.1 可知,FCN 的本质是将传统用于影像分类的卷积神经网络(CNN)中的全连接层变为卷积层,再通过反卷积层进行上采样,将特征图调整为和输入一样的大小,从而对每个像素都产生一个预测,同时又保留原始影像中的空间信息,最后从上采样的特征图中逐像素分离出道路。所有的层都是卷积层,故称为全卷积网络。反卷积层是一种上采样方法,其作用是实现输入特征图的大小调整。反卷积的操作可以等价于先在输入特征像素之间填充值为零的像素,然后再进行常规的卷积操作,于是就将输入特征图利用卷积操作完成了特征图的上采样操作。设置好反卷积操作的相关参数,保证每进行一次反卷积操作时,特征图的长宽放大 1 倍,使之与特征提取结构层形成对称结构。

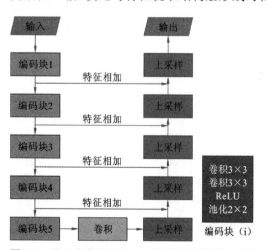

图 5.2　基于改进的 FCN-2s 道路提取网络模型结构

原始全卷积网络只能对影像中物体的大致位置进行定位,而对于边缘细节部分的提取精度不高,目视效果较为模糊。考虑高光谱遥感影像道路提取任务中不同的地物背景拥有不同尺度的道路,尤其针对等级较低的道路,原始 FCN 的结构很难实现对低等级道路的精确提取。为了能够顺利提取出原始影像中的低等级道路区域,在 FCN 的基础上通过增加网络对等层之间的联系,从而来提升对边缘细节信息的分割效果。其具体结构如图 5.2 所示。

语义分割网络(segmentation net, SegNet)是剑桥大学的一个研究团队基于 caffe 框架提出的旨在解决影像语义分割的深度全卷积网络。SegNet 结构基于 FCN,是通过修改 VGG-16 网络得到的语义分割网络,有两种版本的 SegNet,分别为 SegNet 与 Bayesian SegNet。这里主要讨论的是 SegNet。SegNet 与 FCN 的思路十分相似,只是编码和解码使用的技术不一致。SegNet 的编码器部分使用的是 VGG16 的前 13 层卷积网络,每个编码器层都对应一个解码器层,其大体结构如图 5.3 所示。

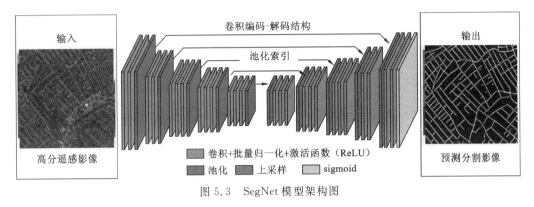

图 5.3 SegNet 模型架构图

由于编码器中的每一个最大池化层的索引都存储了起来,用于之后在解码器中使用那些存储的索引来对相应特征图进行去池化操作。所以 SegNet 的新颖之处在于解码器对其较低分辨率的输入特征图进行上采样的方式。具体地说,解码器使用了在相应编码器的最大池化步骤中计算的池化索引来执行非线性上采样。这种方法消除了学习上采样的需要。经上采样后的特征图是稀疏的,因此随后使用可训练的卷积核进行卷积操作,生成密集的特征图。该架构与广泛采用的 FCN 及众所周知的 DeepLab-LargeFOV、DeconvNet 架构进行比较,比较的结果揭示了在实现良好的分割性能时所涉及的内存与精度之间的平衡。

Ronneberger 等(2015)提出了一种基于少量数据进行训练的网络模型——U-net,得到了不错的分割精度,并且网络的速度很快。其通过将不同层次的特征图串联起来,使整个网络结合了低层次的细节信息和高层次的语义信息,从而在生物医学影像处理方面取得了良好的性能。考虑医学影像和遥感影像的相似性,包括少样本、强噪声及复杂分布等特点,因此该网络之后被迅速运用于遥感影像语义分割领域,并取得可观性能和计算复杂度上的提升。

U-net 非常简单,前半部分通过采用四层卷积-卷积-池化的直连模块对输入影像进行下采样,实现编码模块的特征提取。中间部分对所提取特征采用两个卷积核为 1×1 的卷积操作,实现低代价的特征线性变换,后半部分是解码模块,首先对编码部分所提取特征进行上采样,将得到的特征图与对应编码阶段相同分辨率的特征图进行连接,再进行上采样操作,实现低层细节信息与高层语义信息的融合。在一些文献中也把这样的结构叫作编码器-解码器结构。由于此网络整体结构类似于大写的英文字母 U,故得名 U-net,其结构如图 5.4 所示。

U-net 模型结构优势主要包括以下两个方面。

(1)U-net 采用了完全不同的特征融合方式——拼接,U-net 采用将特征在 channel 维度拼接在一起,形成更厚的特征。即卷积层中每个池化层前一刻的激活值会拼接到对应的上采样层的激活值中,通过在解码阶段上采样部分融合特征提取部分的输出,实现不同层次的特

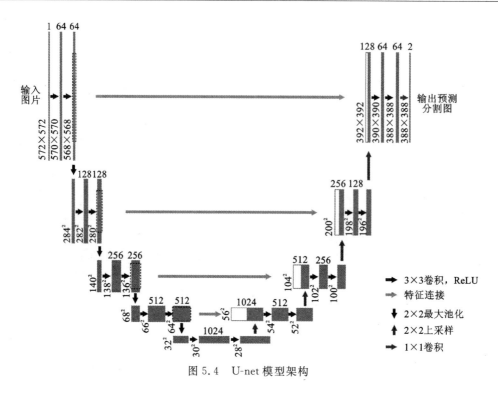

图 5.4 U-net 模型架构

征融合,从而相比于 FCN 及 SegNet 模型更进一步提升了分割性能。而 FCN 及 SegNet 融合时并不形成更厚的特征。

(2)U-net 左侧编码部分和 ResNet、VGG、inception 等模型一样,都是通过卷积层来提取影像特征,所以 U-net 可以采用 ResNet/VGG/inception+upsampling 的形式来实现,这样做的好处是可以利用 ImageNet 预训练的成熟模型来加速 U-net 的训练,因为迁移学习训练的效果是非常显著的。

本次实验采用的高光谱遥感影像集是马萨诸塞州道路数据集,该数据集由 Mnih 和 Hinton(2010)采集,包括 1108 张训练影像、14 张验证影像和 49 张测试影像。每幅影像的大小为 1500 像素×1500 像素,空间分辨率为 1 m/像素,由红、绿、蓝 3 波段信息组成。此外,该数据集是航空影像,覆盖总面积超过 2634 km²,包括城市、郊区和乡村。考虑原始数据集影像分辨率较高,需要大量的 GPU 内存来存储相应的特征图,为了方便实验,采用边界重叠较少的 256×256 滑动窗口对原始影像及其相应的真实标签图进行裁剪取样以获取较小尺寸的训练样本。马萨诸塞州道路数据集原始影像及对应预处理后的训练样本如图 5.5 所示。

首先,考虑模型训练的收敛速度及最终预测精确度,本实验选用 Adam 作为优化器,batch size 设为 8。学习率初始化为 $2×10^{-4}$,采用 keras 框架中 ReduceLROnPlateau 函数实现训练过程中学习率的动态调整。具体为当检测到验证集上的损失函数 val_loss 在之后的 patience=4 轮数据训练中没有下降时,通过设置 factor 参数为 0.2 将学习率降低至原来的 1/5,并设置最小学习率为 $1×10^{-6}$。此外,采用 EarlyStopping 函数,通过监控验证集损失函数的变化实现早停机制,一旦模型在验证集上的表现呈现下降趋势,就停止训练,以防止模型的泛化性能降低。

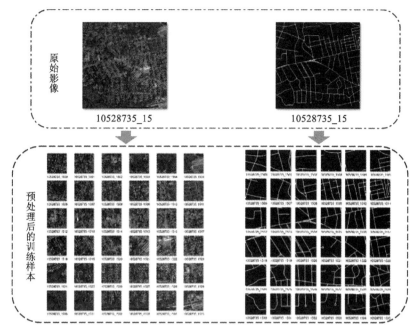

图 5.5 马萨诸塞州道路数据集原始影像及对应预处理后的训练样本示例图

最后，由于本实验采用的语义分割网络的输入、输出具有宽度和高度的一致性，即都为 256×256。考虑模型卷积层中 padding="same" 的零填充操作会使输出语义分割图边界附近的像素精度低于中心像素，为了得到一个更好的结果，需要对实验结果进行增强。采用边缘重叠的策略对每块小图片进行预测并逐一拼接以产生最终原始大小的影像分割图，通过对重叠区域的像素值取均值以减少边缘像素预测失准度，并最终提升边缘分割精度以实现整体的性能提升。

为了实现定量评价不同框架在道路提取方面的性能，下面 4 个基本的组成部分需要进行计算。

(1) true positive(TP)：表示正确预测为道路像素点的数目。

(2) true negative(TN)：表示正确预测为背景像素点的数目。

(3) false positive(FP)：表示错误预测为道路像素点的数目。

(4) false negative(FN)：表示错误预测为背景像素点的数目。

然后将它们组合到评估指标精度(precision)、召回率(recall)和交并比(intersection over union, IoU)中，其中前两个指标也称为正确性和完整性。相应的计算公式为

$$\text{precision} = \frac{\text{TP}}{\text{TP}+\text{FP}} \tag{5.1}$$

$$\text{recall} = \frac{\text{TP}}{\text{TP}+\text{FN}} \tag{5.2}$$

$$\text{IoU} = \frac{\text{TP}}{\text{TP}+\text{FP}+\text{FN}} \tag{5.3}$$

精度是正确标记的预测道路像素的百分比，即提取的真实道路像素点占分割影像中所有

预测为道路像素点的百分比;召回率是正确标记的真实道路像素的百分比,即提取的真实道路像素点占 ground truth 影像中道路网络的百分比;交并比则是准确率和召回率的一个结合,用于权衡两者比重,值越高,性能相应就越好。

分别用以上 3 种经典语义分割网络对高光谱遥感影像进行道路提取,针对训练样本的预测,通过采用滑动窗口技术在原始影像上逐窗口预测并最终拼接形成一个完整影像的道路分割图。实验结果如图 5.6 所示。

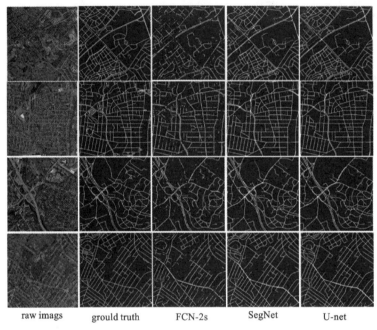

图 5.6 基于经典语义分割网络的道路提取模型可视化结果图

从图 5.6 不同网络模型下马萨诸塞州部分测试集的道路提取可视化结果可以看出,基于改进的 FCN-2s 模型所提取道路的完整连通性较差,存在噪声较大且产生的相应孤立斑点较多,导致整体分割所得到的可视化效果较差。从整体上看,SegNet 和 U-net 这两种方法所提取道路结果更佳,包括道路提取的整洁性、连通性及低尺寸道路的细节信息提取。但是通过具体分析可视化结果还是可以进一步判断哪种模型的道路分割效果更好。首先,原始遥感影像中的道路都存在被周边的树木遮挡这一问题,因而不利于道路信息的有效提取。但从 3 组经典模型的提取情况可以看出,U-net 模型相比于 FCN-2s 及 SegNet 更具鲁棒性,能够充分考虑上下文信息从而对遮挡的道路区域实现更好的分割性能。同样,从第三行影像的道路提取结果可以看出,FCN-2s 及 SegNet 在道路十字交叉区域提取的道路存在较多断点,而 U-net 模型所提取道路其连续性更为完善。最后,对于道路当中复杂的高架桥这一对象,从第二行影像的道路提取目视对比结果也可以看出 U-net 较之另外两组实验所得道路提取效果更好。综上可视化结果分析可以得出,U-net 道路提取效果最好,但具体还得进行性能定量评估。上述 3 种经典语义分割网络的道路提取性能如表 5.1 所示。

第 5 章 地质环境中高光谱遥感道路提取

表 5.1 基于经典语义分割网络的道路提取结果

参数	FCN-2s	SegNet	U-net
精度	0.685 0	0.603 6	0.801 5
召回率	0.617 7	0.749 1	0.739 6
交并比	0.481 0	0.603 6	0.625 1

由表 5.1 分析可知,FCN-2s 模型道路提取结果的总体性能度量指标最差。而后两种语义分割网络模型中,SegNet 相比于 U-net,在存在车辆、树木等复杂地物遮挡的情况下,对道路区域往往无法实现准确有效的提取,故而无论是在准确率指标还是在总体性能评估指标上交并比都不如 U-net 模型实验结果。此外 SegNet 模型对道路提取任务的召回率为 0.749 1,优于 U-net 道路提取召回率 0.739 6,分析得出 SegNet 在编码部分下采样层深度相比于 U-net 结构更深,因而能够实现更深层次的特征提取,使得细小道路检测更加准确并最终达到最高的召回率。考虑 U-net 模型具有一定的鲁棒性,能够充分考虑上下文信息实现复杂背景下的道路准确提取,并得到了最优交并比评估性能,分析其原因是 U-net 架构中相应的特征图连接操作能够实现低层次的细节信息和高层次的语义信息的融合,从而对遥感影像道路提取任务分割结果更加精确。

主要参考文献

曹云刚,王志盼,慎利,等,2016.像元与对象特征融合的高分辨率遥感影像道路中心线提取[J].测绘学报,45(10):1231-1240,1249.

金静,党建武,王阳萍,等,2017.面向对象的高分辨率遥感影像道路提取算法[J].兰州交通大学学报,36(1):57-61.

李建,张其栋,2017.基于霍夫变换的遥感图像城市道路的提取识别[J].电脑知识与技术,13(3):172-174.

刘如意,宋建锋,权义宁,等,2017.一种自动的高分辨率遥感影像道路提取方法[J].西安电子科技大学学报,44(1):100-105.

潘婷婷,李朝锋,2008.基于区域生长型分水岭算法的卫星图像道路提取方法[J].计算机工程与设计,29(19):4987-4988,5013.

阙昊懿,黄辉先,徐建闽,2014.基于双阈值 SSDA 模板匹配的遥感图像道路边缘检测研究[J].国土资源遥感,26(4):29-33.

谭红春,蔡莉,耿英保,2016.一种利用对象级条件随机场的道路提取方法[J].遥感信息,31(4):69-75.

谭媛,黄辉先,徐建闽,等,2016.基于改进 Sobel 算子的遥感图像道路边缘检测方法[J].国土资源遥感,28(3):7-11.

王建华,秦其明,高中灵,等,2016.加入空间纹理信息的遥感图像道路提取[J].湖南大学学报(自然科学版),43(4):153-156.

吴学文,徐涵秋,2010.一种基于水平集方法提取高分辨率遥感影像中主要道路信息的算法[J].宇航学报,31(5):1495-1502.

徐南,周绍光,2015.基于图像分块和线段投票的遥感道路边缘线提取[J].国土资源遥感,27(1):55-61.

裔阳,周绍光,刘文静,等,2017.一种顾及形状特征的遥感图像道路提取方法[J].地理空间信息,15(4):47-50,10.

余长慧,易尧华,2011.利用 MRF 方法的高分辨率影像道路提取[J].武汉大学学报(信息科学版),36(5):544-547.

曾发明,杨波,吴德文,等,2013.基于 Canny 边缘检测算子的矿区道路提取[J].国土资源遥感,25(4):72-78.

张曦,胡根生,梁栋,等,2016.基于时频特征的高分辨率遥感图像道路提取[J].地理空间信息,14(6):18-21,24,6.

周爱霞,余莉,冯径,等,2017.基于面向对象方法的高分辨率遥感影像道路提取方法研究[J].测绘与空间地理信息,40(2):1-4.

周家香,周安发,陶超,等,2013.一种高分辨率遥感影像城区道路网提取方法[J].中南大学学报(自然科学版),44(6):2385-2391.

周绍光,陈超,赫春晓,2013.基于形状先验和 Graph Cuts 原理的道路分割新方法[J].测绘通报(12):55-57.

BADRINARAYANAN V, KENDALL A, CIPOLLA R, 2017. SegNet: A deep convolutional encoder-decoder architecture for image segmentation[J]. IEEE Transactions on Pattern Analysis and Machine Intelligence,39(12):2481-2495.

BUSLAEV A, SEFERBEKOV S, IGLOVIKOV V, et al.,2018. Fully convolutional network for automatic road extraction from satellite imagery[C]//2018 IEEE/CVF Conference on Computer Vision and Pattern Recognition Workshops, Salt Lake City, UT, USA. New York:IEEE:207-210.

CAI H Y, YAO G Q, 2013. The research of road extraction from high-resolution remote sensing image based on optimized watershed algorithm[C]//Proceedings of the 2013 the International Conference on Remote Sensing, Environment and Transportation Engineering, Nanjing, China. Paris: Atlantis Press:216-219.

CALTAGIRONE L, SCHEIDEGGER S, SVENSSON L, et al.,2017. Fast LIDAR-based road detection using fully convolutional neural networks[C]//2017 IEEE Intelligent Vehicles Symposium, Los Angeles, CA, USA. New York:IEEE:1.

CHAURASIA A, CULURCIELLO E, 2017. LinkNet: Exploiting encoder representations for efficient semantic segmentation[C]//2017 IEEE Visual Communications and Image Processing, St. Petersburg, FL, USA. New York:IEEE:1.

CHEN G, SUI H G, DONG L, et al.,2014. Semi-automatic extraction method for low contrast road based on Gabor filter and simulated annealing[J]. Advanced Materials Research,989-994:3644-3648.

CHENG G L, ZHU F Y, XIANG S M, et al.,2016. Road centerline extraction via semisupervised segmentation and multidirection nonmaximum suppression[J]. IEEE Geoscience and Remote Sensing Letters,13(4):545-549.

HE K M, ZHANG X Y, REN S Q, et al.,2016. Deep residual learning for image recognition[C]//2016 IEEE Conference on Computer Vision and Pattern Recognition, Las Vegas, NV, USA. New York:IEEE:770-778.

JOHN V, KIDONO K, GUO C Z, et al.,2016. Fast road scene segmentation using deep learning and scene-based models[C]//2016 23rd International Conference on Pattern Recognition, Cancum, Mexico:3763-3768.

KRIZHEVSKY A, SUTSKEVER I, HINTON G E, 2012. ImageNet classification with deep convolutional neural networks[J]. Advances in Neural Information Processing Systems, 25: 1097-1105.

LI M M, STEIN A, BIJKER W, et al., 2016a. Region-based urban road extraction from VHR satellite images using Binary Partition Tree[J]. International Journal of Applied Earth Observation & Geoinformation, 44: 217-225.

LI P K, ZANG Y, WANG C, et al., 2016b. Road network extraction via deep learning and line integral convolution[C]//2016 IEEE International Geoscience and Remote Sensing Symposium, Beijing, China. New York: IEEE: 1599-1602.

LONG J, SHELHAMER E, DARRELL T, 2015. Fully convolutional networks for semantic segmentation [C]// 2015 IEEE Conference on Computer Vision and Pattern Recognition, Boston MA, USA. New York: IEEE: 3431-3440.

MNIH V, HINTON G E, 2010. Learning to detect roads in high-resolution aerial images[C]//European Conference on Computer Vision, Hersonissos, Greece. Berlin: Springer: 210-223.

MU H L, ZHANG Y, LI H B, et al., 2016. Road extraction base on Zernike algorithm on SAR image [C]//2016 IEEE International Geoscience and Remote Sensing Symposium, Beijing, China. New York: IEEE: 1274-1277.

RONNEBERGER O, FISCHER P, BROX T, 2015. U-net: Convolutional networks for biomedical image segmentation. Medical Image Computing and Computer-Assisted Intervention: 234-241.

SAITO S, YAMASHITA T, AOKI Y, 2016. Multiple object extraction from aerial imagery with convolutional neural networks[J]. Journal of Imaging Science and Technology, 60(1): 10402-1-10402-9.

SHANMUGAM L, KALIAPERUMAL V, 2016. Junction-aware water flow approach for urban road network extraction[J]. IET Image Processing, 10(3): 227-234.

SZEGEDY C, IOFFE S, VANHOUCKE V, et al., 2017. Inception-v4, inception-ResNet and the impact of residual connections on learning[C]//Proceedings of the Thirty-First AAAI Conference on Artificial Intelligence, San Francisco, California, USA. AIII: 1.

WANG J H, QIN Q M, YANG X C, et al., 2014. Automated road extraction from multi-resolution images using spectral information and texture[C]//2014 IEEE Geoscience and Remote Sensing Symposium, Quebec City, QC, Canada. New York: IEEE: 1.

XIA W, ZHONG N, GENG D Y, et al., 2017. A weakly supervised road extraction approach via deep convolutional nets based image segmentation[C]//2017 International Workshop on Remote Sensing with Intelligent Processing, Shanghai, China. New York: IEEE: 1.

YIN D D, DU S H, WANG S W, et al., 2015. A direction-guided ant colony optimization method for extraction of urban road information from very-high-resolution images[J]. IEEE Journal of Selected Topics in Applied Earth Observations and Remote Sensing, 8(10): 4785-4794.

ZANG Y, WANG C, YU Y, et al., 2017. Joint enhancing filtering for road network extraction[J]. IEEE Transactions on Geoscience and Remote Sensing, 55(3): 1511-1525.

ZHANG Z X, LIU Q J, WANG Y H, 2018. Road extraction by deep residual U-Net[J]. IEEE Geoscience and Remote Sensing Letters, 15(5): 749-753.

ZHONG Z L, LI J, CUI W H, et al., 2016. Fully convolutional networks for building and road extraction: Preliminary results[C]//2016 IEEE International Geoscience and Remote Sensing Symposium, Beijing, China.

New York:IEEE:1591-1594.

ZHOU L C, ZHANG C, WU M, 2018. D-LinkNet: LinkNet with pretrained encoder and dilated convolution for high resolution satellite imagery road extraction[C]//2018 IEEE/CVF Conference on Computer Vision and Pattern Recognition Workshops, Salt Lake City, UT, USA. New York:IEEE:182-186.

第 6 章 地质环境中高光谱遥感电力线识别与提取

6.1 电力线的影像特征

要提取电力线的影像特征,就必须了解电力线的相关特征,熟悉电力线在影像中的表现形式,获取必要的基础知识。电力线在高光谱遥感影像中的特征有光谱特征、几何特征、拓扑特征和背景特征。

6.1.1 光谱特征

高压在城市一般采用带绝缘层的电缆地下传输,在野外通常采用铁塔承载的架空线方式传输,不使用绝缘层,当前大部分架空导线为钢芯铝绞线(图 6.1),有特定的光谱特征。

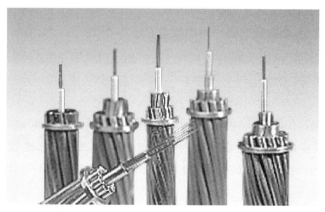

图 6.1 输电线所用的钢芯铝绞线

6.1.2 几何特征

电力线实为悬链线,而在遥感影像中如图 6.2 所示,电力线有以下几何特征。
(1)表现为线状结构,通常类似于直线,一般较长。
(2)遥感影像中,由于拍摄角度在电力线上方,曲率变化较小,电力线曲率存在上限。

图 6.2 遥感影像中的电力线

根据国家 110～750 kV 架空输电线路设计规范,导线最小外径不超过 40 mm,像素宽度大致为一个像素。

6.1.3 拓扑特征

电力线拓扑结构简单,基本表现为以下特征。

(1)基本贯穿于整个影像,部分中间由杆塔分割开。

(2)电力线之间基本是平行关系,两者之间不会相交,所以在航空影像中,电力线之间也基本是平行不相交。

电力线的高低不同,会造成影像中电力线重合。

6.1.4 背景特征

电力线影像背景包含森林、山川、草地、房屋、河流、道路等不同的自然景物和人工背景,这是一般影像所不具备的,其复杂性表现为输电线和背景之间对比度较低。由于视场范围宽,影像各处亮度变化大,存在大量噪声、伪目标和一定程度的纹理不一致性等问题。

6.2 电力线识别与提取方法

6.2.1 电力线像素的检测

电力线在航空影像中呈现为大致一个像素宽度的直线,对于此类任务,边缘提取特别关键。边缘提取算法有很好的性能,已经成为很多影像处理的基础。从影像特性来说,影像的局部特征被称为边缘,检测边缘可以采用局部邻域的方法。传统的边缘检测的方法主要有

Robert 算子、Prewitt 算子、Sobel 算子、Laplacian 算子及 Canny 算子。而在无人机中进行的电力线实时监测,用于分析影像的灰度直方图及梯度向量直方图都是在边缘检测的基础上加以改进的。通过对分析影像得到的数据进行局部分析,识别出满足预先设定的阈值条件的边缘,最终判断是否有像素的存在。

Li 等(2010)提出了一种专门用于检测电力线航拍影像的新方法,利用开发的脉冲耦合神经滤波器去除背景噪声,然后进行边缘检测,最后在使用改进的 Hough 变换检测电线之后,采用基于知识的线聚类改进检测结果。Zhang 等(2012)提出了一种快速电力线检测和定位算法,并提出了基于无人机引导的高级架构。检测阶段采用基于边缘检测的可控滤波器,然后用线拟合算法来细化影像中的候选电力线。Cerón 等(2014)提出了一种基于计算机图形算法的电力线检测新方法。该算法使用圆对称固有的几何关系,主要检测在后级链接的线段,检测过程中使用 Canny 算子和滤波器。Bhola 等(2018)利用光谱空间方法对无人机遥感影像的电力线进行了检测。使用 K-means 和期望最大化(expectation maximization,EM)算法进行光谱聚类区分电力线和非电力线。此外,使用形态学和几何操作来执行空间分割,消除非电力线区域。Ramesh 等(2015)从无人机遥感影像中检测出电力线,根据像素点强度使用 Davies-Bould 进行索引,然后自动生成 K-means 聚类,接着进行形态学操作,使用混淆矩阵方法分析电力线提取的性能。

袁晨鑫等(2018)根据电力线在无人机航拍中电力线成像特点,提出了一种自动提取电力线的方法,在检测电力线边缘过程中,使用 Canny 算子,然后再使用改进的 Hough 变换提取直线上的像素点并进行直线拟合,最后利用聚类算法对电力线进行分类,进而检测完整的电力线。浦石等(2017)提出了一种关于无人机结合激光雷达直接识别电力线缺陷的方法。先将电力线影像数据进行金字塔式重采样,然后将影像数据进行划分,结合人工方法进行缺陷辨识。马青岷(2017)研究了无人机在电力线巡检、三维模型这两方面的技术和应用。先通过对电力线路的地形进行三维建模,然后结合无人机和机载设备传送航拍数据,分析电力线状态,能够达到实时识别效果。李栋等(2016)采用多旋翼无人机进行电力线巡检,提出了一种单应变换矩阵求解方法,通过标定摄像机内参数矩阵,实现多角度巡检影像互换,进一步提高巡检精度。曹蔚然等(2015)研究可迭代运行的电力线影像增强方法,首先设计横向及纵向灰度分布特征的滤波模板,然后利用滤波的结果进行可迭代运行的电力线影像增强,最后利用 Hough 变换识别电力线。Yang 等(2012)研究了实时算法来检测无人机视频影像中的电力线。首先通过自适应阈值方法将视频影像转换为二值图,然后用 Hough 变换检测二值影像中的候选线,最后使用模糊 C 均值(fuzzy C means,FCM)聚类算法来区分电力线和检测到的候选线,并且将检测到的线的宽度和斜率用作建立聚类数据集的特征。

6.2.2 基于特征检测的电力线提取

基于特征检测的电力线提取方面,董召杰(2009)进行了深入的阐述。考虑无人机巡检电力线路的实际情况,检测电力线关键部件也能够达到检测电力线的目的。传统的目标检测算法如可变形部件模型(deformable parts model,DPM)(曹蔚然等,2015)采用人工设计的特征+分类器实现检测,但是无人机巡检影像背景复杂多变,关键部件间相互遮挡,人工设计的特征如边缘检测算法(巩学美等,2017)、SIFT(李栋等,2016)等鲁棒性较差。以区域卷积神经网络(region convolutional neural network,R-CNN)系列为代表的深度学习两步法利用卷积神经网络对影像候选区域(region proposal)进行分类,其中 Faster R-CNN(刘通等,2016)在检测精度上达到了较高的水平,检测速度在实验室中约为 7 fps。但是无人机硬件性能远远落后于实验室水平,两步法的速度无法满足实时要求(通常认为 30 fps 为实时标准)。以YOLO(you only look once)(马青岷,2017)、SSD(single shot multibox detector)(浦石等,2017)为代表的深度学习一步法在检测精度上比肩 Faster R-CNN,而检测速度远远高于后者。

针对电力线关键部件检测,王万国等(2017)对比了 DPM、空间金字塔池化网络(spatial pyramid pooling network,SPPnet)和 Faster R-CNN 对间隔棒、均压环、防震锤 3 种电力小部件的识别效果,研究了不同超参数对 Faster R-CNN 检测效果的影响。周筑博等(2018)将影像进行人工分块,然后用 CNN 对分块影像分类,实现了杆塔、复合绝缘子和玻璃绝缘子的检测,但是机械地对影像进行分块使分类器无法感知全局信息,容易造成误判和漏判。王森(2017)利用 SSD 网络实现防震锤的检测,发现其准确率比 AdaBoost 算法高许多,但是研究人员只针对防震锤一种部件,实际场景中无人机视野中常有多种部件。目前针对深度学习一步法在电力线部件检测中的研究较少,且鲜有算法考虑在实际应用中的实时性问题。

6.2.3 基于变换方法的电力线提取

物体特征提取中直线提取在机器视觉领域非常关键,目前对于直线的检测方法大多是基于 Hough 提出的 Hough 变换算法(Shapiro,1978),Duda 和 Hart(2017)改进了此方法,将极坐标的参数方程引入 Hough 变换,解决了在斜率无穷大的情况下的参数转换,Hough 变换实现了从影像空间到参数空间的映射关系,噪声影像稳定性和稳健性良好,且易于实现,因此被应用于定位与识别(李栋等,2016)、农业作物方位检测等多个领域。

在基于变换方法的直线检测算法研究方面,刁燕等(2018)提出了基于改进的概率 Hough 变换的直线检测优化算法。Hough 变换假设一幅影像的大小为 $M \times M$,根据影像的尺寸,设定 Hough 变换的参数取值空间范围,原点距离直线的距离 $\rho \in [-\sqrt{2}N, \sqrt{2}N]$,原点到直线的垂线与 x 轴正方向的夹角 $\theta \in [0, \pi]$,如图 6.3 所示。

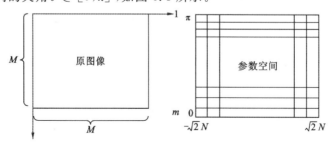

图 6.3 Hough 变换示意图

按照参数的取值范围,将参数分为 $m \times n$ 个网格,即将 $\theta \in [0, \pi]$ 分为 m 份,将 $\rho \in [-\sqrt{2}N, \sqrt{2}N]$,分为 n 份。设定 $m \times n$ 的累加单元,用来存储影像中某一条直线的出现次数。

接下来对影像中每个像素点 (x, y),分别进行如下操作。

(1)在参数上:θ 对应的每一取值,分别按照公式 $\rho = x\cos\theta + y\sin\theta$ 进行计算,然后在相应的参数累加单元加 1。

(2)按照上面的操作,得到了一个累加单元,统计每个累加单元的取值,大于某个事先设定好的阈值,就认为该组参数是影像空间内直线的参数。

张国英等(2014)利用 Hough 变换提高了检测高分辨率遥感影像中线性目标的精度。但标准 Hough 变换算法在实现过程中存在计算复杂度和空间复杂度高、运算量大、直线结果精确度不高等问题,国内外研究学者提出多种基于标准 Hough 变换的改进算法。Xu 等(1990)提出了随机 Hough 变换,克服了标准 Hough 变换中的内存消耗大、精度低、速度慢等缺点。刘通等(2016)利用概率 Hough 变换解决了空间碎片漫反射激光测距回波数据信噪比低、难以快速高效地提取有效数据点的问题。鄢然等(2015)利用概率 Hough 变换建立了一种经编布花边的实时识别算法。巩学美等(2017)改进了概率 Hough 变换,进行了遥感影像的道路识别。Chutatape 和 Guo(1999)则提出了一种 Hough 空间转换为一维空间的改进算法,大大减少了计算的复杂度和需要的内存空间。张振杰等(2016)提出了基于一维的 Hough 变换算法,为边缘分组、直线编组和直线精确处理 3 个过程加速并优化了 Hough 变换的结果。段汝娇等(2010)提出了基于像素点聚类的方法来加速 Hough 变换算法。

6.3　电力线识别与提取典型案例

在电力系统中,测量电力线与周围物体的距离,定期去除线路走廊中的危险物是电力线巡线的一个重要任务。在自然环境中,线路走廊最大的危险物是树木。因此,计算线路走廊周围树冠的高程是电力线巡线的一个重要任务。当前,主要有两种方法计算线路走廊周围树冠的高程:一是基于相关匹配的航空摄影测量;二是使用机载激光雷达系统来探测线路和树木的高度。近年来,航空影像技术不断发展,且由于航空影像测树不需要实地勘测,数据采集速度较快,效率高,所以越来越多的学者利用航空影像对树冠区域进行自动检测和高程计算。本章中通过使用多光谱数据提取树冠,然后基于摄影测量理论,获取线路走廊的树木高度。

6.3.1　GPS/POS 辅助全自动空中三角测量

机载定位定向系统(position and orientation system,POS)是基于惯性测量单元(inertial measurement unit,IMU)和 GPS 的直接测定影像外方位元素的航空摄影测量导航系统,可用于在仅有少量地面控制点或无地面控制点情况下的航空遥感影像获取和对地定位。

经典的解析空中三角测量的基本思想是将地面控制点坐标与影像观测值一并进行区域网联合平差,如果将 GPS/POS 数据与影像观测值一并进行区域网联合平差,这就是 GPS/

POS辅助空中三角测量。对于高山地区,由于测量困难、人迹罕至,难以采用传统的航测方法,可以使用基于机载POS的测量方法。

DEM/DSM的自动生成是数字摄影测量中的重要内容。目前,数字摄影测量的处理流程是:在完成空中三角测量后,按航带相邻片两两构成立体像对,生成核线影像,以立体像对为单位,基于核线进行影像匹配再投影到物方空间内插生成数字地表模型,经人工编辑后生成DEM产品;基于DEM生成数字正射影像图(digital orthophoto map,DOM)。

使用GPS/POS辅助全自动空中三角测量的主要过程如图6.4所示。

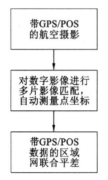

图6.4　GPS/POS辅助全自动空中三角测量主要过程

6.3.2　植被遥感

植物的光谱和波谱特征可以反映在遥感影像上,在成像上表现出不同的效果,从而成为区分植被类型、长势、群落分布及估算生物范围的依据。

早期的植被遥感主要用于大地表面植被覆盖的识别、分类与专题制图上。现如今,致力于各种植物信息的提取与表达方式,学者提出了多种植被指数,用于进行植被的检测及生物量的估算,主要包括畜草量估算、森林蓄积量估算、作物量估产等。

通常,在植被遥感中,经常使用近红外波段来区分植物与非植物,识别不同植被的类型,检测植物生长趋势等。近红外光对叶片有近50%的透射和重复反射的特性,同时,近红外光谱的反射受叶内复杂的叶腔结构和腔内对近红外辐射的多次散射的影响。自然状态下,树冠由许多离散的叶子交错叠加组成,在空间上处于下层的叶片会被上层叶片遮盖,整个树冠在影像中的光谱由许多离散叶片的多次反射和上层叶片对下层叶片的阴影共同作用形成,一般而言,在阴影的作用下,冠层的反射低于单叶的反射,然而,50%~60%的近红外辐射会透过叶片,传递到下层树叶,并被下层树叶反射,再依次透过上层树叶,故树冠在近红外谱段反射更强,如图6.5所示。

植被的波谱和光谱的差异造成遥感影像上的植被信息的差异。植被的不同要素或某种特征状态与不同光谱通道所获得的植被信息有不同的相关性,如叶子光谱特性中,中红外谱段受叶细胞内水分含量的影响,近红外谱段受叶内细胞结构的影响,可见光谱段受树叶叶绿素含量的影响。

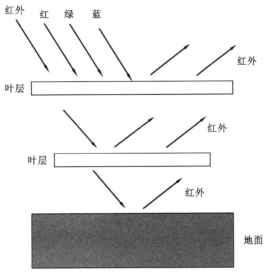

图 6.5　植被冠层的多次反射

对于复杂的植被遥感,通常选用植被指数对多光谱遥感数据进行分析运算,即通过对多光谱遥感数据的光谱段值进行分析,生成某些对生物量、植被长势有一定指示意义的数值。由于植被指数可以定性和定量地评价植被的生长活力、覆盖率、生物量等,可以直观、简单、有效地量化植物的状态信息。

在植被指数中,由于绿色植物对近红外波段有很强的反射性,对可见光红波段具有很强的吸收性,所以通常选用这两个波段进行分析。由于这两个波段对树叶表现出不同的特性,所以可以利用它们的差分、比值、线性组合来增强或揭示植被信息。

常用的植被指数有比值植被指数(ratio vegetation index,RVI)和归一化植被指数。

1. 比值植被指数

由于近红外波段(NIR)与可见光红波段(R)对绿色植物表现出不同的特性,且具互换关系,两者发射率之间的差异通过简单的数值就能反映。比值植被指数被定义为

$$\text{RVI} = \frac{\text{DN}_{\text{NIR}}}{\text{DN}_{\text{R}}} \tag{6.1}$$

式中:DN_{NIR}、DN_{R} 分别为近红外、可见光红波段的计数值(灰度值)。

绿色植物中,通常近红外强反射由叶肉组织引起,红光吸收由叶绿素引起,其 NIR 与 R 值有较大的差异,故 RVI 值高。而对于无植被覆盖的其他自然景观和人工景观等,波段的值比较接近,故不能显示这种特殊的光谱响应,RVI 值较低。一般而言,植被的值较高(在 2 以上),而土壤的值则接近 1。因此比值植被指数能够很好地提供植被反射信息,增强土壤背景与植被间的辐射差异。同理,由叶绿素引起的可见光绿波段与红波段反射植被 G/R,也是有效的。

RVI 是绿色植物的一个灵敏的指示参数,与叶绿素含量、叶干生物量(dry mass,DM)、叶面积指数(leaf area index,LAI)有高度相关性。通常,在高密度植被覆盖区域,RVI 对植被十分敏感。但当植被覆盖度小于 50% 时,RVI 的分辨能力明显下降。

2. 归一化植被指数

归一化植被指数(NDVI)指的是近红外波段与可见光红波段数值之差与这两个波段数值之和的比值。

$$\text{NDVI} = \frac{\text{DN}_{\text{NIR}} - \text{DN}_{\text{R}}}{\text{DN}_{\text{NIR}} + \text{DN}_{\text{R}}} \tag{6.2}$$

在高密度植被覆盖区域,红外反射率会比较小,则 RVI 值就会无限增大,NDVI 由 RVI 经非线性归一化处理所得,比值限定在[-1,1]。经过归一化处理的 NDVI,与植被分布密度呈线性相关,为植被空间分布密度与植物生长状态的最佳指示因子。通常,在植被覆盖的地方,NDVI 为正值,并与植被覆盖率成正比。对于无植被覆盖地区,其 NDVI 值接近于 0。对于有云、水、雪覆盖的陆地表面,可见光比近红外波段有更高的反射作用,故其 NDVI 值为负值。由于 NDVI 在集中典型的地面覆盖影像上的鲜明区别,它在植被研究中具有广泛的应用。

6.3.3 基于高分辨率多光谱影像的树冠高层估算流程

根据之前的介绍,可以通过高分辨率立体像对及摄影测量的相关知识,获取测区的数字表面模型及正射影像图。其中,数字表面模型包括诸如树、建筑物等地表景观的高度,正射影像用于消除由摄影倾斜和地表起伏等产生的图形变形而得到的整幅影像比例尺恒定的地表影像,从摄影测量原理可知,从非正射影像上所量测的面积的误差随着地形起伏的升高而增大。只有从正射影像上测量到的地物面积才是最准确的。然后利用计算 NDVI 精确分割出树冠区域。最后将数字表面模型(digital surface model,DSM)与树冠区域结合起来,计算树冠的高程。估算流程如图 6.6 所示。

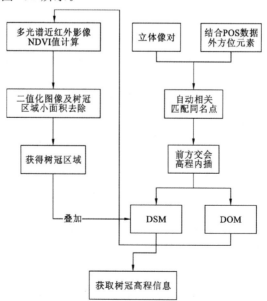

图 6.6 基于高分辨率近红外影像树冠高程的估算流程

6.3.4 线路走廊树冠尺度 DSM 自动生成

DSM 由相机检校得到内方位元素,内方位元素包含 3 个参数:像主点(主光轴在影像面上的垂足)相对于影像中心的位置(x_0,y_0)、镜头中心到影像面的垂距,以及 DGPS/POS 提供的每幅影像的外方位元素,通过同名点匹配、空间前方交会的方法获取。

在立体像对的内外方位元素已知的情况下,恢复立体像对摄影时的光束并建立几何模型,利用同名光线的交会确定两幅影像中重叠区域模型点空间位置,此方法称为空间前方交会。以共线条件为前提,首先从两个摄影站发射相应的光束,将两幅摄影影像的各自摄影点,交会于同一地面点。使用共线方程,根据对两幅摄影影像上同名点的测定,输入外方位元素值,计算实际地物点 P 的地面坐标(X_p,Y_p,Z_p)。有了外方位元素就可以实现立体像对的空中定位,也就可以在立体像对的空间范围内建立地面和像面之间的坐标关系。POS 辅助自动影像生成 DSM 的整体流程如图 6.7 所示。

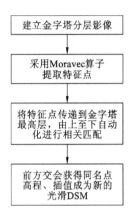

图 6.7 POS 辅助自动影像生成 DSM 的整体流程图

在 DSM 的自动生成中,需要在影像的重叠区域自动获取数量足够多的分布良好且匹配精度高的同名点,两幅影像的同名点自动匹配方法是 DSM 获取的关键算法,匹配的同名点的准确程度决定了 DSM 的精度。

常用的影像匹配方法有两种。一是以影像灰度分布为影像匹配基础的算法,以左右影像上含有响应窗口的搜索区域和目标区域中的像元的灰度作为影像匹配的基础,通过计算某种相关度量值,如计算协方差或相关系数来判定左右影像中的同名像点。若待匹配的点位于低反差区域时,则会由于窗口内影像信息的贫乏、信噪比小,造成匹配的错误。二是以影像中的点、线、面为特征的特征匹配算法。从理论上讲,影像灰度曲线中的不连续点即为特征,在实际应用中,地面比较明显的地物在遥感影像上的反映也可能是一种特征。在航空影像中特征表现为微小区域中灰度的急剧变化,比较稳定的特征点一般具有:①特征点应该是灰度变化较大的区域的中心;②在左右影像中,特征点都位于目标相同或相近的位置;③以特征点为中心,所有方向上的灰度方差都应较大。

利用特征区域影像进行相关匹配,可以在较强噪声的影像中提取目标的角点、边缘特征,并且提取速度快、稳定性好、定位比较准确。

影像匹配整体算法设计上,一般分为 4 个步骤:①构建分层金字塔影像;②提取匹配点;③利用不同搜索策略遍历特征点,在搜索窗口中利用相应判别准则(例如相关系数)确定最优匹配点;④对匹配结果进行粗差的剔除。

由于一张影像的特征点比较多,对整幅影像的特征点都进行提取需要花费大量的时间,要进行整个立体像对的特征匹配难度也很大。现在比较常用的解决方案是利用金字塔分层影像数据,生成分辨率由低到高的金字塔影像,对应生成基于特征的由粗到精的金字塔影像匹配方案。

构建立体像对的金字塔影像序列后,根据系统提供的 POS 数据确定立体像对的初始视差,计算两相邻影像间的重叠范围;然后,利用特征点提取算子在重叠的范围内进行特征点提取,将用于匹配的特征点传递到金字塔影像的最上面一层并对匹配结果进行粗差的剔除或改正,把正确的匹配结果作为初始值传递到金字塔影像的下一层作为匹配的初始值,重复上一层的步骤直到原始影像;最后在原始影像上利用最小二乘匹配取得"子像素"级的精度。

上述过程中,金字塔分层影像的构建、特征点的提取与匹配、粗差的剔除是 POS 辅助全自动空中三角影像测量的关键所在。

首先是建立金字塔分层影像。通过金字塔模型,应用从粗到精的影像匹配策略寻找同名像点。金字塔影像如图 6.8 所示。

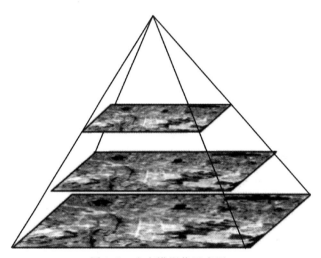

图 6.8　金字塔影像示意图

按照 $l \times l$ 个像元变换成一个像元的方法逐层建立金字塔影像,一般取 $l=2$ 的较多,此时上一层的匹配结果与下一层的 2×2 个像元的公共角点相对应。也可取 $l=3$,计算量最小、速度最快,上一层的匹配结果传递到下一层时正好与 3×3 个像元的中心像元对应。如果将原始影像称为第零层,则第一层影像(零层的上一层影像)的每一个像素相当于第零层的 $l \times l$ 个像素,第 k 层影像的每一个像素相当于第零层的 $(l \times l)^k$ 个像素。立体像对的自动测量中金字塔影像的层数受初始值的准确度影响,初始特征点若相对准确,则对应的搜索范围就会相对小,同时所需要的金字塔层数也就相对少。

接下来是特征选取。目前,点特征、线特征和面特征都可以作为影像匹配的特征,在这 3 种特征里,点特征是最为重要和常用的。这不仅因为点特征最易于提取和描述,而且立体像对的前方交会是以同名点的交会来计算的。

本章采用 Moravec 算子来提取特征点。Moravec 算子是利用特征点在四周所有方向上都具有较大灰度方差的特性来提取特征点。首先,计算以像素 (c,r) 为中心的 $w \times w$ $(w=5)$ 的影像窗口中 4 个方向相邻的灰度差的平方和。

$$v_1 = \sum_{i=-k}^{k-1} (g_{c+i,r} - g_{c+i+1,r})^2 \qquad (6.3)$$

$$v_2 = \sum_{i=-k}^{k-1} (g_{c+i,r+i} - g_{c+i+1,r+i+1})^2 \tag{6.4}$$

$$v_3 = \sum_{i=-k}^{k-1} (g_{c,r+i} - g_{c,r+i+1})^2 \tag{6.5}$$

$$v_4 = \sum_{i=-k}^{k-1} (g_{c+i,r-i} - g_{c+i+1,r-i-1})^2 \tag{6.6}$$

式中：$k = \text{INT}(w/2)$。取最小者作为像素(c,r)的兴趣值

$$\text{IV}_{c,r} = \min\{v_1, v_2, v_3, v_4\} \tag{6.7}$$

然后确定候选特征点，如果像元的兴趣值$\text{IV}_{c,r}$大于经验阈值，则该像元选为候选特征点；否则该像元不是特征点。最后，在一定大小的窗口内，将候选点中兴趣值不是最大者均去掉，仅留下一个兴趣最大值，该像素即为一个特征点，其目的是避免在纹理丰富区域产生密集的特征点。Moravec算子是在4个主要方向上，选择具有最大-最小灰度方法的点作为特征点(图6.9)。

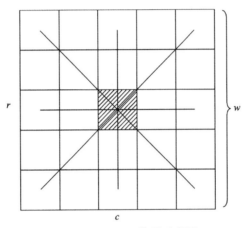

图 6.9 Moravec算子示意图

对影像进行特征提取时，特征点的分布有两种方式：随机分布和均匀分布。本章采用均匀分布的方式来提取影像中的特征点。首先根据需要提取的特征点数量将整个影像划分为规则的矩形网格，然后在每个网格中取一个或若干个特征点，均匀分布提取特征点优势在于匹配的特征点在影像中合理分布。本章需要得到线路走廊的DSM，更多关注的是林木的高度。所以还需对含有树冠的区域进行手动选择，在该区域里自动选择更多的特征点进行匹配。

6.3.5 特征点匹配

特征点的匹配采用相同的算子和参数分别对左右影像同时进行特征点的提取，挑选预测区域内特征点作为可能的匹配点。对于左影像中的每一特征点，在右影像中进行匹配。然后将匹配结果换算下一层影像进行匹配，直到原始影像。在原始影像中，以匹配点为中心，进行邻域匹配。再上升到第一层，在该层已匹配的点的邻域中选择另一点，进行匹配，将结果换算

到原始影像,重复前一点的过程,直至第一层最先匹配点的领域中的点处理完,再回溯到第二层,如此反复进行。直至所有匹配点匹配完成。在匹配点判定的过程中,一般使用相关系数法,即当两个匹配点的相关系数高于阈值 0.9 时,认为是同名点。在匹配过程中,可采用高精度的最小二乘影像匹配方法。大量的实验及研究表明:最小二乘影像匹配方法具有很高的匹配精度,能达到 1% 个像素。

6.3.6 误差剔除

由于所选同名点较多,为保证新影像相对定向参数的求解结果精度高,在匹配后必须针对匹配结果剔除误差过大的同名点。一般采用的是解析法相对定向元素公式:

$$v_Q = -\frac{X_2 Y_2}{Z_2} N d\varphi - \left(Z_2 + \frac{Y_2^2}{Z_2}\right) N d\omega + X_2 N d\kappa + B_X d\mu - \frac{Y_2}{Z_2} B_X d\upsilon - Q \tag{6.8}$$

式中:$Q = \frac{B_X Z_2 - B_Z X_2}{X_1 Z_2 - X_2 Z_1} Y_1 - \frac{B_X Z_1 - B_Z X_1}{X_1 Z_2 - X_2 Z_1} Y_2 - B_Y$,[其中,$(X_1, Y_1, Z_1)$ 和 (X_2, Y_2, Z_2) 分别为同名点在左右影像上的空间辅助坐标;B_X、B_Y、B_Z 为基线分量];$N = \frac{B_X Z_1 - B_Z X_1}{X_1 Z_2 - X_2 Z_1}$ 为右影像上同名点的投影系数;φ、μ、ω、κ、υ 为右影像相对于左影像的相对方位元素。

根据粗差定位与检测的严格理论,采用选权迭代法,除去粗差较大的点,以保证粗差剔除的正确性。所有匹配点搜索完成后,执行航空三角测量,用前方交会的方法,计算同名点的三维坐标,再用光滑函数插值生成树冠尺度的 DSM。根据获得的 DSM 和影像的内方位元素,采用数字纠正的方式完成航片纠正,生成正射影像。

6.3.7 基于归一化植被指数的树冠区域提取

由于获取的线路走廊 DSM 含有房屋等其他高程,需要使用一种方法将非树冠区域去除,并通过获取的树冠区域,估算树冠区域的高度。通过获取正射影像,分解影像中的红波段及近红外波段,读入两幅影像的波段数据,计算归一化植被指数。得到归一化植被指数影像后,设定一定阈值,若单点像素的植被指数大于该阈值,则认为该点为植被区域点,将相应的像素复制为 255。反之,小于该阈值的点,则认为是非树冠点,将相应的像素点设为 0。一般来说该阈值设置为 0.2~0.3 为佳。计算归一化植被指数,可初步提取树冠区域,但还不能达到效果,主要原因是树冠区域中含有树叶的间隔及阴影,造成树冠区域中含有较多的孤立黑色区域,同时地面上的草地使得地面区域含有较多的孤立白色小区域。

这里采用"小面积消除"方法对树冠区域中的黑色区域进行去除,其核心思想是:在二值树冠影像中,相互连接的黑色像素集合组成一个区域,通过对每个黑色区域进行统计,计算每个区域中黑色像素数量,即该区域的面积。当影像中的某个区域像素数量小于阈值,则认为该区域是小区域或噪声,则消去该区域,将该区域的像素设置为白,由此得到新的像素。

统计黑色连通区域,去除面积小于或等于 30 的零散黑色区域。使得树冠区域中的零散黑色区域有效去除,精确地获取树冠准确轮廓。同时该方法也适合去除白色噪声点。

6.3.8 基于树冠尺寸的 DSM 树高估计

树高一般采用 DSM 减去 DEM 的方法来计算。常规的 DEM 获取是对 DSM 进行编辑加工,首先对 DSM 中的树冠区域进行高程插值平滑,再将平滑后的树冠高程减去周围地面的高程,取平均值作为树冠的平均高度,然后从 DSM 中减去树冠的平均高度,最后将参与的树冠部分模型与周围地面高程进行二次多项式拟合,便得到常规意义的 DEM。

在本小节中采用对正射影像计算 NDVI 值以"小面积"去除后提取出来的树冠区域作为模板,将 DEM 中的树冠部分高程去除,即使 DSM 中不含有树冠区域。然后用去除树冠高程的 DSM 进行二项式插值得到 DEM。插值运算是选择一个合理的数学模型,利用已知点上的信息求出函数的待定系数。由于地面形态千变万化,既无规律性又无重复性,取用一个低次多项式来拟合整个地表形态是不切实际的。若采用高次多项式拟合,又会出现函数不稳定。

因此,通常采用二次多项式来拟合 DSM。对每个待定点取用一个二次多项式曲面拟合该点附近的地表面,此时,取待定点作为平面坐标的原点,并用待定点为圆心,以 R 为半径的圆内数据来定义函数的待定系数。

取二次多项式为拟合数据,则待求取点的高程可以写成系列的一般式:

$$z_p = Ax^2 + Bxy + Cy^2 + Dx + Ey + F \tag{6.9}$$

将坐标原点平移至坐标中心。为求待定系数,应以 x_p 为圆心,以 R 为半径作圆,圆内的数据均被采用,则可以建立误差方程式。在求解系数时,可根据数据点至待定点的距离来赋予适当的权。权的值应与距离成反比,间距越近,对待求点测定值的影响越大。权的赋值按式(6.10)进行:

$$W_i = \frac{1}{d_i} \quad \text{或} \quad W_i = \left(\frac{R - d_i}{d_i}\right)^2 \tag{6.10}$$

式中:$d_i = \sqrt{x_i^2 + y_i^2}$。根据最小二乘法原理,建立方程式,求解各待定系数,然后把系数代入差值公式(6.9),就能求取待定点高程。从已获得的 DSM 上减去相应的 DEM 便得到消除地面起伏的树冠表面三维模型,从模型上可以估算树冠的郁闭度和树冠的高度。因为房屋等非树冠区域不包含在树冠区域模板中,所以 DSM 与 DEM 相减,会消除这些非树冠区域。

6.3.9 实验结果与分析

本小节使用高分辨率多光谱遥感数据对算法进行核验。飞行试验中,MS4100 相机的曝光时间为 0.2 s,这保证了 80% 以上的扫描重叠度。影像大小为 1920 像素×1080 像素。本章选取含有线路走廊的 3 幅重叠影像作为立体像对。经过校验的内方位元素:焦距为 14 mm,像主点相对于影像中心的位置是 $x_0 = y_0 = 8 \mu m$。3 幅影像的外方位元素参数见表 6.1。

表 6.1　3 幅影像的外方位元素参数

影像名称	X/m	Y/m	Z/m	ω/(°)	φ/(°)	γ/(°)
10-25-08_s26_33.tif	393 343.423	7 096 162.612	588.710	−0.651 241	0.500 000	54.199 989
10-25-08_s26_34.tif	393 317.402	7 096 182.007	586.680	−1.000 000	0.400 000	54.499 992
10-25-08_s26_35.tif	393 291.383	7 096 200.179	584.790	−1.200 000	0.200 000	54.799 992

根据前面叙述的方法,对以上 3 幅影像中具有重叠区域的航空数码影像进行空中三角测量和正射校正。主要步骤有定义相机几何模型、自动测量影像同名点、执行空中三角测量、获取 DSM 及影像正射校正处理。原始影像如图 6.10 所示。

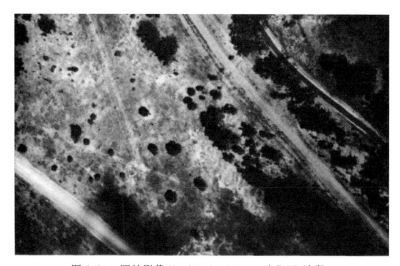

图 6.10　原始影像(10-25-08_s26_33.tif,RGB 波段)

最终得到线路走廊的数字正射影像图(如图 6.11 和图 6.12 所示,分别为真彩色合成与假彩色合成之后的数字正射影像)和数字表面模型(DSM)影像(图 6.13)。如图 6.11 所示,在 RGB 正射影像中树木呈暗色,在 DSM 中树冠较周围草地要亮。这是因为 DSM 为地表高度的测量值,周围草地比树冠低很多。从图 6.13 中可以看出树冠高度可以通过 DSM 测量。而树冠的覆盖区域可以通过对多光谱正射影像计算归一化植被指数来实现,即 6.3.2 小节提出的方法。取阈值为 0.2,将 NDVI 二值化。如图 6.14 所示,先采用小面积消除的方法去除白色噪声点,再去除树冠内区域的孤立黑色小面积区域。由于研究对象为线路走廊的树冠高程,如果统计全部的孤立小区域,计算量极大,所以只对线路走廊的树冠区域进行小面积消除。部分树冠区域(A、B、C 区域)去除结果如图 6.15 所示。

将树冠区域作为模板,将 DSM 中的线路走廊中的树冠区域高程去除,即 DSM 中不含有线路走廊的树冠区域,如图 6.16 所示。然后去除树冠高程的 DSM 进行二次多项式拟合便得到了最后的 DEM。DSM 减去 DEM 可消除地面起伏的影响,得到三维树冠表面模型,见图 6.17。从模型上可以估算出树冠郁闭度和树冠高度。除去灰色背景,有亮度变化的均为立木区域。较为明亮处为较高的树冠,每簇树冠的最高处为树顶。

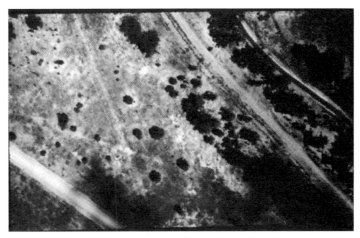

图 6.11 真彩色合成的数字正射影像

(红、绿、蓝波段合成)

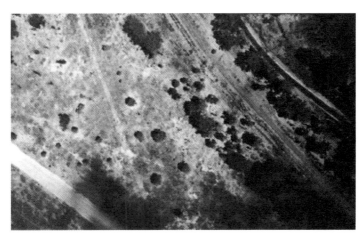

图 6.12 假彩色合成的数字正射影像

(近红外、红、绿波段合成)

图 6.13 数字表面模型(DSM)影像

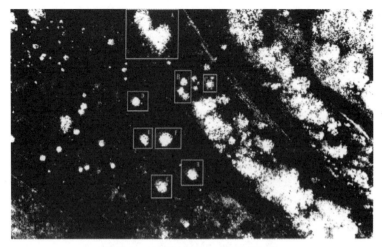

图 6.14　计算 NDVI 二值化的影像

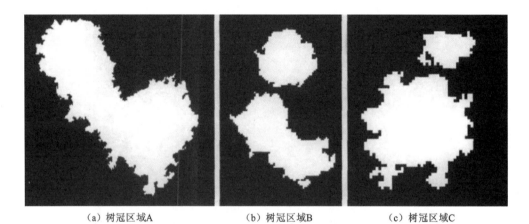

(a) 树冠区域A　　　　　　(b) 树冠区域B　　　　　　(c) 树冠区域C

图 6.15　部分树冠区域（A、B、C）去除结果示意图

图 6.16　去除线路走廊树冠高程的 DEM

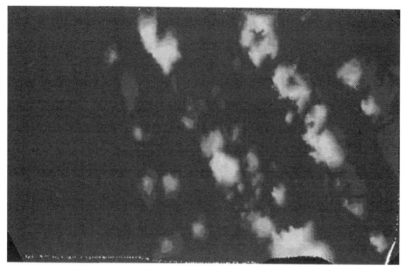

图 6.17 数字表面模型减去数字高程模型后得到的三维树冠表面模型

经过树冠表面测量 A 区域的树冠最高点为 19.27 m，B 区域中上方树冠最高点为 8.11 m，下方树冠区域最高点为 11.14 m。C 区域中上方树冠最高点为 9.06 m，下方树冠最高点为 10.06 m。

本章只是提出了一种利用高分辨率多光谱影像来估算树冠高度的方法。在后续工作中，对本区域进行了激光雷达数据采集，将采集的激光雷达数据中的相同树冠最高程值作为参考值。通过对比发现本章提出的方法平均树冠高度为 11.446 m，雷达数据平均树冠高度为 12.47 m，树冠高度测量的精度为 91.8%。所以由以上分析可知，使用数字摄影测量方式测量的树冠高度与实际高度相差不明显，如果进一步提高影像分辨率，测量结果的精度将会提高。

主要参考文献

曹蔚然，朱琳琳，韩建达，2015. 一种可迭代基于多向自相关的航拍电力线图像增强方法[J]. 机器人，37(6):738-747.

刁燕，吴晨柯，罗华，等，2018. 基于改进的概率 Hough 变换的直线检测优化算法[J]. 光学学报，38(8):170-178.

董召杰，2019. 基于 YOLOv3 的电力线关键部件实时检测[J]. 电子测量技术，42(23):173-178.

段汝娇，赵伟，黄松岭，等，2010. 一种基于改进 Hough 变换的直线快速检测算法[J]. 仪器仪表学报，31(12):2774-2780.

巩学美，高昆，王研，等，2017. 一种基于概率 Hough 变换的遥感图像中线目标检测新方法[J]. 影像科学与光化学，35(2):162-167.

李栋，林靖宇，高鹏宇，等，2016. 无人机输电线路巡检中安全距离测量方法[J]. 广西大学学报(自然科学版)，41(2):498-505.

刘通，陈浩，沈鸣，等，2016. 随机 Hough 变换提取空间碎片激光测距有效回波[J]. 中国激光，43(4):169-179.

马青岷,2017.无人机电力巡检及三维模型重建技术研究[D].济南:山东大学.

穆超,2010.基于多种遥感数据的电力线走廊特征物提取方法研究[D].武汉:武汉大学.

浦石,吴新桥,燕正亮,等,2017.无人机激光雷达智能识别输电线路缺陷[J].遥感信息,32(4):52-57.

王淼,2017.输电线路图像上防震锤检测算法研究[D].北京:北京交通大学.

王万国,田兵,刘越,等,2017.基于RCNN的无人机巡检图像电力小部件识别研究[J].地球信息科学学报,19(2):256-263.

王振华,黄宵宁,梁焜,等,2012.基于四旋翼无人机的输电线路巡检系统研究[J].中国电力,45(10):59-62.

吴庆岗,2012.复杂背景输电线图像中部件边缘提取算法研究[D].大连:大连海事大学.

鄢然,张李超,张宜生,等,2015.基于特征识别的经编布花边实时识别算法[J].激光与光电子学进展,52(11):111002.

袁晨鑫,官云兰,张晶晶,等,2018.基于改进Hough变换的电力线提取[J].北京测绘,32(6):730-733.

苑津莎,崔克彬,李宝树,2015.基于ASIFT算法的绝缘子视频图像的识别与定位[J].电测与仪表,52(7):106-112.

张国英,程益钰,朱红,2014.基于改进Hough变换的线性目标检测[J].计算机工程与设计,35(2):536-540.

张振杰,郝向阳,刘松林,等,2016.基于Hough一维变换的直线检测算法[J].光学学报,36(4):158-165.

赵连军,刘恩海,张文明,等,2014.利用全局信息提取靶标特征的方法[J].光学学报,34(4):166-171.

周筑博,高佼,张巍,等,2018.基于深度卷积神经网络的输电线路可见光图像目标检测[J].液晶与显示,33(4):317-325.

BHOLA R, KRISHNA N H, RAMESH K N, et al., 2018. Detection of the power lines in UAV remote sensed images using spectral-spatial methods[J]. Journal of Environmental Management, 206:1233-1242.

CERÓN A, MONDRAGÓN B I F, PRIETO F, 2014. Power line detection using a circle based search with UAV images[C]//2014 International Conference on Unmanned Aircraft Systems, Orlando, FL, USA. New York: IEEE: 632-639.

CHUTATAPE O, GUO L F, 1999. A modified Hough transform for line detection and its performance [J]. Pattern Recognition, 32(2): 181-192.

DUAN R J, ZHAO W, HUANG S L, et al., 2010. Fast line detection algorithm based on improved Hough transformation[J]. Chinese Journal of Scientific Instrument, 31(12): 2774-2780.

DUDA R O, HART P E, 1972. Use of the Hough transformation to detect lines and curves in pictures [J]. Communications of the Acm, 15(1): 11-15.

FELZENSZWALB P F, GIRSHICK R B, MCALLESTER D, et al., 2009. Object detection with discriminatively trained part-based models[J]. IEEE Transactions on Pattern Analysis and Machine Intelligence, 32(9): 1627-1645.

GONG X M, GAO K, WANG Y, et al., 2017. A novel linear target detection method based on improved probability Hough transform in remote sensing imagery[J]. Imaging Science and Photochemistry, 35(2): 162-167.

LI Z R, LIU Y, HAYWARD R, et al., 2008. Knowledge-based power line detection for UAV surveillance and inspection systems[C]//2008 23rd International Conference Image and Vision Computing, Christchurch, New Zealand. New York: IEEE: 1-6.

LI Z R, LIU Y, WALKER R, et al., 2010. Towards automatic power line detection for a UAV surveillance system using pulse coupled neural filter and an improved Hough transform[J]. Machine Vision and Applications, 21(5):677-686.

LI M, XUE L, HUANG C, et al., 2016. Estimation of detection range for space debris laser ranging system based on efficient echo probability[J]. Optics and Precision Engineering, 24(2):260-267.

LIU W, ANGUELOV D, ERHAN D, et al., 2016. Ssd: Single shot multibox detector[C]//European Conference on Computer Vision, Amsterdam, The Netherlands. Berlin: Springer: 21-37.

RAMESH K N, MURTHY A S, SENTHILNATH J, et al., 2015. Automatic detection of powerlines in UAV remote sensed images[C]//2015 International Conference on Condition Assessment Techniques in Electrical Systems, Bangalone, India. New York: IEEE: 17-21.

REDMON J, DIVVALA S, GIRSHICK R, et al., 2016. You only look once: Unified, real-time object detection[C]//2016 IEEE Conference on Computer Vision and Pattern Recognition, Las Vagas, NV, USA. New York: IEEE: 779-788.

REN S Q, HE K M, GIRSHICK R, et al., 2017. Faster R-CNN: Towards real-time object detection with region proposal networks[J]. IEEE Transactions on Pattern Analysis and Machine Intelligence, 39(6): 1137-1149.

SHAPIRO S D, 1978. Feature space transforms for curve detection[J]. Pattern Recognition, 10(3): 129-143.

SONG B Q, LI X L, 2014. Power line detection from optical images[J]. Neurocomputing, 129:350-361.

WANG H S, HAO Q, CAO J, et al., 2018. Target recognition method on retina-like laser detection and ranging images[J]. Applied Optics, 57(7):B135-B143.

XU L, OJA E, KULTANEN P, 1990. A new curve detection method: Randomized Hough transform (RHT)[J]. Pattern Recognition Letters, 11(5):331-338.

YANG T W, YIN H, RUAN Q Q, et al., 2012. Overhead power line detection from UAV video images [C]//2012 19th International Conference on Mechatronics and Machine Vision in Practice (M2VIP). Auckland, New Zealand. New York: IEEE: 74-79.

ZHANG G Y, CHENG Y Y, Zhu H, 2014. Detection of linear target based on improved Hough transform [J]. Computer Engineering and Design, 35(2):536-540.

ZHANG J J, LIU L, WANG B H, et al., 2012. High speed automatic power line detection and tracking for a UAV-based inspection[C]//2012 International Conference on Industrial Control and Electronics Engineering, Xi'an, China. New York: IEEE: 266-269.

ZHAO L J, LIU E H, ZHANG W M, et al., 2014. Feature extraction of target based on global information[J]. Acta Optica Sinica, 34(4):156-161.

第7章 地质环境中高光谱遥感废水检测

7.1 废水的影像特征

由于任何温度高于绝对零度的物体均能发射、反射或吸收能量辐射,而且不同物体有不同性质结构,所以不同地物均具有其独特的辐射特性;同样在水环境监测中,不同温度、泥沙含量、藻类数量、污染程度的水体也都有不同的辐射特性,通常各种水体的特性可以通过遥感影像反映出来(喻文科等,2013)。

7.1.1 光谱特征

根据对影像的识别情况,就可以获得水体的水质参数或者水体污染状况(喻文科等,2013)。

1. 自然水体的光谱特征

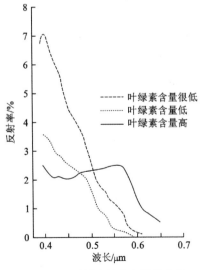

图7.1 不同叶绿素含量的水体反射光谱曲线(喻文科等,2013)

自然水体的反射主要在蓝绿光波段,其他波段吸收率很强,特别是在近红外、中红外波段有很强的吸收带,反射率几乎为零,因而在红外波段上水体比较容易识别。水中的泥沙、叶绿素等物质的含量都是影响水体光谱曲线的重要因素。较为洁净的自然水体在 $0.4\sim1.1~\mu m$ 波段的光谱反射率为 $1\%\sim3\%$,其平均反射率约为 2%。但当水中含有其他物质时,反射光谱曲线会发生变化。当含有泥沙时,由于泥沙的散射作用,可见光波段反射率会升高,峰值出现在黄红区;当水中含有叶绿素时,近红外波段明显抬升;由泥沙、天然有机物和浮游生物造成的浑浊水体通常比清澈水体的光谱反射率要高一些,如图7.1和图7.2所示。

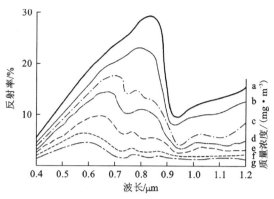

图 7.2 不同悬浮固体浓度的水体反射光谱曲线(喻文科等,2013)

(a、b、c、d、e、f、g 表示不同的悬浮固体浓度)

2. 废水的光谱特征

污染物质种类各异,其物理化学性质也不尽相同,因而对水体的光谱反射率影响也各不相同(喻文科等,2013)。

以德兴铜矿为例(刘圣伟等,2003),杨桃坞废石场、祝家废石场、露天采矿场、堆浸场均产生酸性废水,输入酸性废水调节库。酸性水 pH 为 2.5 左右,水体浑浊,呈橙红色。其波谱曲线在 640 nm 附近的橙红光谱区内存在一个较强的且波形对称的反射峰,峰值在深水处达 28%,近岸处约为 10%,随后反射率迅速降低,最后在红外波段趋于平缓。近岸与远岸处水体的光谱曲线波形基本相似,近岸水体波谱在 640 nm 处的波峰反射率较高。尾矿库内澄清的尾矿碱性水 pH 为 11.3~12.3,水质较为清澈,颜色发蓝,其中含大量的选冶药剂。其波谱曲线与酸性水体明显不同,从 380 nm 处反射率开始逐渐上升,在蓝绿光波段 565 nm 附近达到峰值,然后迅速下降,形成左右不对称的反射峰。与酸性水体相反,该反射峰值随测试点与岸距离的增加而升高,可能是悬浮物的浓度随之升高的反映。离岸 3~40 m 处的波谱形态比较相似,仅是反射峰不同,离岸 0.5 m 处波谱曲线在 580~700 nm 波段出现较高的反射平台。

由图 7.2 可见,含黑色物质和暗色物质悬浮物较多的污染水体,在 0.4~1.1 μm 波段的反射率比洁净的自然水体的反射率略低一些;含中等色调悬浮污染物质较多的水体其在上述波长的反射率比洁净水体的反射率要高一些;而含浅色和白色色调悬浮污染物质较多的水体,其在 0.4~1.1 μm 波段的反射率则显著地高于洁净的自然水体的反射率(喻文科等,2013)。

7.1.2 纹理特征

污染水体与清洁水体之间的差别也反映在遥感影像的影像特征上。传统的识别方法多利用彩色合成、单波段灰度分割或多波段影像分类等方法,在实际应用上取得了一定的效果(程博等,2007)。

在彩色合成中,波段组合的选择至关重要,短波红外波段由于水体本身反射率已很低,影响了对污染水体的识别。选择合适的波段进行彩色合成,不同的污染水体将具有明显的不同。以德兴铜矿矿区为例(程博等,2007):在受污染的酸性水体中,废水池的水体虽然重金属离子浓度高,但大都沉积在池底部,浅水面浓度比较低,而且水较深,反射率很低,在红光波段仍有少量重金属离子引起的微弱反射凸起,在彩色合成影像上以黑色调为主,略微呈现红色,总体上为黑红色;而大坞河自祝家废石场流向乐安河中的污染水由于水浅,多数反映的是水底重金属沉积物和泥沙的红光与绿光高反射的特征,水体呈粉红色;碱性水体仅在绿光波段是高反射,在彩色合成影像上呈蓝色。由于 4 号库碱性废水和泥沙一起排放,因重力分离泥沙逐渐沉积下来,受泥沙含量的影响,强碱性污染区呈现粉红色。

7.2 废水检测方法

氮、磷含量高是水体发生富营养化的主要原因,对水体藻类生长和蓝藻的暴发具有重要的影响。它们与藻类生物量之间的关系一直是研究水体富营养化的重要内容,叶绿素 a (Chlorophyll a,Chl-a)含量是表征藻现存量的重要指标之一(王东豪,2019),它在一定程度上决定了水体的光谱反射特征。本节将以叶绿素 a、氮、磷等为废水中典型成分为例,介绍高光谱遥感影像废水检测的方法。

7.2.1 基于关键光谱特征的废水检测

在可见光波段 0.6 μm 之前,水的吸收少、反射率较低、大量透射。其中,水面反射率约为 5%,并随着太阳高度角的变化呈 3%～10% 的变化。水体可见光反射包含水表面反射、水体底部物质反射及水中悬浮物质(浮游生物或叶绿素、泥沙及其他物质)的反射 3 个方面。对于清水,在蓝-绿光波段反射率为 4%～5%,0.6 μm 以下的红光部分反射率降到 2%～3%,在近红外、短波红外部分几乎吸收全部的入射能量,因此水体在这两个波段的反射能量很小。这一特征与植被和土壤光谱形成十分明显的差异,因而在红外波段识别水体是较容易的。

水的光谱递减规律是由于水在红外波段(NIR、SWIR)的强吸收,水体的光学特征集中表现出可见光在水体中的辐射传输过程,包括界面的反射、折射、吸收、水中悬浮物质的多次散射(体散射特征)等,而这些过程及水体"最终"表现出的光谱特征又是由多种因素决定的。

1. 总氮高光谱特征分析

反射光谱曲线因水体中的总氮(total nitrogen,TN)浓度不同而存在差异。当水体的总氮浓度增大时,水体反射能力增强。在波长较短的 350～400 nm,光谱反射率有很大波动,在波长 400～750 nm 时,随着波长增大,反射光谱曲线开始整体呈下降趋势。在波长 578 nm 和 715 nm 处分别有一处不明显的反射峰,在水分子吸收过程为主的波长 750 nm 附近,形成一个反射谷底。在波长 750 nm 以后反射光谱曲线迅速上升,在波长 805 nm 附近有一明显的反射峰。光谱曲线在波长 810 nm 开始下降,而由于水分子在近红外波段对光有强吸收作用,波长大于 1000 nm 以后反射率迅速下降且接近 0,所以特征分析选取波长范围为 350～1000 nm。

2. 总磷高光谱特征分析

总磷(total phosphorus,TP)溶液光谱反射率在 400 nm 以后呈递减趋势,在大于 1000 nm 的近红外波段的光谱反射率为 6×10^{-3} 且逐渐接近 0,即基本被水体和黑色器具所吸收,水体在近红外、短波红外部分几乎吸收全部的入射能量。对 11 个处理点 350～1000 nm 波长范围内的总氮光谱数据进行分析。从整体来看,反射率随总磷浓度增大而增强。总磷在波长 350 nm 处有一个明显的反射峰,这可能是太阳光短波的能量高,总磷容易被激发产生各自的特征光谱。在波长 350～450 nm 有许多明显的小峰,这可能是受噪声的影响。此外,总磷溶液在波长 540 nm 处有一个明显的反射峰,在水分子吸收过程为主的 750 nm 附近,形成一个反射谷底,在波长 810 nm 附近有一个明显的反射峰。

3. 叶绿素高光谱特征分析

光谱曲线在 400～500 nm 波段,波谱反射率呈现较宽的波谷,这部分是叶绿素的吸收区域;叶绿素在 550～600 nm 区域由于自身的散射作用形成了第一个反射峰,最大峰值在 580 nm 左右;在藻青蛋白影响下,600～630 nm 反射率逐渐降低;吸收带比较明显的地方是在 675 nm 左右,原因是该范围叶绿素强烈吸收红光波段造成一个吸收的峰值,由此带来的影响是水体光谱反射率曲线在该处出现谷值;另一个显而易见的反射峰出现在 700 nm 附近,此处一般被定义为判定水体是否富含藻类叶绿素的显著依据;在 750 nm 左右出现一个明显的吸收谷;而在 800 nm 左右还出现了一个反射峰,也许为悬浮物散射产生的。由于纯水的吸收系数增大趋势剧烈,850 nm 之后的光谱反射率迅速变低。总体而言,受水体影响,整体光谱反射率偏低,浮游藻类在光谱上的特点和陆地绿色植被叶绿素特征相似。

4. 水体水质参数与光谱相关性分析

水质参数与光谱反射率之间的双变量正态分布样本的线性相关分析一般采用 Pearson 相关系数 R 来表示。Pearson 相关系数的计算公式为

$$R(\lambda)=\frac{\sum_{i=1}^{n}(X_i-\bar{X}_i)(Y_\lambda-\bar{Y}_\lambda)}{\sqrt{\sum_{i=1}^{n}(X_i-\bar{X}_i)^2}\cdot\sqrt{\sum_{i=1}^{n}(Y_\lambda-\bar{Y}_\lambda)^2}} \tag{7.1}$$

式中:X_i、$\bar{X}_i$ 分别为水质参数及其算术平均值;Y_λ、$\bar{Y}_\lambda$ 分别为波长 λ 的光谱反射率及其算术平均值;$R(\lambda)$ 为 X 和 Y 之间在波长 λ 处的 Pearson 相关系数,是描述两组数据之间相关关系的数字表征,其值介于 $[-1,1]$,$R(\lambda)$ 的绝对值越接近 1,表明用线性模型拟合的程度越高,当接近 0 时表明线性拟合的程度极差。

7.2.2 基于线性回归模型的废水检测

目前我国湖泊富营养化评价的基本方法主要有营养状态指数法[卡尔森营养状态指数(trophic status index,TSI)、修正的营养状态指数、综合营养状态指数(trophic level index,TLI)]等。为使湖泊富营养化评价结果既能综合全面,选取参数又可以较高精度地借助卫星遥感影像实现反演,本小节使用综合营养状态指数法,选取 Chl-a、SD、TN、TP、COD_{Mn} 作为湖泊富营养化评价参数。TLI 的计算公式为

$$TLI = \sum_{j=1}^{m} W_j \times TLI(j) \tag{7.2}$$

式中:TLI 为综合营养状态指数;TLI(j) 为第 j 种参数的营养状态指数;W_j 为第 j 种参数的营养状态指数的相关权重。

以 Chl-a 作为基准参数,则第 j 种参数的归一化的相关权重计算公式为

$$W_j = \frac{r_{ij}^2}{\sum_{j=1}^{m} r_{ij}^2} \tag{7.3}$$

式中:r_{ij} 为第 j 种参数与基准参数 Chl-a 的相关系数;m 为评价参数的个数。营养状态指数计算公式为

$$\begin{cases} TLI(Chl\text{-}a) = 10(2.5 + 1.086 \ln Chl\text{-}a) \\ TLI(TP) = 10(9.436 + 1.624 \ln TP) \\ TLI(TN) = 10(5.453 + 1.694 \ln TN) \\ TLI(SD) = 10(5.118 - 1.94 \ln SD) \\ TLI(COD_{Mn}) = 10(0.109 + 2.66 \ln COD_{Mn}) \end{cases} \tag{7.4}$$

参数模型构建主要是选取 2/3 的有效样点数据基于最小二乘法进行线性拟合,然后选取另外的 1/3 数据进行模型验证。评估模型的优劣主要采用拟合优度、平均相对误差(mean relative error,MRE)和均方根误差(root mean square error,RMSE),其计算公式分别为

$$\begin{cases} MRE = 100\% \times \frac{1}{N} \sum_{i=1}^{N} \left| \frac{x_{est,i} - x_{obs,i}}{x_{obs,i}} \right| \\ RMSE = 100\% \times \sqrt{\frac{1}{N} \sum_{i=1}^{N} (x_{est,i} - x_{obs,i})^2} \end{cases} \tag{7.5}$$

式中:$x_{est,i}$ 为模型估算值;$x_{obs,i}$ 为模型测量值;N 为样本个数。

7.2.3 基于混合像元分解模型的废水检测

在水质遥感监测研究中,高光谱遥感数据较高的光谱分辨率能够探测出水体各组分详细的吸收和散射特性,有利于提高水质遥感监测的精度。但因其空间分辨率较低,像元混合严重。混合像元问题严重影响了水质定量遥感反演的准确性,对基于混合像元分解模型的废水

检测方法的研究具有重要意义(潘梅娥和杨昆,2017)。

瞬时视场角内水面像元的辐射强度受各水质参数单元组分辐射强度的影响,依据非相干光辐射强度的可加性,水面像元的辐射强度应该是各水质参数的端元组分辐射强度之和,通过求解,可以确定每类端元组分所占比例(或称为丰度)。依据线性光谱混合模型,利用阻尼最小二乘法,求解叶绿素 a 端元光谱的丰度,然后研究叶绿素 a 丰度与采样点浓度之间的关系式,构建叶绿素 a 浓度反演的混合光谱模型。在建模过程中还基于以下假设:模型考虑的是水体表面反射率;水体中的各种水色因子(黄色物质、总悬浮物等)分布均一,各个因子相互独立,且对水体的遥感反射率贡献较小,即水体反射率主要由叶绿素 a 和纯水决定。

7.3 废水检测典型案例

德兴铜矿是我国的一个大型矿区,多年来未经处理的工业废水直接排入河流,造成了水体严重的酸性污染,破坏了水域周围的生态环境。本节以高光谱遥感影像进行德兴铜矿的废水检测为例,对军事地质环境中废水检测技术进行分析(朱菊蕊,2020)。

1. 水体样本的采集、pH 和重金属浓度测定

首先利用 pH 试纸检测水体酸度并记录,且在同一点进行水体采样,并将该样品送至实验室进行 pH、重金属浓度的测定。水体的采样个数根据实地地形而定,尽可能均匀分布在试验区。

2. 水体高光谱影像采集

水体高光谱影像采集使用 Headwall 高光谱成像光谱仪,波段为 400～1000 nm。Headwall 的光学设计利用的是像差校正同轴全反射的方法,这使其具有良好的空间与光谱分辨率的优点。

3. 光谱数据预处理

本节所用水体光谱数据为无人机影像光谱数据。无人机获取的高光谱遥感影像波段为 400～1000 nm,但是在飞行过程中环境干扰及无人机的不稳定性导致在红外波段光谱不稳定,同时受水体基底泥沙、水生植物影响,水体在红外波段并不是呈现几乎完全吸收的光谱特征,而是有一定的反射率。水体的反射特征主要在可见光范围,因此主要分析 450～750 nm 的光谱特征。采用多项式平滑方法消除样本表面、光谱采集环境、杂散光等引起的噪声及光谱高频随机噪声,提高高光谱数据的信噪比。

假设光谱曲线有 n 个波段,若对其中第 $i(i=1,2,\cdots,n)$ 个波段进行平滑,则利用其前后 m 个波段进行平均,称为窗口移动平均法,而窗口中总共有 $N=2m+1$ 个波段。计算公式为

$$x_{i,\text{平滑后}} = \frac{1}{N}\sum_{j=-m}^{m} x_{i+j,\text{平滑前}} \tag{7.6}$$

多项式平滑则利用多项式对移动窗口之内的波段反射率进行最小二乘拟合,将窗口内 $N=$

$2m+1$ 个数据拟合为 $(k-1)$ 阶多项式：

$$x_j^i = a_0 + a_1 j + a_1 j^2 + \cdots + a_k j^k \quad j = -m, -m-1, \cdots, m-1, m, i=1, \cdots, n \quad (7.7)$$

对式(7.7)进行最小二乘拟合求得 x_0^i，即窗口中心计算公式为

$$x_0^i = \frac{1}{N} \sum_{j=-m}^{m} w_j x^{i+j} \quad (7.8)$$

则平滑后的光谱为

$$f[x(i)] = \sum_{j=-m}^{m} f(x) h[x(i) - x] \quad (7.9)$$

4. 光谱指数反射率变换

高光谱丰富的波段信息为波段的优化组合提供更多的可能，同时为了将常规的一维光谱分析方法上升为二维层面的光谱分析方法，国内外学者研究出了许多光谱指数。光谱指数法可以有效地筛选出已有高光谱数据中的最佳波段组合，它不仅可以消除环境背景噪声，同时相较于单一波段具备更明显的敏感性。常用的光谱指数主要为差值光谱指数(difference spectral index, DSI)、比值光谱指数(ration spectral index, RSI)和归一化差分光谱指数(normalized difference spectral index, NDSI)。

为了更有效地利用高光谱丰富的波段，消除数据冗余，同时进一步扩大分母和分子差异，在单波段比值的基础上提出将更丰富的波段信息引入光谱指数构建新的多波段组合比值，用多波段比值光谱指数(multiband ratio spectral index, MRSI)表示：

$$\text{MRSI} = \frac{R(\lambda_i) + R(\lambda_j)}{R(\lambda_p) + R(\lambda_q)} \quad (7.10)$$

式中：λ_i、λ_j、λ_p、λ_q 分别为第 i 个、第 j 个、第 p 个、第 q 个波段；$R(\lambda_i)$、$R(\lambda_j)$、$R(\lambda_p)$、$R(\lambda_q)$ 分别为第 i 个、第 j 个、第 p 个、第 q 个波段的光谱值。

由式(7.10)可知，该比值方法结合了多个波段。根据后续相关性筛选出来的单波段比值结果和光谱变化特征，将筛选出来的波段构建 MRSI 并利用相关性分析筛选特征因子。

5. 水体光谱特征分析

富家坞河水体采样光谱曲线如图7.3所示。各水体光谱曲线一般在 536~570 nm 反射率呈逐渐上升趋势，在 580~600 nm 整体反射率较高，有的形成反射平台。水体光谱曲线在 520 nm、589 nm、598 nm、630 nm、658 nm、700 nm 和 729 nm 附近具有反射峰，在 616 nm、640 nm、536 nm、680 nm 和 714 nm 附近具有吸收谷。通过对比 10 条光谱曲线反射率与该光谱曲线采样水体酸性强度，在 550~700 nm 波长范围内，酸性越大即 pH 越小的水体其反射率越高，由此推测，水体影像光谱反射率与水体酸化程度有一定的关联。除此之外，水体的反射率还会受到水体中水生植物影响而在 550 nm 处形成反射峰，且受水生植物影响的光谱整体反射率高于其他水体。

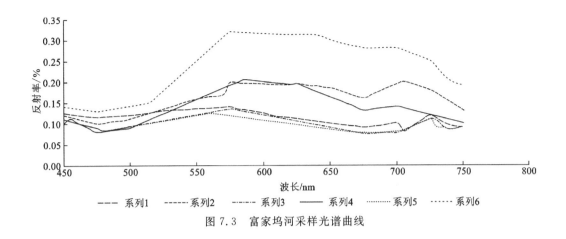

图 7.3 富家坞河采样光谱曲线

6. 水体 pH 定量反演

1) 归一化差分水体指数提取水体

酸性水库和富家坞河水体周围植被覆盖率很高,影像中地物类型主要为植被、道路、水体和裸地。归一化差分水体指数(normalized difference water index,NDWI)可以有效地抑制植被信息,因此采用归一化差分水体指数提取水体。

2) 水体 pH 定量反演

与水体光谱曲线去噪处理相同,同样对高光谱遥感影像进行 SG(Savitzky-Golay)去噪,窗口设为 7,选择影像相应波段并进行 MSRI 变换,作为自变量输入支持向量回归(support vector regression,SVR)反演模型,对酸性水库和富家坞河(红利矿业)进行 pH 反演。受影像细微条带影响,反演结果有椒盐噪声,因此利用 3×3 的中值滤波对其进行处理,得到 pH 反演结果分布,结果如图 7.4 所示。

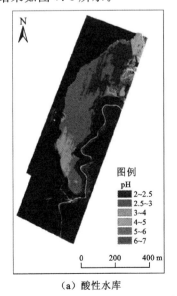

(a) 酸性水库

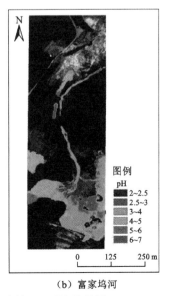

(b) 富家坞河

图 7.4 酸性水库和富家坞河水体 pH 反演结果图

由图 7.4(a)可知,酸性水库水体 pH 集中在 2.5～5。酸性水库具有 3 个独立的水域,大面积水域的 pH 集中在 2～4。酸性最强的水体位于独立的大面积水体的北部,pH 为 2～2.5。约 3/5 面积的水体 pH 为 2.5～3。西南部水体 pH 为 3～4。另外两个小面积的独立水体 pH 集中在 3～5。整体来看酸性水库的水体属于强酸性污染。图 7.4(b)显示的富家坞河水体的酸性整体比酸性水库低,pH 多集中在 3～4。最南部水体中心部分酸性较强,pH 为 2.5～3,北部小块水体 pH 集中在 2～3,酸性较强。其余水体 pH 集中在 4～6,呈弱酸性。该水体 pH 的反演结果与德兴铜矿地区现场勘察结果整体趋势较为一致。

主要参考文献

程博,王威,张晓美,等,2007.基于光谱曲线特征的水污染遥感监测研究[J].国土资源遥感(2):68-70,81,103-104.

刘圣伟,甘甫平,王润生,2003.用卫星高光谱数据提取江西德兴铜矿矿山废水的 pH 值污染指标[J].地质通报(Z1):1013-1020.

潘梅娥,杨昆,2017.基于环境一号 HSI 高光谱数据提取叶绿素 a 浓度的混合光谱分解模型研究[J].科学技术与工程,17(6):71-76.

王东豪,2019.高光谱遥感技术监测内陆水体氮磷中的应用[J].山西建筑,45(2):167-169.

喻文科,秦普丰,周俊宇,等,2013.水环境监测中的遥感应用探讨[J].绿色科技(4):183-187.

朱菊蕊,2020.矿区水体 pH 值与土壤 Zn 含量高光谱定量反演研究[D].北京:中国地质大学(北京).

第 8 章　地质环境中红外高光谱遥感化学气体识别与检测

高分辨率的红外高光谱成像可以识别气体的化学成分。根据机理的不同,大致可分为主动式成像和被动式成像两类。其中,主动式成像通过吸收光源辐射进行成像,信噪比和探测灵敏度较高。其缺点是体积大、安全性较差,同时受辐射源的限制,检测气体的种类较少,信号随着距离变大迅速减弱。被动式成像则是通过吸收背景辐射进行成像,探测距离远,探测光谱宽,探测气体种类多,系统结构简单,能够有效弥补主动式成像的缺点,成为目前国内外研究的热点。被动式成像需要被测气体与背景之间存在相对温差,同时对光学结构、光学关键器件和影像处理等技术要求较高(徐义广等,2006)。20 世纪 70 年代以来,由于冷战期间军事需求的牵引,国际上就已发展出了红外遥测方法,可实现非接触式地发现与判别大气中的有机挥发污染气体的种类,达到污染源定位控制和军事行动规避的目的。本章将主要从红外被动式成像的高光谱技术出发,介绍可用于军事地质环境和军事用途的化学气体识别与检测技术。

8.1　红外高光谱遥感概述

8.1.1　红外高光谱传感器发展现状

随着传感器技术的发展,光谱分辨率越来越高,传感器的探测能力突飞猛进。高光谱传感器的出现使红外遥感系统产生了革命性的变化,从而使光谱性能得到了很大提高。与通过若干个不同谱段获取数据的多光谱传感器不同,高光谱传感器是通过位于一个连续的宽范围(如从可见光到 2.5 μm)内的许多非常窄的谱段(宽度一般为 10~20 nm)获取几乎连续的光谱数据。因此,其获取的数据量比多光谱系统的大得多(高国龙,2011)。红外高光谱传感器是将红外辐射能量转换为电量的一种传感器,是红外探测系统的核心,它的性能好坏将直接影响系统性能的优劣。按照探测机理的不同,红外传感器分为热传感器和光子传感器两大类。热传感器吸收红外辐射后温度升高,可以使传感材料产生温差电动势、电阻率变化、自发极化强度变化或者气体体积与压强变化等,测量这些物理性质的变化就可以测定被吸收的红外辐射能量或功率。光子传感器吸收光子后,本身发生电子状态的改变,从而引起内光电效应和外光电效应等光子效应,通过光子效应的大小可以测定被吸收的光子数(Lillesand and Kiefer,1994)。

由于热红外高光谱成像技术不受太阳辐射源等客观条件的影响，能够进行全天候的观测，最早被应用于军事侦察领域中。在后来的研究中，它也被应用于矿物探测、森林火灾监测等诸多民用领域当中。经过理论研究发现，在最大波长为 12 μm 的光谱范围内，许多气体都有着独特的光谱特征，因此近年来它也被应用于气体监测的任务中。由于红外探测器、辐射抑制等关键技术的限制，热红外高光谱成像技术的发展较为缓慢，国际上主要是美国和加拿大对其展开了较为系统的研究，近年来国内也取得了较大的研究进展（谭苏灵，2019）。

国外最早报道的热红外高光谱成像仪是 1996 年由美国 Aerospace 公司设计的空间增强宽谱段光谱系统（spatially enhanced broadband array spectrograph system, SEBASS）（彭俊，2020）（表 8.1）。它主要被用于固体、液体、气体及化学蒸气物质的探测和识别，其长波通道的波段为 7.5～13.5 μm，具有 120 个成像通道。从 20 世纪 90 年代开始，夏威夷大学开始研制机载高光谱成像仪。它具有 32 个成像通道，光谱分辨率为 125 nm，最初被设计用于地下矿产的探测。经过大量实验证明了相关矿物质在 8～12 μm 的波段范围内有显著的特征峰，该仪器一度成了最为经典的热红外高光谱成像仪，后来被用于地雷探测等军事任务当中。

表 8.1 国内外典型的热红外高光谱成像系统对比

仪器名称	研制时间/年份	光谱范围/μm	通道数	空间分辨率/mrad	视场/(°)	灵敏度	主要用途
美国 SEBASS	1996	2.5～5.2 7.5～13.5	110 120	1	7.3	—	固液气探测
美国 TIRIS	1997	7.5～14	64	3.6	4	—	气体探测
美国 AHI	1998	7.5～11.5	32	2.02×0.81	13	0.1K@300K	地雷探测
美国 LWHIS	2003	8～12.5	128	0.9	6.2	—	—
美国 QWEST	2006	8～12	256	—	40	0.127K@300K	地球科学探测
美国 MAKO	2010	7.8～13.4	128	0.55	4		
中国 星载系统	2010	7.7～9.3	32	0.75	—	0.26K@300K	
中国 样机系统	2015	8.0～10.5	128	1		0.2K@300K	

2006 年，Farley 等开发了由加拿大 Telops 公司生产的红外高光谱成像光谱仪 HyperCam-LW，其工作波段为 7.8～11.8 μm，最多可具有 128 个成像通道。和传统的成像仪器不同，它依据采集参数的设定，记录的高光谱影像的帧频可以为几秒一帧到每秒几帧，其整体的成像性能处于世界领先水平，可用于获取红外高光谱的视频影像。该仪器能够用于化学气体云团的探测及识别、未爆炸装置的探测、火箭和导弹等军事目标的特性分析，在国防、安保、石油和天然气工业等诸多领域有着重要应用，但是其价格昂贵，并且对我国境内的出口有所限制（谭苏灵，2019）。欧洲宇航局于 2011 年设计了轻小型星载设备水星热红外成像光谱仪（Mercury thermal infrared imaging spectrometer, MERTIS）。近十年来，关于热红外高光谱成像仪的新研究主要由 NASA 及所属的喷气推进实验室（JPL）进行。他们相继推出了

第8章 地质环境中红外高光谱遥感化学气体识别与检测

高光谱热红外发射率光谱仪(hyperspectral thermal emission spectrometer,HyTES)及矿物和气体识别仪(mineral and gas identifier,MAGI)(彭俊,2020)。

国内在热红外高光谱技术的发展方面,2016年中国科学院上海技术物理研究所的王建宇等研制出了我国首台机载的热红外高光谱成像仪,实现了自主的灵敏度模型与系统研制。它可以在 $8\sim12.5~\mu m$ 的波段范围内获取180个通道的光谱信息,光谱分辨率可以达到44 nm,能够准确用于地表温度及辐射率的反演(谭苏灵,2019)。另外,还有中国科学院西安光学精密机械研究所、中国科学院长春光学精密机械与物理研究所等单位在成像光谱技术上开展研究(彭俊,2020)。国内外典型热红外高光谱成像系统见表8.1(王建宇等,2015)。

8.1.2 红外高光谱遥感影像研究现状

由于高光谱成像技术能采用非常窄的谱段对物质进行探测,原本采用宽波段不能被探测和识别的物质有望通过高光谱成像被发现。高光谱成像技术对遥感探测领域意义非凡,针对和利用高光谱遥感影像的研究也如火如荼地开展中。相对于可见光和短波红外,在热红外谱段进行高光谱遥感研究具有独特优势(Lucey et al.,1998)。一方面,只要物体温度高于绝对零度,就会向外界发出热辐射,而热红外影像探测技术能有效地将热辐射能转变为人眼可识别的光谱影像,具有日夜监测能力;另一方面,相比于一般的红外遥感影像,红外高光谱遥感影像的光谱分辨率更高,其数据的光谱信息更加详细和丰富,更有利于地物特征分析,能够更加精确地辨识各种物体。红外高光谱遥感影像不仅能够用于识别地物,还能够用于检测化学气体、探测汽车尾气等,已广泛应用于林火监测、旱灾监测、城市热岛监测、探矿、探地热、岩溶区探水等领域(童庆禧等,2006),在军事地质环境中红外高光谱遥感化学气体识别与检测方面的研究也已经展开。受技术条件限制,热红外高光谱成像技术的发展相对缓慢,国际上系统的研究主要由欧美地区国家引领,国内系统尚不成熟(王建宇等,2015)。

热红外谱段既是大气主要的透过窗口,也能体现地物重要的光谱特征,已广泛应用于地质填图和矿产勘探等民用领域。在军事领域中,热红外高光谱成像技术主要有如下几个应用。

(1)军事地质应用。热红外高光谱成像技术可用于地表温度探测、热流分析、火灾监测、环境灾害监测及岩体识别等任务,在军事制图和地质分析方面具有重要意义。除了对温度与热辐射敏感,热红外波段还对部分矿物敏感,有利于探测和识别硅酸盐、硫酸盐、碳酸盐、磷酸盐等物质。

(2)军事目标探测应用。对包含发动机等热源的重要军事目标,如航天器、车辆、舰船等,热红外高光谱成像仪都可进行探测与识别。区别于一般的红外热成像仪,热红外高光谱成像仪不仅可以探测目标,还可以为目标提供更细致的部件、型号等信息。除地面目标外,地下重要军事目标,如地雷、浅地表建筑物等,也可利用热红外高光谱影像进行探测与分析。

(3)化学战剂检测识别应用。基于气体成分在热红外波段的发射光谱产生机理,一些重要的化学战剂也可以通过热红外高光谱影像进行识别与检测,包括二氧化硫、光气和三氟甲烷等。例如美国夏威夷大学已研制了AHI仪器,并对部分有毒化学气体进行了识别与检测,取得了较好的效果(王建宇等,2015)。

8.2 红外高光谱遥感化学气体识别与检测概述

8.2.1 化学气体识别与检测研究现状

人类工业生产、日常生活及化学实验等活动会产生各种废气和有毒有害气体,对大气中各种污染气体进行识别与检测,对国民经济与人民安全具有重要意义。地震等自然灾害也可能导致地壳中的气体被释放至大气中,因此地震引起的脱气也对灾害预报有积极影响。在国防领域,一些有毒气体制成的化学战剂会对我军陆战部队造成威胁,相关气体检测的研究对保障我军战斗力具有重要作用。

由于气体的流体形态、易传播扩散性,以及部分有害气体无色无味难以辨别却有巨大毒性,化学气体的识别与检测面临极大挑战。根据检测机理的不同,通常用于气体检测的传感器可分为以下几种(丰炳波,2013)。

(1)电化学类传感器。电化学类传感器通过化学反应生成电流,进而转化成可检测的信号,主要可检测一氧化碳、硫化氢、二氧化硫等有毒气体,具有成本低、响应快、灵敏度高等特点,但其稳定性较差、使用寿命较短。

(2)电学类传感器。电学类传感器主要利用某些材料的随变特性,对部分气体进行检测。

(3)气象色谱传感器。气象色谱传感器常用来检测烃类气体。热导气体传感器、氢火焰离子化传感器是其中比较常用的传感器。气象色谱传感器是目前进行气体检测最准确的方法之一,灵敏度高,可分析复杂的多相气体,但系统较为复杂,主要用于实验室分析。

(4)光学类气体传感器。光学类气体传感器主要通过对目标气体的光学特性进行分析从而检测不同类型的气体。根据光学成像原理的不同,主要分为光离子化气体传感器、激光气体传感器、紫外气体传感器及红外气体传感器等。光学类气体传感器灵敏度较高、准确度较高、响应速度较快,也是使用最多的一种气体检测传感器(潘小青和刘庆成,2002)。

在气体检测方面,国外最早开始研究的气体包括一氧化碳和甲烷等(何睿,2009;张勇,2009)。德国首先研发了用于检测一氧化碳的防爆型红外检测仪 SIGMA-CO。日本东北大学研制了甲烷检测器。Dakin 等(1995)设计了红外传感器测量甲烷气体参数。由于红外成像可以从较远距离监控和检测气体,且高光谱分辨率有助于识别气体化学成分,红外高光谱遥感技术在气体检测领域受到越来越多的关注。

被动式红外成像气体检测技术是不需要辐射源的气体遥感检测方法,它用于气体检测的必要条件是在被测气体云团与背景之间必须存在辐射温差(一般要求辐射温差≥2K)。被动式红外高光谱成像气体检测技术是结合红外辐射、光谱分析与高光谱成像技术的气体检测技术。被动式红外高光谱成像气体检测技术具有远程探测、现场实时、无须放置辐射源、可直接成像等诸多优点,成为了实现气体非接触成像检测的有效方法,也成为了世界上气体检测研究领域的前沿方向(金亚亮,2018;李家琨,2015;Farley et al.,2007)。

2000 年以来,国外被动式红外高光谱成像气体检测技术迅猛发展,加拿大 Telops 公司和德国 Bruker 公司等已完成高光谱成像仪气体检测技术产品的研制(金亚亮,2018)。加拿大 Telops 公司开发的 HyperCam 红外高光谱成像系统,可提供实时的经过校准的辐射数据用于气体识别与检测(Broadwater et al.,2008;Lavoie et al.,2005)。Telops 公司后续开发的 FIRST 光谱仪在 2005 年于杜格威试验基地成功实现了对六氟化硫、氨气和甲基磷酸二甲酯等气体的可视化检测实验(Lavoie et al.,2005)。波兰华沙军事科技学院的 Kastek 等在 2012 年与 Telops 公司联合进行气体检测研究,完成了气体快速识别的野外试验(Kastek et al.,2013)。德国 Bruker 公司开发的 SIGIS 2 红外气体成像系统可定量检测和可视化显示目标气体云团(Harig et al.,2005)。美国约翰霍普金斯大学、土耳其中东技术大学、韩国科学技术院等也在相关方面开展了研究工作。

上述国外气体检测方法多是利用光谱数据库开展的研究,需要在红外探测器和光谱数据库等方面有充分的技术积累才能实现。由于西方国家对我国在各种关键技术和产品上实施封锁和禁运,我国在相关方面的研究面临很大挑战。目前,我国气体检测研究多数还处于实验室阶段,未形成系统产品。主要研究单位包括南京理工大学、昆明物理研究所、哈尔滨工业大学、中国科学院安徽光学精密机械研究所等高校和科研院所(金亚亮,2018)。

哈尔滨工业大学利用传统高光谱的检测方法,对仿真的混合气体红外高光谱数据进行处理,实现了气体识别与检测(丰炳波,2013)。中国科学院安徽光学精密机械研究所利用快速傅立叶变换红外光谱技术对六氟化硫气体云团进行了远程被动遥感探测(Xu et al.,2013)。南京理工大学提出了一种基于时空全变分正则化的方法进行气体检测。昆明物理研究所以室外高楼和乙醚气体的检测实验为例,研究了二维平面空间化学气体分布的高光谱成像检测方法。总体而言,国内在红外高光谱气体检测方面的研究取得了一定的成果,但还存在很多不足。

8.2.2 化学气体红外高光谱数据特征

根据高光谱成像的原理可知,不同波长的光经过大气传输,通过光栅进行衍射分光,形成一个个谱带照射到探测器上,最终得到一系列的光谱曲线,作为对物体光谱信息的记录。一般高光谱成像的能量主要源于地物目标对太阳光的反射,而红外波段的高光谱成像主要源于目标的红外热辐射能量,对太阳光的依赖很小,这也使得红外高光谱能更好地反映地物特征,受天气和环境的影响较小。由于分子对辐射能量的吸收特性不同,大气传输对红外高光谱成像的影响占主导作用(丰炳波,2013)。

分子的多种运动都需要从外界吸收能量,但不同结构特性的分子吸收的能量频率不同。通过分子在红外光谱上表现出的不同的吸收峰和吸收特性,可实现对不同分子的鉴别。红外谱段主要对应分子的振动跃迁运动,其中中长波红外主要对应分子的振动特性。几乎所有物质都有独特的吸收光谱特征,气体分子也不例外。气体分子的吸收作用随波长改变而迅速变化,且每种气体都有独特的红外吸收频率,因此从混合气体光谱中也能有效利用红外吸收光谱对气体种类和成分进行检测。

通俗地讲,不同的化学气体对红外的吸收光谱不同导致了最后在传感器上的成像不同,不同化学气体的红外吸收光谱构成了化学气体的红外数据特征,并且每种气体分子吸收的红外光波长均遵循朗伯-比尔(Lambert-Beer)定律。

当入射光是平行光时,设入射光强度为 I_0,出射光强度为 I,朗伯-比尔定律定义了入射光强度和出射光强度的关系为

$$I = I_0 \exp(\alpha CL) \quad (8.1)$$

式中:α 为气体对光波的吸收系数;C 为气室气体浓度;L 为吸收气室的光路长度。吸收系数 α 由气体对光的吸收和散射作用共同决定,只取决于气体的性质和光波的波长,与待测气体的浓度无关。即各种气体的吸收系数 α 各不相同,同一气体的吸收系数 α 随入射波长的变化而变化(刘彬等,2011)。

一些光谱数据库,如 HR Nicolet Vapor Phase 数据库可提供不同气体的吸收光谱。图 8.1 所示的是通过 Nicolet Omnic 软件获得的两种气体的吸收光谱。从图中可以看出,光气和氨气分子均在某些波长区间有强烈吸收作用,在其他光谱区间吸收较弱或无吸收作用(丰炳波,2013)。

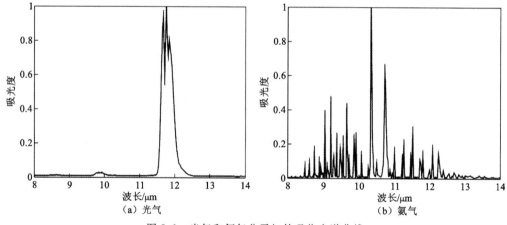

图 8.1　光气和氨气分子红外吸收光谱曲线

一些常见的危险化学气体红外吸收光谱的范围如下(刘中奇和王汝琳,2005):①CO 吸收红外线光谱范围在 4.65 μm 附近;②CH_4 吸收红外线光谱范围在 3.3 μm 附近;③SO_2 吸收红外线光谱范围在 7.3 μm 附近。

另外,如 H_2O、O_3、HNO_3、CO_2、N_2O、O_2、NO、NO_2 这些常见气体的吸收光谱波长基本分布在 2.5~25 μm。这些特性为红外高光谱成像提供了良好的基础,并且现在已经可以利用这些化学气体的红外数据特征进行组合开展气体检测。

8.2.3　化学气体红外高光谱辐射传输模型

红外高光谱成像是基于大气中的气体目标的红外吸收光谱和背景红外辐射进行探测,是一种被动式的成像方式,不依赖于自然界和人工提供光源。气体目标的红外辐射能量在经过大气传输到成像器件的过程中,受到大气和环境的影响,针对气体在大气中的传输过程进行

第 8 章 地质环境中红外高光谱遥感化学气体识别与检测

建模,对基于气体红外高光谱进行识别与检测具有重要作用。如图 8.2 所示,层辐射传输模型是目前广泛使用的一种气体红外辐射传输模型,该模型将气体红外辐射从背景传输至检测系统的整个路径划分为一系列平行层,每一层的输入为前一层的入射辐射,输出为传输至下一层的出射辐射。当成像场景内不存在气体目标时,模型可简化为双层气体辐射传输模型(金亚亮,2018)。

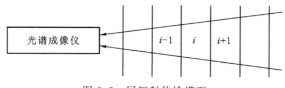

图 8.2 层辐射传输模型

如图 8.3 所示,用 $L_{off}(\lambda)$ 表示气体目标不存在时传感器测量得到的辐射能量,T_a 和 T_b 分别为场景中大气和背景物的温度,$L_a(\lambda)$ 为大气本身产生的辐射能量,$L_b(\lambda)$ 为背景产生的辐射能量,$\tau_a(\lambda)$ 为大气成分对辐射能量的透过率,它们均为波长 λ 的函数。$L_{off}(\lambda)$ 可表示为

$$L_{off}(\lambda) = L_a(\lambda) + L_b(\lambda)\tau_a(\lambda) \tag{8.2}$$

式中:$L_a(\lambda)$ 为直接传输到成像传感器的大气辐射能量;$L_b(\lambda)\tau_a(\lambda)$ 为背景辐射能量经大气透过作用传输到成像传感器的部分,这两部分能量在混叠后被成像传感器记录下来。

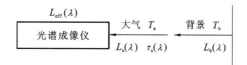

图 8.3 双层气体辐射传输模型

当成像场景内有气体目标存在时,场景中多出了气体目标这个辐射源,因此可采用三层辐射传输模型来建模红外高光谱传感器对场景热红外辐射的成像过程。如图 8.4 所示,其中 $L_{on}(\lambda)$ 为当场景内存在气体目标时,传感器测量得到的辐射能量,T_a、T_g 和 T_b 分别为场景中大气、气体和背景物的温度,$L_a(\lambda)$ 为大气本身产生的辐射能量,$L_g(\lambda)$ 为气体本身作为辐射源产生的辐射能量,$L_b(\lambda)$ 为背景产生的辐射能量,$\tau_a(\lambda)$ 为大气成分对辐射能量的透过率,$\tau_g(\lambda)$ 为气体成分对辐射能量的透过率。$L_{on}(\lambda)$ 可表示为

$$L_{on}(\lambda) = L_a(\lambda) + L_g(\lambda)\tau_a(\lambda) + L_b(\lambda)\tau_g(\lambda)\tau_a(\lambda) \tag{8.3}$$

式中:$L_a(\lambda)$ 为直接传输到成像传感器的大气辐射能量;$L_g(\lambda)\tau_a(\lambda)$ 为气体本身产生的辐射能量透过大气被传感器接收的部分;$L_b(\lambda)\tau_g(\lambda)\tau_a(\lambda)$ 为背景辐射能量透过气体成分和大气后到达传感器的部分。上述模型中的背景是一个广义的概念,泛指隔成像传感器光程足够远的一切能向外进行热辐射的物体。

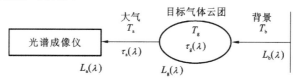

图 8.4 三层气体辐射传输模型

8.2.4 红外高光谱遥感化学气体识别与检测方法

对比观测场景中有无气体目标时传感器接收到的辐射能量,可看出主要区别在于目标气体本身辐射能量 $L_g(\lambda)$ 和大气对辐射能量的透过率 $\tau_a(\lambda)$。考虑在长波红外波段范围内大气本身产生的辐射能量比较微弱,且可认为红外高光谱成像仪的工作波段范围位于大气的主要透过窗口内,令 $L_a(\lambda)$ 约等于零、$\tau_a(\lambda)$ 约等于1,则式(8.3)可进一步简化为

$$L_{on}(\lambda) = L_g(\lambda) + L_b(\lambda)\tau_g(\lambda) \tag{8.4}$$

气体成分对辐射能量的透过率 $\tau_g(\lambda)$ 可以用其分子的吸收特性来描述,具体可用朗伯-比尔定律来描述:

$$\tau_g(\lambda) = e^{-\alpha(\lambda)CL} \tag{8.5}$$

式中:$\alpha(\lambda)$ 为气体对辐射能量的吸收系数,C 为气体浓度,L 为辐射能量在气体中传播的光程长度。

由于气体的辐射率和透射率满足:

$$\varepsilon_g(\lambda) + \tau_g(\lambda) = 1 \tag{8.6}$$

同时气体对辐射能量的吸收率 $\alpha_g(\lambda)$ 和透射率 $\tau_g(\lambda)$ 之和为1:

$$\alpha_g(\lambda) + \tau_g(\lambda) = 1 \tag{8.7}$$

对于任何物体,其吸收辐射能量和发射辐射能量的能力相同,故有

$$\alpha_g(\lambda) = \varepsilon_g(\lambda) \tag{8.8}$$

综合以上公式,气体目标存在时,三层辐射传输模型可表示为

$$L_{on}(\lambda) = L_g(\lambda) + L_b(\lambda)[1 - \varepsilon_g(\lambda)] \tag{8.9}$$

由式(8.9)可知,场景内存在气体目标时,传感器测得的辐射能量只取决于背景辐射能量、气体辐射能量和其辐射率,其中气体辐射能量由气体温度和其辐射率决定,气体的辐射率只与气体类型有关,式(8.9)为通过红外高光谱成像与测量实现气体目标的检测提供了理论基础(谭苏灵,2019)。

对于单一气体的检测,可根据气体光谱库或 MODTRAN 等大气传输模型仿真计算出气体的光谱特征,然后结合红外高光谱数据反演推算气体目标的类型。对于混合气体的检测,混合气体的红外混合光谱丰度与气体分子单位体积内的浓度和其沿传感器轴向的厚度呈正相关,还需通过线性光谱解混算法进一步计算混合气体的丰度(丰炳波,2013)。

8.3 化学气体识别与检测典型案例

光气是一种毒害作用巨大的化学战剂,用于制造毒气弹。光气毒剂最早在"一战"中应用。光气是一氧化碳与氯气在日光下合成的无色气体,它能伤害人体呼吸器官,严重时导致人体死亡。1915年,德军发射装填光气的火箭弹,英军阵地上有1000多人中毒、100多人死亡。在"一战"中,光气这种毒剂得到广泛应用,使用量达到 10 万 t。"二战"时,日军也大量使用光气,并将其称为"特种烟"。三氟甲烷是一种无色无味的气体,可用来扑灭固体表面火灾、

第 8 章 地质环境中红外高光谱遥感化学气体识别与检测

可燃液体火灾、可燃气体火灾和电气火灾,是一种新型、高效、低毒的灭火剂,可以用在有人工作的场所。本节围绕这两种与军事活动相关的气体作为典型案例简述基于红外高光谱遥感的化学气体识别和检测。

由于无法实际拍摄有毒有害的气体目标,采用实拍结合仿真的方式获得数据。某单一气体的红外影像如图 8.5 所示,影像包括温度较高的气体目标、温度最高的泄漏源和温度最低的气体背景。基于仿真建立光气的红外吸收光谱,并通过温度训练、影像分割和灰度嵌入获得光气的仿真影像,如图 8.6 所示。

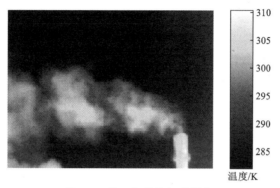

图 8.5 单一气体的红外影像

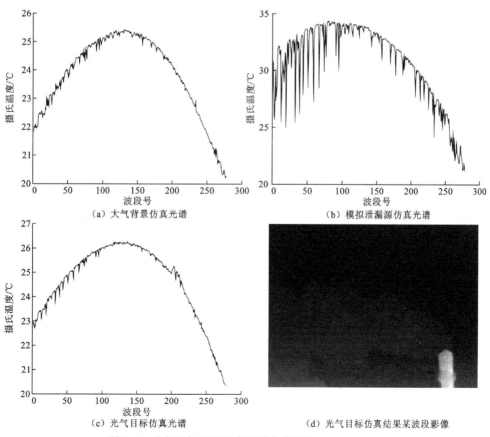

图 8.6 光气目标的红外高光谱仿真影像(丰炳波,2013)

对单一光气红外高光谱仿真影像进行气体检测的结果如图 8.7 所示。

对混合气体采用类似的方法,将包含两种气体的原始拍摄影像(图 8.8)通过仿真与模拟获得光气和三氟甲烷(R23)的仿真影像,其结果如图 8.9 所示。

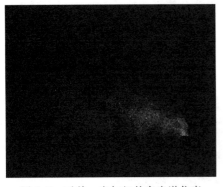

图 8.7 对单一光气红外高光谱仿真影像进行气体检测的结果(丰炳波,2013)

图 8.8 混合气体的红外影像(丰炳波,2013)

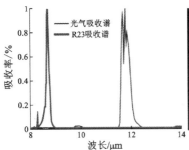

图 8.9 光气和三氟甲烷(R23)吸收光谱及混合气体的仿真结果(丰炳波,2013)

对混合气体的检测结果如图 8.10 所示。

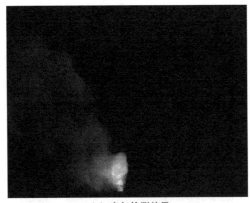
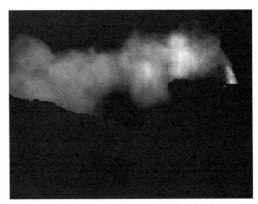

(a) 光气检测结果　　　　　　　　　　　(c) 三氟甲烷检测结果

图 8.10 混合气体的检测结果(丰炳波,2013)

主要参考文献

高国龙,2011.遥感与高光谱成像用制冷型红外探测器[J].红外,32(6):44-47.
丰炳波,2013.红外高光谱图像化学气体检测技术研究[D].哈尔滨:哈尔滨工业大学.
傅若农,顾峻岭,1998.近代色谱分析[M].北京:国防工业出版社.
何睿,2009.基于红外光谱吸收原理的二氧化碳气体检测系统的设计与实验研究[D].长春:吉林大学.
金亚亮,2018.基于红外高光谱成像的气体监测技术研究[D].哈尔滨:哈尔滨工程大学.
李家琨,2015.气体泄漏被动式红外成像检测理论及方法研究[D].北京:北京理工大学.
刘中奇,王汝琳,2005.基于红外吸收原理的气体检测[J].煤炭科学技术,33(1):65-68.
刘彬,童敏明,王晶晶,2011.基于红外吸收技术的多组分混合气体检测的研究[J].煤矿安全,42(3):5-8.
潘小青,刘庆成,2002.红外技术的发展[J].华东地质学院学报,25(1):66-69.
潘小青,刘庆成,2004.气体传感器及其发展[J].东华理工学院学报,27(1):89-93.
彭俊,2020.热红外成像光谱仪内部杂散辐射的分析与测量[D].上海:中国科学院大学(中国科学院上海技术物理研究所).
谭苏灵,2019.红外高光谱视频气体监测技术研究[D].哈尔滨:哈尔滨工业大学.
童庆禧,张兵,郑兰芬,2006.高光谱遥感:原理、技术与应用[M].北京:高等教育出版社.
王建宇,徐卫明,袁立银,等,2010.热红外高光谱成像系统的背景抑制和性能优化[J].红外与毫米波学报,29(6):419-423.
王建宇,李春来,姬弘桢,等,2015.热红外高光谱成像技术的研究现状与展望[J].红外与毫米波学报,34(1):51-59.
王吉元,沈显庆,2007.光谱吸收式甲烷气体浓度检测理论与方法[J].煤矿安全(7):59-61.
王汝琳,王咏涛,2006.红外检测技术[M].北京:化学工业出版社.
徐洋,2016.稀疏与低秩先验下的高光谱分类与检测方法[D].南京:南京理工大学.
徐义广,李艳红,刘波,等,2006.基于被动式与主动式的红外热成像技术比较研究[C]//中国光学学会2006年学术大会,广州,中国.北京:中国光学学会:1.
杨海鹰,2005.气相色谱在石油化工中的应用[M].北京:化学工业出版社.
张营,2016.长波红外高光谱成像仪光学技术研究[D].上海:中国科学院研究生院(上海技术物理研究所).
张勇,2009.红外甲烷浓度检测系统的设计与开发[D].青岛:中国石油大学(华东).
郑为建,杨智雄,黄思佳,等,2016.时空调制红外高光谱二维光谱成像气体探测[J].光谱学与光谱分析,36(S1):67-68.
BROADWATER J B, SPISZ T S, CARR A K, 2008. Detection of gas plumes in cluttered environments using long-wave infrared hyperspectral sensors[J]. Proceedings of SPIE-The International Society for Optical Engineering, 6954: 69540R-69540R-12.
CHAN K, ITO H, INABA H, et al., 1985. 10 km-long fibre-optic remote sensing of CH_4 gas by near infrared absorption[J]. Applied Physics B, 38(1): 11-15.
DAKIN J P, EDWARDS H O, WEIGL B H, 1995. Progress with optical gas sensors using correlation spectroscopy[J]. Sensors and Actuators B: Chemical, 29(1-3): 87-93.
FARLEY V, CHAMBERLAND M, LAGUEUX P, et al., 2007. Chemical agent detection and identification with a hyperspectral imaging infrared sensor[J]. Proceedings of SPIE-The International Society

for Optical Engineering,6661:66610L.

HARIG R,MATZ G,RUSCH P,et al. ,2005. New scanning infrared gas imaging system(SIGIS 2) for emergency response forces [J]. Proceedings of SPIE-The International Society for Optical Engineering, 5995:59950J.

HEINZ D C, DAVIDSON C E, BEN-DAVID A, 2010. Temporal-spectral detection in long-wave IR hyperspectral imagery[J]. IEEE Sensors Journal,10(3):509-517.

JIAO Y,XU L,GAO M G,et al. ,2013. Investigation of the limit of detection of an infrared passive remote sensing and scanning imaging system for pollution gas[J]. Spectroscopy and Spectral Analysis,33(10): 2617-2620.

KASTEK M,PIATKOWSKI T,DULSKI R,et al. ,2012. Method of gas detection applied to an infrared hyperspectral sensor[J]. Photonics Letters of Poland,4(4):146-148.

KASTEK M, PIATKOWSKI T, CHAMBERLAND M, et al. , 2013. Method and software for hyperspectral data analysis focused on automatic detection and identification of chemical agents[J]. Pomiary Automatyka Kontrola,59(9):989-993.

LAVOIE H,PUCKRIN E,THERIAULT J,2005. Passive standoff detection of SF6 Plumes at 500 meters. Measurement campaign to support the evaluation of telops imaging spectrometer(FIRST)[J]. Analytica Chimica Acta,380(2-3):263-276.

LILLESAND T M,KIEFER R W,1994. Remote Sensing and Image Interpretation[M]. New York:John Wiley & Sons.

LUCEY P G, WILLIAMS T J, MIGNARD M, et al. , 1998. AHI: An airborne long-wave infrared hyperspectral imager. Proceedings of SPIE-The International Society for Optical Engineering,3431:36-43.

OMRUUZUN F,CETIN Y Y,2015. Endmember signature based detection of flammable gases in LWIR hyperspectral images[J]. Proceedings of SPIE-The International Society for Optical Engineering, 9486(9): 948612-948612-9.

SABBAH S, HARIG R, RUSCH P, et al. , 2012. Remote sensing of gases by hyperspectral imaging: System performance and measurements [J]. Proceedings of SPIE-The International Society for Optical Engineering,51(11),111717.

STEWART G,JOHNSTONE W,THURSBY G,et al. ,2010. Near infrared spectroscopy for fibre based gas detection[J]. Proceedings of SPIE-The International Society for Optical Engineering,7675:767507.

第9章 地质环境中高光谱遥感变化检测

9.1 环境变化内涵

军事战争中永恒不变的主题是"能打胜仗",这一目标在实现的过程中需要许多的因素来提供保障,地质环境作为一个传统的自然要素自然是不可忽略的。当今世界,战争正在向着作战界限非线性化、作战空间多维立体化、战场环境感知开放透明化的方向发展。地质环境并未因此失去应有的影响力,反而由于现代探测技术、多维信息保障、实时动态监测等方式在现代战争中发挥着越来越重要的作用。本节将从两个方面对军事环境变化展开介绍,即军事环境随战争形态的演变及军事环境随地质体的时空环境演变。

9.1.1 环境随战场形态的演变

战争形态分类是战争类型的基本分类方案之一。战争形态是以主战兵器技术属性为主要标志的战争历史阶段性的表现形式和状态,主要包括冷兵器战争、热兵器战争、机械化战争和信息化战争。

1. 冷兵器战争

冷兵器战争是主要依靠人的体能效应发挥杀伤作用的兵器及相应作战方法进行的战争。中国古代王朝在构筑防御工程时,十分注意研究和利用当地地质条件和天然建筑材料。灵渠的开凿也充分地考虑了熔岩地区的地质特点。冷兵器时代依托有利地形及对重要城池的夺控等战法特点反映出地质环境对军事的重要影响。

2. 热兵器战争

热兵器也称火器,火器的出现使得战争形态发生了改变,例如主战兵器有效打击范围扩大,战争空间由小到大,武器爆炸能量产生的杀伤破坏效果更大。1798年,拿破仑在远征埃及的军队中增加了地质学家,他们的主要任务不是为作战提供咨询,而是对侵占国潜在的矿产资源进行勘测和地形测绘。热兵器战争时期地质环境对军事作战的影响主要体现在战时资源勘测和采矿作业。除此之外,主要欧洲国家和美国都在军队中开展了地质教学培训。

3. 机械化战争

机械化战争是工业时代战争的基本形态。19世纪40年代后,欧美地区国家相继完成工业革命进入工业时代。进入20世纪先后爆发的两次世界大战是机械化战争的代表,国外军事地质应用也由之而兴起并快速发展起来。由于工业革命的技术革新,机械化战争出现了大量新式武器装备,并且由于蒸汽动力代替了传统人力,军队机动能力得到提升,战场空间也从静态逐步发展为动态,战场环境也由平面逐渐延伸到立体。"一战"时期,军事地质环境的重点是供水水源勘察、战壕与暗道及地下掩体开挖和建筑材料供应等;"二战"时期由于战争范围跨度拉大,此时军事地质环境问题更为关注机动性相对较强的攻防作战,除继续研究供水水源、建筑材料供应和矿产资源评价等问题外,还新增临时机场快速建设选址和越野机动路线预测等内容。"二战"后至苏联解体,世界进入核战争阴云下的冷战格局。在这一时期虽然没有爆发核战争,局部发生的一些常规战争如中东战争仍旧属于机械化战争形态,但以美国为首的西方军事强国由于计算机和网络技术的发展,开始了工业时代向信息时代的过渡,战争形态也逐步升级为信息化战争。在战争形态演变的这一特殊过渡时期,由于核威慑下的地下深埋军事结构的兴起,军事地质特别是军事工程地质应用开始延伸到地下立体环境,此时一些学者开始进行相关研究,如军事禁区花岗岩的破裂机制、传统武器打击下地质环境对军事地下结构薄弱点的影响。

4. 信息化战争

信息化战争是信息时代战争的基本形态,是通过信息技术进行互联互通,强调联合作战和体系对抗能力,随着20世纪末至21世纪初科学技术的不断发展,现今的军事地质应用研究也随现代地球科学的快速发展被包容进更广义的军事地球科学范畴,除了不断应用于军事战略、战役和战术规划,军事地球科学还横跨多个技术专业领域,不仅是传统的地质学和地理学,而且还涵盖地球物理学、工程地质学和岩土力学、土壤学和水文学、多光谱遥感、地理信息系统和计算机建模模拟等多学科,用于直接支持军事作战行动并扩展到支撑非战争军事行动和军事用地管理等内容。基于信息化战争及现代军事地球科学应用研究实战与实践经验,国外更加重视将气候环境、地理环境、地质环境、生态环境等地球环境系统与军事作战环境的结合研究,更加重视现代地学探测技术与地理信息系统的融合发展,呈现出典型的全维全域实时战场环境信息保障能力。

综上所述,军事地质环境的变化随着战争形态的演变而变化,主战兵器的更新换代、战场空间的多维拓展、科学技术的创新发展、地球探测技术的日臻精准等,使地质环境从冷兵器战争的原始军事工程萌芽到热兵器战争对矿产资源的热衷勘察,再由机械化战争的静态到动态战场环境应用逐步发展到信息化战争军事地质环境信息保障。由于卫星侦察、精确制导、精准打击等高科技手段和武器装备的运用,战场环境由陆海空拓展到深地、深海、深空和外太空,传统的地表-浅地表的非精准的以军事地理为主的保障模式已经不能满足现代信息化战争的需要,伴随我国综合国力的增强,我军"走出去"战略需要现代军事地质环境保障。

9.1.2 环境随地质体的时空环境演变

从广义来看,地质环境是由岩石圈、水圈和大气圈组成的自然环境系统,是地球演化的产物;从狭义理解,它可以看作由岩土地质体组成的地质构造、工程地质与水文地质条件、特殊地质作用和天然建筑材料等各项因素的总和。《中国人民解放军军语》将战场环境明确定义为战场及其周围对作战活动有影响的各种情况和条件的统称。包括地形、气象、水文等自然条件,人口、民族、交通等人文条件,国防工程构筑、作战设施建设、作战物资储备等战场建设情况,以及信息、网络和电磁状况等。可以看出,战场环境是一个庞大且复杂的系统工程。军事地质环境的研究内容是利用地质要素信息分析战场空间的地质强度结构、控制影响因素、动态变化趋势,研究军事行动运用地质条件特点规律的过程,其最终目的是针对作战实际要求,按照地质环境对作战活动的制约方式与影响规律做出利弊分析,提出利用地质环境的针对性建议。

研究军事地质环境的本质是通过地质研究思维分析战场的地质环境。运用地质学的基本原理和客观规律解决军事问题仍然是军事地质环境分析的基础。军事地质环境重点关注地质信息对战场空间的边界约束、作用机理和作战效能,主要获取与军事活动相关的客观地质信息和指标数据,如地下空间岩土强度结构、浅层地下水源质量、潜在地质灾害位置规模、构造活动与破坏程度、资源保护利用条件、重要通道地球物理场参数等基本特征,分析地质背景条件对野战机动、构工选址、抗爆打击、给水侦察、驻屯集结、后勤保障等作战应用的具体影响。因此,在军事地质环境问题研究中,需要把握地质体的成因和历史演化过程,从整体上掌握地质体结构特征及其在空间上的变化规律,充分考虑地质体的客观现状,从地质作用机理和普遍地质规律中找寻答案才能更好地解决军事作战应用问题。

以地球动力学为核心的板块构造、大陆构造等现代地质学理论为认识全球尺度地质体形成与演化背景奠定了理论基础。地质体是岩浆、构造、沉积、变质和风化等地质作用形成的产物,这些地质作用在地球深部又受到地球动力学过程的控制,地球动力学的演化使地质作用发生的时间和地点显现出不均一性,导致地质体时空结构复杂多样。利用地质环境演化的这些特点分析对比地质体类型和空间分布规律,在境外、地质调查空白区等区域开展军事地质环境分析具有重要研究意义,往往成为推断未知地质体时空环境的重要依据。

军事环境变化这一概念,无论从战争类型演进角度还是从地质体时空演进方面都凸显出地质在军事战争中的重要地位,高光谱遥感能够从光谱变化角度分析这一军事环境变化,因此高光谱遥感技术在军事环境中将有巨大的舞台。

9.2 地质环境变化检测方法

遥感影像因其不受空间、时间、地形阻隔等外部因素的限制,拥有独特的优势。遥感影像成本低、覆盖范围宽广,而且随着成像技术的发展,卫星数据呈现出高空间分辨率、高时间分辨率及高光谱分辨率的特点,并且受卫星多传感器、多角度、多平台等因素的影响,遥感数据具有丰富的空间信息(张栋等,2019)。在高光谱遥感影像变化检测领域,国内外专家提出了很多方法,这些方法在植被覆盖变化检测、土地利用检测、减灾救灾及军事目标侦察领域作出了很大的贡献,基于高光谱影像变化检测所利用的数学方法类型,这些方法可以分为基于影像代数的变化检测、基于影像变换的变化检测及基于影像分类的变化检测。

9.2.1 基于影像代数的变化检测

基于影像代数的方法主要包含影像差分法(赵慧赟和张东戈,2015)、影像回归法、影像比值法、向量索引变化法、变化向量分析法和背景相减法等。与现有的其他方法相比,基于影像代数的变化检测方法更加简单、直接和有效,但是基于影像代数变化检测方法无法提供全部的变化信息,无法确定具体的变化类型,后续需要人工目视判读或者使用阈值来确定最后的变化区域。

代数运算是影像处理的基本方法之一,通过计算对同一区域不同时间的遥感影像,然后逐个像元计算各个影像中相应的像素灰度值的和、差、积和比值,这些计算能够使前后时间具有差异的像元突出,从而确定计算方式的选择与需要处理的目的。

遥感数据根据存储的方式可以分为模拟格式和数字格式两种。遥感数字影像是使用一定量的数值像素表示的二维影像,通常这些影像由多个亮度矩阵组成(每个波段为一个亮度矩阵),影像以像素为基本单位,计算机以此进行存储和影像的处理。

下面是关于一个 $i \times j$ 的单波段高分辨率遥感影像的数字矩阵,其中 v 代表每个像素的亮度值。

$$\begin{bmatrix} v_{11} & v_{12} & \cdots & v_{1j} \\ v_{21} & v_{22} & \cdots & v_{2j} \\ \vdots & \vdots & & \vdots \\ v_{i1} & v_{i2} & \cdots & v_{ij} \end{bmatrix}$$

基于代数的遥感影像变化检测算法都是在影像的空间域上进行处理,这些处理包括同一区域不同时相的遥感影像的加、减、乘、除算数运算操作,通过上述操作获取的影像会将变化的像素凸显出来。因为此类方法的高效性及符合实际任务的可用性,这些方法被广泛应用在遥感和影像处理中。

1. 加运算

影像相加是影像处理中最基本的代数运算操作,影像增强就是利用的基于加法的代数运算。进行影像相加的代数操作时,得到的影像 C 中每一个像素的灰度值是两幅不同时相的影像 A、B 对应像素点的灰度值之和,如式(9.1)所示,当然这个灰度值不能超过最大灰度级,同时影像 A、B 需要进行配准,保证两幅影像表示的是同一个区域。

$$v_{ij}^C = v_{ij}^A + v_{ij}^B \tag{9.1}$$

影像的加运算主要作用有 3 点:一是使用同一场景的不同时相的高光谱遥感影像计算当

前场景的影像的平均值,可以降低传感器或者数据传输过程中产生的加性噪声;二是叠加不同时相的高光谱遥感影像;三是得到不同时相高光谱遥感影像的合成效果,应用于两幅影像的拼接。

2. 减运算

影像的减运算与影像的加运算相似,但是与基于加运算的遥感影像代数处理方法不同的是,基于减运算的代数处理方法需要保证得到的影像 C 的灰度值大于 0。减运算一般应用于求解两幅不同时相的同一区域的高光谱遥感影像的差异目标的检测。进行减运算时,其过程可表示为

$$v_{ij}^C = v_{ij}^A - v_{ij}^B \tag{9.2}$$

影像 C 中像素的灰度值是 A、B 两幅影像对应的像素的灰度值的差。

影像减运算的主要作用有 3 点:去除影像中的加性无用信息,例如变化较小或者无变化的背景信号,由传感器或者大气干扰带来的周期性的噪声;检测同一场景中不同时相影像的变化信息;检测同一场景中的运动物体。

3. 乘运算

影像的乘运算,例如使用一个掩膜函数从另一幅影像中掩盖掉部分目标,保留感兴趣的区域,是常见的影像代数运算方法之一。其表达式可写为

$$v_{ij}^C = v_{ij}^A * v_{ij}^B \tag{9.3}$$

式中:B 代表掩膜影像,是由 0 和 1 组成的二值图,0 代表掩膜操作去除对应的像素点,1 代表保留相应的像素点。

4. 除运算

在高光谱影像增强与分类操作中常常使用影像波段的比值信息,也就是说使用影像的一个光谱波段除以影像的另一个波段,该操作可以表示为

$$v_{ij}^C = \frac{v_{ij}^A}{v_{ij}^B} \tag{9.4}$$

这种比值运算在遥感影像处理中具有重要的意义。首先该种类型的代数运算可以消除空间或者时间变化而产生的增益或者偏移因子,当然前提条件是这些因子在各个波段的影响相同;其次,可以抑制由于地形地势及方位引起的辐射变化;当然还有最重要的一点就是,比值运算可以增强土壤和植被的显著程度,例如归一化植被指数(NDVI)就是基于这一原理提出的。

9.2.2 基于影像变换的变化检测

基于影像变换的变化检测方法主要有主成分分析(Chen et al.,2003;Byrne et al.,1980)、典型相关分析(Coppin et al.,2001;Collins and Woodcock,1994)、缨帽(K-T)变换

(Kwarteng and Chaves,1998;Nielsen et al.,1998)、Gramm-Schmidt 变换(Seto et al.,2002;Ridd and Liu,1998)、色调-饱和度-强度(hue-saturation-intensity,HSI)变换(Singh,1989)和 Chi-square 变换(Sun and Chen,2011)等。相对于普通的多波段的遥感影像,高光谱遥感影像具有很高的光谱分辨率,具备数倍于普通遥感影像的波段数目,但并非所有波段的成像图对变化检测都具有很大的意义,因此降低数据维度、压缩数据规模,对剔除冗余信息具有重要的意义。基于影像变换的变化检测方法的主要作用原理就是利用影像的变换运算分离和增强变化的信息,减少数据的冗余,提升计算的效率。本质上来说,该方法也依赖于影像间的复杂代数计算过程。

1. 主成分分析法

主成分分析法又称为主分量分析,该方法是建立在统计特征基础上的多维正交线性变换,是一种离散性的霍特林变换(K-L 变换)。该方法广泛应用在遥感影像处理中,它的主要作用是压缩数据、增强影像的特征及进行特征选取等。众所周知,一幅高光谱遥感影像往往拥有几十甚至上百个波段,有些波段之间的信息是重复的,如果不加处理且完全地使用所有的波段信息,往往会引入大量的冗余信息,导致计算过程缓慢,造成不必要的计算资源的浪费。因此使用主成分分析压缩波段数目,将所有的波段信息压缩到少数的几个波段上,新影像数据会更容易解译和处理。

将不同时相的高光谱遥感影像进行主成分变换处理之后,获得的影像的各个分量之间的相关系数为 0 或者接近于 0,同时这些分量包含了原始影像所有的信息。通常来说,第一分量包含了原始的高光谱遥感影像的绝大部分信息,相当于原来影像的所有波段的加权和。其他分量表征的信息逐渐地减少,这些分量包含了相关程度较低的波段之间的差异信息。对变化的主分量进行合成就可以达到数据压缩和突出重要变化信息的目的。

2. 缨帽(K-T)变换

对不同时相的高光谱遥感影像的各个波段建立相关的变换方程,对这些变换方程进行处理之后,不同的影像会发生变化,产生多个分量。例如,传统的多光谱的 TM 影像经过变换后得到 6 个分量,而多光谱扫描仪(multi-spectral scanner,MSS)影像产生 4 个分量,而且大部分与地物相关的信息包含在前 3 个分量中,因此 K-T 变换只针对前 3 个分量进行处理。K-T 变换后,不同时相的遥感影像的相减获取变化影像,变化影像经过阈值的处理以后便可以最终保留相关的变化信息。当然该方法缺点很明显,K-T 变换需要特定的转化系数,但是不同传感器获取得到的数据的转换系数不同。

9.2.3 基于影像分类的变化检测

基于影像分类的变化检测方法主要有分类后比较法和多时相影像组合分析法。这一类方法的优势为可以提供变化区域具体的类型,而且可以在一定程度上消除或者减弱不同时相影像间各种无关因素对变化检测结果的影响,比如大气环境、地形地势等外界环境因素。此类方法缺点比较明显,严重依赖于分类结果的精度,如果分类方法效果好或者训练的样本数据代表性较强、覆盖较广,那么最终的检测效果较好。

这类方法主要包括两种策略。一种是分类后比较法,该方法是当前变化检测比较广泛使用的方法,其原理是对不同时相的同一场景的高光谱遥感影像单独进行分类之后,然后在分类的区域中,逐个像素进行比较,从而找出变化信息的位置和类型。另一种是多时相影像组合分析法,这种方法是将两个或者两个时相以上的高光谱遥感影像放在同一个数据库进行分类。出现变化的类别时,其数据的统计量如标准偏差等将会变大,同时没有发生变化的类别其标准偏差较小,因此通过这一方法可以发现发生变化的类别。当然这种方法比较复杂,因为其需要很多的特征和类别信息。

9.3 地质环境变化检测典型案例

军事地质环境包括作战环境和地质环境,研究要素分别为战场空间结构、军事地理环境、军事行动环境和地质体时空环境、地质体现状环境、地质体应用环境。

研究军事地质环境首要的是利用军事研究思维分析作战环境。作战环境是指与作战活动相适应的外部空间或客观条件的综合体,包括陆海空及外太空等战场空间及其中的地理、大气、外层空间、信息、核生化和军事目标等环境要素。作战环境研究不仅有助于为作战提供地理空间框架,而且有助于为现代联合作战体系提供全面信息数据支撑。军事地质环境信息作为多种专题环境信息中的一种,能够为侦察预警、指挥控制、机动、打击、防护和保障等作战系统趋利避害、有效利用作战环境提供必要的信息优势。利用高光谱进行场景变化检测分析地理空间及军事目标的变化,结合相关分析系统能够有效侦察出敌军的军事动向,起到军事预警的作用,为军事指挥、防控、打击动向提供有力的指导依据。

地质环境的质量,在一定程度上由环境的地球化学背景、地球物理背景、自然地质条件的稳定性和抵抗改造的能力等因素决定。一个区域中地壳的化学元素丰度、分布和分配状态,重力场、地磁场、地电场和放射性物理场的组成,使得岩土体、水体等地质体处于原生的自然场状态,化学元素含量的高低、地球物理场的强弱,成为地质体固有的原始属性,直接影响着作战人员的健康、武器装备的精确制导、通信导航和军事工程构筑环境。自然地质条件的稳定性也是决定地质体现状环境质量的重要因素。地质构造的稳定性、岩土物理力学性质、地质灾害发育情况等与军事工程构筑、武器装备越野机动性、野战给水保障能力等密切相关。地质体的物理力学强度能否适应军事工程的改造利用,地质灾害和特殊岩土体发育的地区能否抵抗军事活动的加剧破坏,军事活动对地质环境污染的程度等反映自然环境抵抗人为改造利用的能力,体现地质体现状环境质量的优劣。应用高光谱遥感通过场景变化检测分析相关自然地质条件在一段时间内的变化,从而判断其稳定性,能够为军事地质现状环境分析提供依据。

地质体现状环境分析研究对军事地质环境系统的重要性,不仅体现在对地质体的军事应用客观环境分析评价,更重要的是动态监测作战环境未来的发展变化趋势,以及将地质体现状环境提及地球环境的高度,对作战环境开展质量评估与治理。

用运动和变化的观点分析地质体现状环境是一种重要的研究思维和方法论,通过高光谱遥感对特有地物的变化规律进行分析,对研究军事地质环境的战前变化趋势预测、战时毁伤效果评估和战后环境恢复治理等都具有重要的现实意义。总体而言,高光谱遥感在场景变化检测中主要应用于毁伤打击效果评估、战场信息动态感知、军事目标侦察和兵力部署侦察等方面。

9.3.1 毁伤打击效果评估

通过对打击前后高光谱遥感影像进行场景变化检测,比较目标打击前后的几何特征、纹理特征及光谱特征,对目标毁伤情况进行自动评估,能够准确对军事目标打击效果进行分级评估,可以了解对方的主要战斗力量,对一些特殊的场景进行毁伤效果评估,比如通过机场、军事工程等可以了解目标整体作战性能的影响程度。进行毁伤效果评估要解决基于高光谱遥感影像理解的毁伤效果评估中的两个关键问题:毁伤部位的正确检测及毁伤效果评估的数学模型。进行毁伤效果评估前,首先要研究如何准确地检测到被毁伤的区域,也就是检测到两幅影像中因打击而发生变化的对应区域。典型的场景变化检测评估军事目标打击效果的有机场的战时毁伤效果评估。由多种具有飞行保障功能的子目标组成的有机整体,其整体功能会因子目标的毁伤而受到损伤。机场遭受打击后,通过对打击前后影像的变化检测分析毁伤效果,确认对子目标的杀伤程度;分析子目标受损对目标整体功能的影响程度,从而完成对机场目标的毁伤效果评估。

9.3.2 环境信息动态感知

在区域军事地质环境分析研究过程中,高光谱遥感影像解译应按研究范围分区域和局部编制不同空间分辨率和工作比例尺的影像图。根据地貌形态、纹理、色调等影像特征结合地质资料建立境内军事地质要素解译标志,外推分析境外邻区的军事地质要素信息。高光谱遥感场景检测的主要目的是通过高光谱遥感影像对比以获取境外邻区军事地质要素信息的变化,及时获取战场地质环境变化的动态信息,为军事战略部署做铺垫。高光谱遥感场景变化检测的技术路径要点为采用国内遥感数据源和适宜的多时相数据,采取多源高光谱数据融合、光谱信息增强等技术,重点检测通道与迂回路两侧的缓冲地带、要地要点和重要军事目标体周缘的岩土强度结构、地质灾害影响范围、特殊岩土体和地下水分布等地质背景信息。

9.3.3 特殊目标侦察

军事侦察目标,一般包括工程地质环境、水文地质环境、地质灾害环境等;根据地质要素的功能作用,可分类为岩体环境、土体环境、水体环境、地质构造环境和地质资源环境等。由地层岩性、侵入体单元等组成的岩体环境,大量出露于地表,构成山川峡谷,是军事工程活动的基本载体和环境,一些重要军事工程必须以其为地基,它是工程地质条件的主要影响因素,也是建筑材料和矿产资源的主要来源地。花岗岩类的岩石矿物具有特定的波谱特性和感生核辐射能力,对此类岩石进行高光谱遥感获取遥感影像,依据场景光谱变化进行场景变化检测分析能够对相关工事构筑进行有效侦察。对一些建筑在地下的军事工程与军事伪装目标也同样可以通过对多时相的高光谱遥感影像进行场景检测变化侦察到,从而进行精准打击和破坏,为战事取得先机。

9.3.4 力量部署侦察

航空侦察根据任务纵深、执行任务的飞机种类可以分为战略侦察和战术侦察。战略侦察主要针对更宏观的战略部署,比如新建的铁路专用线、新建的军工企业、核试验场、军事基地等。战术侦察则要灵活得多,主要针对当前敌人一定纵深内的活动情况进行侦察:有没有新的部队调动上来、驻扎的宿营地有没有增加、坦克部队有没有活动、有没有新的防御工事。以上变化均属于军事地质环境变化中的作战环境变换,通过对多时相高光谱遥感影像进行场景变化检测能够有效侦察到这些变化,第一时间了解到敌方兵力的部署趋势与变化,为我方的军事战略部署提供有力的依据。

主要参考文献

邓冰,林宗坚,2010.基于分区预测差分编码的遥感星上数据无损压缩[J].测绘科学,35(1):10-12.

卢云龙,刘志刚,2012.高光谱图像目标探测现状研究[C]//第八届国家安全地球物理专题研讨会,武汉,中国.北京:中国地球物理学会:175-182.

麻永平,张炜,刘东旭,2012.高光谱侦察技术特点及其对地面军事目标威胁分析[J].上海航天,29(1):37-40,59.

吴玲达,姚中华,任智伟,2017.面向战场环境感知的高光谱图像处理技术综述[J].装备学院学报,28(3):1-7.

颜洁,刘建坡,唐伟广,2010.基于遥感图像变化检测的毁伤效果分析[J].无线电工程,40(4):30-31,41.

杨存建,周成虎,2001.基于知识的遥感图像分类方法的探讨[J].地理学与国土研究,17(1):72-77.

张栋,吕新彪,葛良胜,等,2019.军事地质环境的研究内涵与关键技术[J].地质论评,65(1):181-198.

赵慧赟,张东戈,2015.战场态势感知研究综述[C]//第三届中国指挥控制大会,北京.北京:中国指挥与控制学会:86-91.

BYRNE G F,CRAPPER P F,MAYO K K,1980. Monitoring land-cover change by principal component analysis of multitemporal Landsat data[J]. Remote Sensing of Environment,10(3):175-184.

CHEN Z J,CHEN J,SHI P J,et al.,2003. An IHS-based change detection approach for assessment of urban expansion impact on arable land loss in China[J]. International Journal of Remote Sensing,24(6):1353-1360.

COLLINS J B,WOODCOCK C E,1994. Change detection using the Gramm-Schmidt transformation applied to mapping forest mortality[J]. Remote Sensing of Environment,50(3):267-279.

COPPIN P,NACKAERTS K,QUEEN L,et al.,2001. Operational monitoring of green biomass change for forest management[J]. Photogrammetric Engineering and Remote Sensing,67(5):603-611.

KWARTENG A Y,CHAVEZ JR P S,1998. Change detection study of Kuwait City and environs using multi-temporal Landsat Thematic Mapper data[J]. International Journal of Remote Sensing,19(9):1651-1662.

NIELSEN A A,CONRADSEN K,SIMPSON J J,1998. Multivariate alteration detection(MAD) and MAF postprocessing in multispectral,bitemporal image data:New approaches to change detection studies[J]. Remote Sensing of Environment,64(1):1-19.

RIDD M K,LIU J J,1998. A comparison of four algorithms for change detection in an urban environment [J]. Remote Sensing of Environment,63(2):95-100.

SETO K C,WOODCOCK C E,SONG C,et al. ,2002. Monitoring land-use change in the Pearl River Delta using Landsat TM[J]. International Journal of Remote Sensing,23(10):1985-2004.

SINGH A,1989. Review article digital change detection techniques using remotely-sensed data[J]. International Journal of Remote Sensing,10(6):989-1003.